中等职业教育护理类专业第二轮教材

（供护理类及相关专业用）

正常人体结构学

（第 2 版）

主　编　刘　斌

副主编　孙宏亮　房　霞

编　者　（以姓氏笔画为序）

王　宇（甘南藏族自治州卫生学校）

王晓君（山东省青岛第二卫生学校）

叶大庆（广州市第一人民医院）

刘　斌（天水市卫生学校）

孙宏亮（沈阳市中医药学校）

李广鹏（沈阳市中医药学校）

宋鹏龙（大连铁路卫生学校）

周洪波（天水市卫生学校）

房　霞（大连铁路卫生学校）

蒋小妹（天水市卫生学校）

中国健康传媒集团

中国医药科技出版社

内 容 提 要

本教材为"中等职业教育护理类专业第二轮教材"之一，内容涵盖绪论、基本组织、运动系统、消化系统、呼吸系统、泌尿系统、生殖系统、脉管系统、感觉器、神经系统、内分泌系统以及实训指导。本教材为书网融合教材，即纸质教材有机融合电子教材、教学配套资源（PPT、微课、视频、图片等）、题库系统、数字化教学服务（在线教学、在线作业、在线考试）。

本教材主要供中等职业院校护理类及相关专业教学使用，也可作为相关专业及医药从业人员的培训和自学用书。

图书在版编目（CIP）数据

正常人体结构学/刘斌主编. —2 版. —北京：中国医药科技出版社，2022.2

中等职业教育护理类专业第二轮教材

ISBN 978 – 7 – 5214 – 2620 – 5

Ⅰ.①正… Ⅱ.①刘… Ⅲ.①人体结构 – 中等专业学校 – 教材 Ⅳ.①Q983

中国版本图书馆 CIP 数据核字（2021）第 172984 号

美术编辑 陈君杞

版式设计 友全图文

出版 **中国健康传媒集团** | 中国医药科技出版社

地址 北京市海淀区文慧园北路甲 22 号

邮编 100082

电话 发行：010 – 62227427 邮购：010 – 62236938

网址 www. cmstp. com

规格 787mm×1092mm $\frac{1}{16}$

印张 19

字数 403 千字

初版 2013 年 7 月第 1 版

版次 2022 年 2 月第 2 版

印次 2022 年 2 月第 1 次印刷

印刷 北京紫瑞利印刷有限公司

经销 全国各地新华书店

书号 ISBN 978 – 7 – 5214 – 2620 – 5

定价 55.00 元

获取新书信息、投稿、为图书纠错，请扫码联系我们。

2012年，中国医药科技出版社根据教育部《中等职业教育改革创新行动计划（2010—2012年）》精神，组织编写出版了"全国医药中等职业教育护理类专业'十二五'规划教材"，受到广大医药卫生类中等职业院校师生的欢迎。为了进一步提升教材质量，紧跟学科发展，根据教育部颁布的《国家职业教育改革实施方案》（国发〔2019〕4号）、《中等职业学校专业教学标准（试行）》（教职成函〔2014〕48号）精神，中国医药科技出版社有限公司经过广泛征求各有关院校及专家的意见，于2020年3月正式启动组织第二轮教材的编写工作。在教育部、国家药品监督管理局的领导和指导下，在本套教材建设指导委员会专家的指导和顶层设计下，中国医药科技出版社有限公司组织全国相关院校教学经验丰富的专家、教师精心编撰了第二轮教材，该套教材即将付梓出版。

本套教材全部配套"医药大学堂"在线学习平台。主要供全国医药卫生中等职业院校护理类专业教学使用，也可供医药卫生行业从业人员继续教育和培训使用。

本套教材定位清晰，特点鲜明，主要体现如下几个方面。

1.立德树人，课程思政

教材内容将价值塑造、知识传授和能力培养三者融为一体，在教材专业内容中渗透我国护理事业人才必备的职业素养要求，潜移默化，让学生能够在学习知识的同时养成优秀的职业素养。优选"实例分析/岗位情景模拟""你知道吗"内容，体现课程思政。

2.立足教改，适应发展

为了适应职业教育教学改革需要，教材注重以真实护理项目、典型工作任务为载体组织教学单元。遵循职业教育规律和技术技能型人才成长规律，体现中职护理类专业人才培养的特点，着力提高学生的临床操作能力。以学生的全面素质培养和行业对人才的要求为教学目标，按职业教育"需求驱动"型课程建构的过程，进行任务分析。强调教材的针对性、实用性、条理性和先进性，既注重对学生基本技能的培养，又适当拓展知识面，实现职业教育与终身学习的对接，为学生后续发展奠定必要的基础。

3.强化技能，对接岗位

教材体现中等职业教育的属性，使学生掌握一定的技能以适应岗位的需要，具有一定的理论知识基础和可持续发展的能力。理论知识把握有度，既要给学生学习和掌握技能奠定必要的、足够的理论基础，也不要过分强调理论知识的系统性和完整性；

注重技能结合理论知识，建设理论-实践一体化教材。

4.优化模块，易教易学

设计生动、活泼的教学模块，在保持教材主体框架的基础上，通过模块设计增加教材的信息量和可读性、趣味性。例如通过引入实际案例以及岗位情景模拟，使教材内容更贴近岗位，让学生了解实际岗位的知识与技能要求，做到学以致用；"请你想一想"模块，便于师生教学的互动；"你知道吗"模块适当介绍新技术、新设备以及科技发展新趋势、行业职业资格考试与现代职业发展相关知识，为学生后续发展奠定必要的基础。

5.产教融合，优化团队

现代职业教育倡导职业性、实践性和开放性，职业教育必须校企合作、工学结合、学作融合。专业技能课教材，鼓励吸纳1~2位具有丰富实践经验的岗位人员参与编写，确保工作岗位上先进技术和实际应用融入教材的内容，更加体现职业教育的职业性、实践性和开放性。

6.多媒融合，数字资源

本套教材全部配套"医药大学堂"在线学习平台。理论教材在纸质教材建设过程中，建设与纸质教材配套的数字化教学资源，增加网络增值服务内容（如课程PPT、习题库、微课、动画等），使教材内容更加生动化、形象化。此外，平台尚有数据分析、教学诊断等功能，可为教学研究与管理提供技术和数据支撑。

编写出版本套高质量教材，得到了全国各相关院校领导与编者的大力支持，在此一并表示衷心感谢。出版发行本套教材，希望得到广大师生的欢迎，并在教学中积极使用本套教材和提出宝贵意见，以便修订完善，共同打造精品教材，为促进我国中等职业教育护理类专业教学改革和人才培养做出积极贡献。

中等职业教育护理类专业第二轮教材
建设指导委员会名单

数字化教材编委会

主　编　刘　斌

副主编　王晓君　蒋小妹

编　者　（以姓氏笔画为序）

王　宇（甘南藏族自治州卫生学校）

王晓君（山东省青岛第二卫生学校）

叶大庆（广州市第一人民医院）

刘　斌（天水市卫生学校）

孙宏亮（沈阳市中医药学校）

李广鹏（沈阳市中医药学校）

宋鹏龙（大连铁路卫生学校）

周洪波（天水市卫生学校）

房　霞（大连铁路卫生学校）

蒋小妹（天水市卫生学校）

　　《正常人体结构学》是"中等职业教育护理类专业第二轮教材"之一，是贯彻《国家职业教育改革实施方案》（国发〔2019〕4号）精神，融合新的职业教育要求，按照教育部颁发的《中等职业学校专业教学标准（试行）》（教职成厅函〔2014〕48号）编写而成，主要供全国中等职业院校护理类专业使用。本教材编写团队的组建，体现了中高职衔接、基础与临床结合的原则，编写人员为全国多所院校资历较深的一线教师。

　　本教材以"突出技能、对接岗位、考学衔接"为指导思想，本着"以服务为宗旨，以岗位需求为导向"的卫生职业教育办学方针，坚持"三基、五性、三特定"原则，注重基本知识、基本理论、基本技能传授，保证其思想性、科学性、创新性、启发性、先进性。基于中职层次学生的认知特点以及本课程的教学特点，本教材编写力求语言生动、简洁，模块设置更具特色，实现卫生职业教育与岗位"零距离"，从而培养从事临床护理、社区护理、临床助产等工作的德智体美全面发展的技能型卫生人才。

　　本教材除绪论外，理论部分由基本组织、运动系统、消化系统、呼吸系统、泌尿系统、生殖系统、脉管系统、感觉器、神经系统和内分泌系统共十章组成。其特点为：①突出"三贴近"，即贴近社会、贴近岗位、贴近学生；强调职业需要，以"基本、必需、够用"为原则，删减高深、烦琐内容。②每章设置学习目标、知识链接、目标检测、本章小结等教学模块。章首明确学习目标，通过案例分析提出问题，以"如何解决问题"为切入点进行导学，引出本章学习内容。将趣味性的学科知识点和临床案例穿插在正文中，如案例分析、知识链接等，更能激发学生的求知欲望和科学进取精神。章后的目标检测具有很强的启发性，并且紧扣升学考试及全国护士执业资格考试相关内容，供教师辅导和学生学习参考应用。实训指导部分的编写是以专业需要为导向，设计与护理、助产专业相切合的实践任务，以任务引领完成实践。③注重多媒融合及数字化资源教学平台建设，搭载"医药大学堂"在线学习平台，建设书网融合教材。

　　本教材的编写分工如下：刘斌编写绪论和第七章；周洪波编写第一章；孙宏亮编写第二章；王宇编写第三章；蒋小妹编写第四章；王晓君编写第五章；李广鹏编写第六章；叶大庆编写第八章；房霞编写第九章；宋鹏龙编写第十章。

　　全体编者在编写过程中同心协力、精诚合作，付出了大量的心血和劳动，在此向为本书的出版付出辛勤劳动和无私奉献的各位专家表示诚挚的谢意。

　　由于编者水平所限，书中难免存在疏漏或不足之处，敬请广大师生、读者提出宝贵意见。

编　者

2021年12月

目录

- 1. 掌握人体的组成和分部；正常人体结构学常用术语。
- 2. 熟悉正常人体结构学的定义。

- 1. 掌握血液的组成；血细胞的分类、形态及正常值；突触的概念及化学性突触的结构。
- 2. 熟悉神经元的形态结构和分类；被覆上皮的结构特征和类型；疏松结缔组织的结构特征；骨骼肌、心肌的一般结构；神经纤维的类型和结构特征。

- 1. 掌握骨的分类和构造；骨连结的分类和关节的基本结构。
- 2. 熟悉全身骨的名称及主要连结的结构。

1. 掌握消化系统的组成；口腔、胃、小肠的位置、形态、结构；肝的位置毗邻、形态、结构等。

2. 熟悉胸部标志线和腹部分区；咽、食管、大肠的位置、形态、结构等；胰的位置、形态、结构；腹膜与腹膜腔的概念等。

1. 掌握呼吸道的组成；气管和支气管的结构特点；左、右主支气管的区别；肺的位置、形态；胸膜与胸膜腔的概念；纵隔的位置和分部。

2. 熟悉鼻甲、鼻道、鼻中隔的位置；喉的位置，主要喉软骨的名称，喉黏膜的主要形态结构和喉腔分部；肺的微细结构，肺的血管。

1. 掌握肾的形态和位置；肾的微细结构；女性尿道的结构特点和位置。
2. 熟悉肾的剖面结构；输尿管；膀胱。

1. 掌握男性尿道的分部、狭窄、弯曲。
2. 熟悉睾丸、卵巢的位置、形态、结构；男性、女性生殖管道的形态、位置；乳房的位置、形态、构造；会阴的概念、区分。

1. 掌握脉管系统的组成；体循环、肺循环的概念和路径；心的位置；体循环主要动脉的走行；上、下腔静脉的起止、收集范围；头颈、四肢浅静脉的起止、走行、收集范围及临床意义；门静脉的走行、属支及其与上、下腔静脉的吻合部位。

1. 掌握眼球壁和眼球内容物的构成及各构成部分的结构特点，眼屈光系统的构成；外耳道和鼓膜的位置、形态，婴儿外耳道的特点。

2. 熟悉眼副器的构成及各构成部分的形态结构；中耳的构成；皮肤的组织结构。

1. 掌握神经系统的常用术语；脑脊液的产生和循环途径。

2. 熟悉神经系统的组成及基本活动方式；脊髓的位置、外形特点、内部结构及功能；脑的分部；脑干的组成、形态、结构及功能；小脑的位置、形态及功能；间脑的位置、分部及结构；大脑半球的外形及内部结构；脊神经的颈丛、臂丛、腰丛、骶丛的主要分支及分布概况；12对脑神经的名称、顺序及性质；内脏神经的分布、分类，交感神经和副交感神经的区别。

1. 掌握甲状腺的位置、形态及功能；肾上腺的结构及功能。

2. 熟悉垂体的位置、分部及功能。

绪　论

【学习目标】

　　1. 掌握　人体的组成和分部；正常人体结构学常用术语。
　　2. 熟悉　正常人体结构学的定义。
　　3. 了解　学习正常人体结构学的基本观点和方法。

一、正常人体结构学的定义

　　正常人体结构学是研究正常人体形态结构及其发生发育规律的学科。学习这门课程的目的，在于理解和掌握正常人体形态结构及其发生发育规律，为学习其他医学基础课程和护理专业课程奠定坚实的基础。只有正确掌握人体的形态结构及其发生发育规律，才能进一步认识和掌握人体生命活动过程中疾病的发生发展规律，最终科学、有效地运用正常人体结构学知识为疾病的诊断、治疗和护理服务，从而促进人类健康水平的提高。由于研究的角度、手段和目的不同，正常人体结构学又分出若干门类，如人体解剖学、组织学、胚胎学等。人体解剖学是通过用刀切割尸体、凭借肉眼观察的方法，研究正常人体形态、结构的学科。组织学是借助显微镜观察的方法，研究正常人体的细胞、组织和器官微细结构的学科；胚胎学是研究人体的发生、发育以及发生发育过程中形态结构变化规律的学科。

二、人体的组成和分部

（一）人体的组成

　　构成人体的基本结构和功能单位是细胞。形态结构相似、功能相近的细胞借细胞间质结合在一起，构成组织。人体的基本组织有四种，即上皮组织、结缔组织、肌组织和神经组织。几种不同的组织构成具有一定形态、功能的结构，称器官。由若干结构、功能密切相关的器官连接在一起，共同完成一种连续生理功能的结构，称系统。人体可分为九个系统，即运动系统、消化系统、呼吸系统、泌尿系统、生殖系统、脉管系统、神经系统、内分泌系统和感觉器。各个器官、系统虽然都有各自的生理功能，但它们通过神经、体液的调节，相互联系、密切配合，构成了一个完整的人体。消化、呼吸、泌尿及生殖系统的大部分器官都位于胸、腹、盆腔内，并借一定的孔道直接或间接与外界相通，称内脏。

（二）人体的分部

按照人体的形态和部位，可将人体分为头、颈、躯干和四肢四个部分。头分为颅部和面部；颈分为颈部和项部；躯干的前面分为胸、腹、盆部和会阴；躯干的后面分为背和腰；四肢分为上肢和下肢，上肢分为肩、臂、前臂和手，下肢分为臀、大腿、小腿和足。

三、常用解剖学术语

在生活中，人体各部与器官结构的位置关系不是恒定不变的。为了准确描述人体各部、各器官的形态结构及其相互间的位置关系，需要有公认统一的标准和规范语言。解剖学确定了统一的标准解剖学姿势、方位、轴和面等术语。

（一）解剖学姿势

解剖学姿势是指身体直立，两眼平视前方，上肢下垂于躯干两侧，掌心向前，下肢并拢，足尖向前（图绪-1）。描述人体任何结构时，均应以解剖学姿势为依据。即使观察对象（活体、标本、模型等）处于不同位置，或仅为身体的某一局部，仍应依据解剖学姿势进行描述。

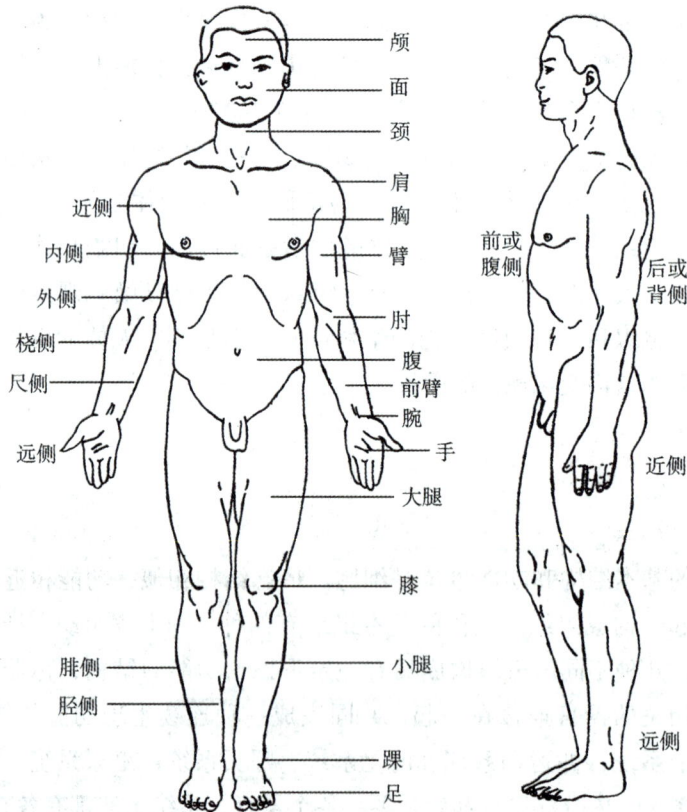

图绪-1　人体的分部与标准解剖学姿势

（二）轴

为了准确描述关节的运动形式，以解剖学姿势为依据，规定相互垂直的三种轴。

1. 垂直轴 为上、下方向与身体长轴平行、与水平面垂直的轴。

2. 矢状轴 为前后方向与身体长轴垂直、与水平面平行的轴。

3. 冠状轴 又称额状轴，为左右方向与身体长轴垂直、与水平面平行的轴（图绪-2）。

（三）面

人体或其任何一个局部，均可在解剖学姿势条件下，规定三种相互垂直的切面。

1. 矢状面 沿矢状轴方向将人体垂直纵行切开的剖面。通过人体正中的矢状面称为正中矢状面。

2. 冠状面 沿冠状轴方向将人体垂直纵行切开的剖面称为冠状面，又称额状面。

图绪-2 人体的轴和面

3. 水平面 同时与上述两种切面垂直，将人体横行切开成上、下两部分的剖面称为水平面，又称横切面。

（四）方位术语

方位术语以标准解剖学姿势为依据，用以准确描述人体各结构间的位置关系。

1. 上和下 用于描述部位高低的术语。近头者为上，近足者为下。

2. 前和后 距身体腹侧面近者为前，距背侧面近者为后。

3. 内侧和外侧 用于描述各部位与正中矢状面相对距离的位置关系术语。近正中矢状面者为内侧，反之为外侧。在四肢，前臂的内侧又称尺侧，外侧又称桡侧；小腿的内侧又称胫侧，外侧又称腓侧。

4. 内和外 用于描述空腔器官结构相互位置关系的术语。近内腔者为内，远离内腔者为外。

5. 浅和深 用于描述与皮肤表面相对距离关系的术语。距皮肤近者为浅，远者为深。

6. 近侧和远侧 用于描述四肢各部相互位置关系的术语。距躯干附着部位较近者称近侧，距躯干附着部位较远者称远侧。

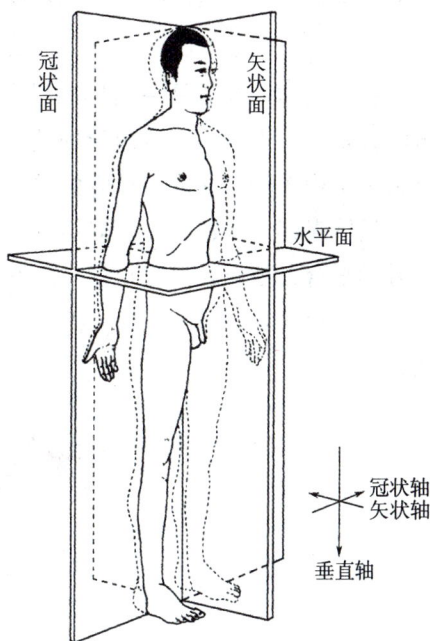

四、学习正常人体结构学的基本观点和方法

（一）学习正常人体结构学的基本观点

要准确认识和理解正常人体形态结构，必须运用进化发展的观点、形态和功能相互联系的观点、局部与整体相统一的观点以及理论联系实际的观点。只有这样，才能

全面、系统地掌握人体形态结构的发展规律。

（二）正常人体结构学的学习方法

正常人体结构学是一门形态科学，描述多、名词多。针对其特点采用相应的学习方法，是学好正常人体结构学的关键。初学者应在理解的基础上背诵和记忆，记住正常人体结构学的名词及相对应的结构。应重视实验课，充分利用解剖标本、模型、挂图、活体观察、多媒体、云解剖等传统及现代化手段，并且运用多媒融合及数字化资源教学平台，结合教材配套的"医药大学堂"以及其他教学软件，进行线上、线下学习，以加深理解、增强记忆、提高学习效率，最终达到具备分析问题和解决问题能力的目的。

目标检测

一、选择题

（一）单项选择题

1. 下列关于方位的描述错误的是（   ）

    A. 近头者为上，近足者为下

    B. 近腹者为腹侧，近背者为背侧

    C. 距正中矢状面近者为内侧，远者为外侧

    D. 以体表为准，距表面近者为近侧，距表面远者为远侧

2. 构成人体的基本结构和功能单位是（   ）

    A. 细胞   B. 器官   C. 组织   D. 系统

（二）多项选择题

内脏包括的主要系统是（   ）

    A. 消化系统   B. 呼吸系统   C. 脉管系统

    D. 泌尿系统   E. 生殖系统

二、思考题

组成人体的系统有哪些？

（刘　斌）

书网融合……

自测题

第一章　基本组织

PPT

【学习目标】

　　1. **掌握**　血液的组成；血细胞的分类、形态及正常值；突触的概念及化学性突触的结构。

　　2. **熟悉**　神经元的形态结构和分类；被覆上皮的结构特征和类型；疏松结缔组织的结构特征；骨骼肌、心肌的一般结构；神经纤维的类型和结构特征。

　　3. **了解**　腺的类型；上皮组织、结缔组织的结构特征；骨骼肌的超微结构；平滑肌与心肌的区别；神经末梢的分类。

案例分析

　　患者，女，17岁，长期偏食，自述疲乏、无力。查体：面色苍白，睑结膜、口腔黏膜苍白。血常规：WBC $8.7 \times 10^9/L$，Hb 60g/L，PLT $123 \times 10^9/L$，HCT 19.60%。初步诊断为贫血。

问题

　　贫血是如何定义的？为什么会出现面色苍白、疲乏等症状？

　　要解释该患者为什么会出现贫血及面色苍白、疲乏等症状，就必须学习血液相关知识。在掌握了血液相关知识后，才能知道：血液由血细胞和血浆组成，而血细胞又分为红细胞、白细胞和血小板；红细胞中的血红蛋白（Hb）使血液显示红色，其具有结合和运输 O_2 及 CO_2 的功能。外周血中红细胞数少于 $3.0 \times 10^{12}/L$ 或 Hb 低于100g/L，称贫血，同时会出现相应的症状。这部分知识属于基本组织的内容范畴，下面就让我们一起来学习吧！

第一节　上皮组织

　　上皮组织，简称上皮，由大量紧密排列的上皮细胞和少量细胞间质构成。上皮组织具有保护、吸收、分泌、排泄和感觉等功能。依其形态、分布和功能的不同，上皮分为被覆上皮、上皮组织的特殊结构和腺上皮三大类。通常所称的上皮是指被覆上皮。

一、被覆上皮

被覆上皮是指覆盖于人体的体表、某些实质器官的表面或衬贴在有腔器官腔面的上皮。

（一）被覆上皮的结构特征

被覆上皮的种类较多，但都具有以下共同特征：①细胞多且排列紧密，呈膜状或层状，细胞间质少。②上皮细胞有明显的极性，即游离面和基底面。朝向有腔器官的腔面或身体表面的一端游离，称游离面；与游离面相对的一端称为基底面，与其深面的结缔组织相连接。③上皮组织一般无血管，其营养来自深部的结缔组织，但常有丰富的感觉神经末梢。

（二）被覆上皮的分类、分布及功能

根据上皮细胞的层数，被覆上皮分为单层上皮和复层上皮两种。根据细胞的形态，单层上皮可分为四种，复层上皮主要可分为两种（表1-1）。

表1-1 被覆上皮的分类、分布和功能

细胞层数	上皮分类	分布	功能
单层	单层扁平上皮	心、血管和淋巴管内表面（内皮），体腔浆膜表面（间皮）等处	滑润
	单层立方上皮	肾小管、小叶间胆管等处	分泌、吸收
	单层柱状上皮	胃、肠、胆囊、输卵管黏膜、子宫内膜等处	保护、分泌和吸收
	呼吸道黏膜	保护、分泌	假复层纤毛柱状上皮
复层	复层扁平上皮	口腔、食管和阴道黏膜及皮肤表皮等处	保护
	变移上皮	肾盂、输尿管和膀胱黏膜等处	保护

1. 单层扁平上皮 又称单层鳞状上皮，由一层扁平细胞紧密排列而成。从垂直切面看，呈梭形，细胞扁薄，胞质很少，只有含核的部分略厚。从表面观察，细胞呈多边形或不规则形，核椭圆形，位于细胞中央，细胞边缘呈锯齿状，互相嵌合。衬贴于心、血管及淋巴管内腔面的单层扁平上皮，称内皮，内皮薄而光滑，有利于液体的流动和物质交换。被覆于胸膜、腹膜和心包膜等处的单层扁平上皮，称间皮，间皮光滑湿润，可减少器官活动时相互间的摩擦。单层扁平上皮还构成肺泡壁和肾小囊壁（图1-1）。

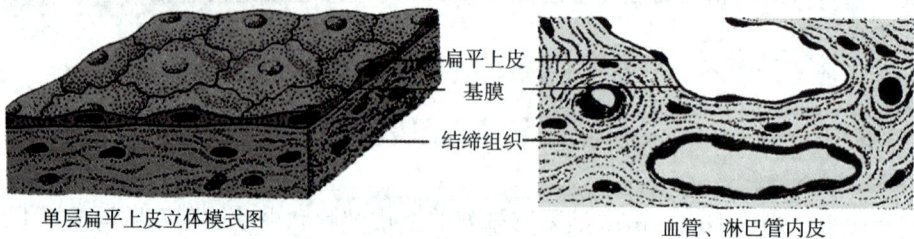

单层扁平上皮立体模式图

扁平上皮
基膜
结缔组织

血管、淋巴管内皮

图1-1 单层扁平上皮

2. 单层立方上皮　由一层立方形的细胞紧密排列而成。从垂直切面看，细胞呈立方形，核圆形，位于细胞的中央。从表面观察，细胞呈多边形。这种上皮分布于肾小管、小叶间胆管及甲状腺滤泡等处，具有分泌和吸收功能（图1-2）。

单层立方上皮立体模式图　　　　　　　　　肾小管单层立方上皮

立方上皮
基膜
结缔组织

图1-2　单层立方上皮

3. 单层柱状上皮　由一层棱柱状细胞紧密排列而成。从垂直切面观察，细胞呈高柱状，核椭圆形，靠近细胞的基底部。从表面观察，细胞呈多边形。有些单层柱状上皮细胞之间夹有杯状细胞，能分泌黏液，对上皮细胞起润滑和保护作用。单层柱状细胞多分布于胃、肠、胆囊和子宫等器官的腔面，具有保护、分泌和吸收等功能（图1-3）。

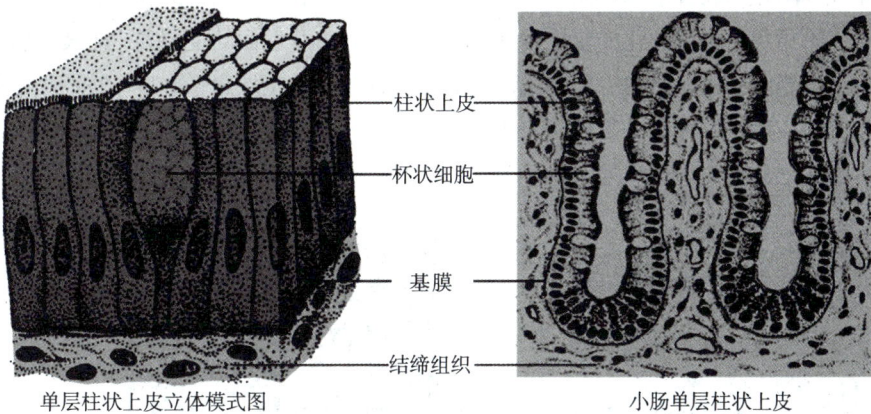

单层柱状上皮立体模式图　　　　　　　　　小肠单层柱状上皮

柱状上皮
杯状细胞
基膜
结缔组织

图1-3　单层柱状上皮

4. 假复层纤毛柱状上皮　由柱状细胞、杯状细胞、梭形细胞及锥体形细胞等构成，其中，柱状细胞数量最多，其游离面有纤毛。从侧面观察，这种上皮中的每个细胞都与基膜接触，但只有柱状细胞及杯状细胞的顶端抵达上皮游离面。由于细胞高矮不等，其核的位置也不在同一平面上，看上去似多层，实为一层，因而称为假复层纤毛柱状上皮。这种上皮主要分布于呼吸道黏膜，其中，柱状细胞的纤毛具有节律性摆动的特性，杯状细胞分泌的黏液能黏附尘粒，对呼吸道起湿润和清洁保护作用（图1-4）。

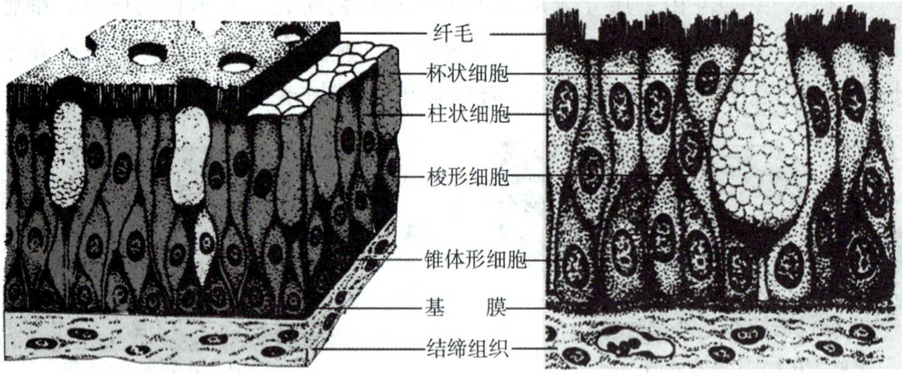

假复层纤毛柱状上皮立体模式图　　　　假复层纤毛柱状上皮（气管切片模式图）

纤毛
杯状细胞
柱状细胞
梭形细胞
锥体形细胞
基　膜
结缔组织

图1-4　假复层纤毛柱状上皮

5. 复层扁平上皮　又称复层鳞状上皮，由多层形态不同的细胞紧密排列而成。从垂直切面看，其表层为数层扁平细胞；中间层为数层多边形细胞，体积较大，细胞境界清楚；基底部为一层矮柱状或立方形的细胞，该层细胞的分裂增殖能力较强，新形成的细胞不断向表层推移，以补充衰老脱落的表层细胞。复层扁平上皮具有很强的机械性保护作用，具有耐摩擦和阻止异物侵入等作用。分布于口、咽、食管和阴道等处的复层扁平上皮，表层细胞湿润、不角化，称未角化的复层扁平上皮；分布于皮肤表面的复层扁平上皮，浅层细胞的核消失，细胞内充满角蛋白，不断脱落、更新，称角化的复层扁平上皮。皮肤由表皮和真皮构成，其中，表皮由角化的复层扁平上皮组成。表皮从基底到表面可分为基底层、棘层、颗粒层、透明层和角质层这五层结构。（图1-5）。

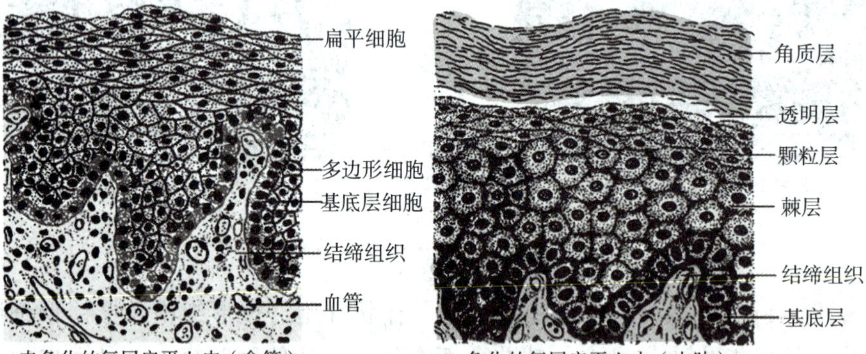

扁平细胞
多边形细胞
基底层细胞
结缔组织
血管

未角化的复层扁平上皮（食管）

角质层
透明层
颗粒层
棘层
结缔组织
基底层

角化的复层扁平上皮（皮肤）

图1-5　复层扁平上皮

6. 变移上皮　又称移行上皮，分布于肾盂、输尿管及膀胱等处。其特点是上皮细胞的大小、形状和层数可随器官的收缩与扩张而发生改变。当器官收缩时，上皮变厚，细胞层数变多；当器官扩张时，浅层细胞变扁平，上皮变薄，细胞层数变少（图1-6）。

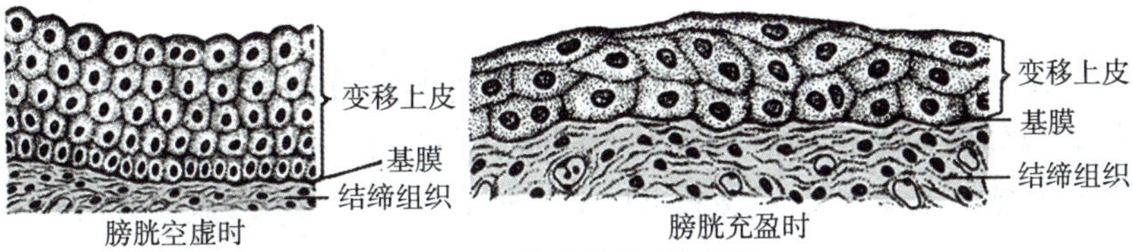

图 1－6　变移上皮（膀胱）

二、上皮组织的特殊结构

由于上皮组织的细胞有明显极性，其细胞的两极常处在不同环境当中，为了适应其功能，细胞的游离面、侧面和基底面常特化形成一些特殊的结构。

（一）上皮细胞的游离面

1. 微绒毛　在电镜下清晰可见。微绒毛是上皮细胞游离面的细胞膜和细胞质伸出的微细指状突起，其内含有微丝。光镜下所见小肠上皮细胞的纹状缘即是由密集的微绒毛整齐排列而成。微绒毛使细胞的游离表面积显著增大，有利于细胞对物质的吸收（图 1－7）。

2. 纤毛　在光镜下可见。纤毛是上皮细胞游离面的细胞膜和细胞质伸出的较粗长的突起，其内部结构较复杂，主要由微管构成。纤毛可进行节律性的摆动，从而将黏附于上皮表面的分泌物及有害物质排出。呼吸道大部分的腔面被覆为有纤毛柱状上皮（图 1－4）。

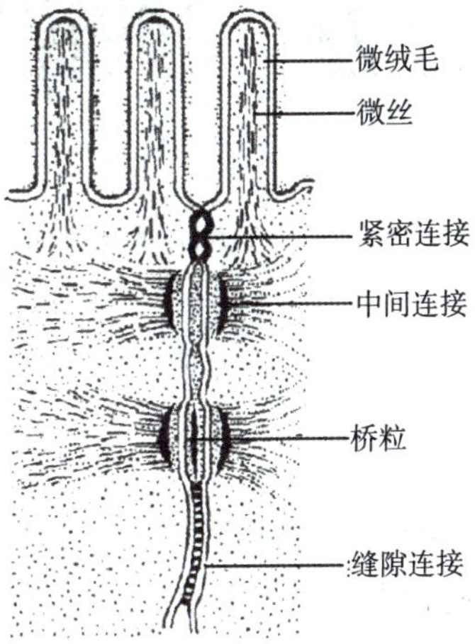

图 1－7　单层柱状上皮的微绒毛与细胞连接超微结构模式图

（二）上皮细胞的侧面

上皮细胞排列紧密，细胞间隙很窄，在其侧面有一些特殊的细胞间连接结构。常见的有紧密连接、中间连接、桥粒和缝隙连接（图 1－7）。这些结构在电镜下才可见。它们具有加强细胞间牢固联系、封闭细胞间隙、参与细胞间信息传递（缝隙连接）等不同功能。这些结构也存在于结缔组织、肌组织和神经组织内。

（三）上皮细胞的基底面

基膜为上皮细胞的基底面与深部结缔组织之间的薄膜。由于很薄，在 HE 染色切片上一般不能分辨。基膜除具有支持、连接和固定作用外，还是一种半透膜，有利于上皮组织与深部结缔组织进行物质交换。上皮细胞的基底面除基膜外，还有半桥粒和细胞内褶。

三、腺上皮和腺

腺上皮是指以分泌功能为主的上皮，而腺则是以腺上皮为主要成分的具有分泌功能的器官。

（一）腺的分类

腺依其分泌物排出方式的不同，分为外分泌腺和内分泌腺。外分泌腺的分泌物经导管排到体表或体腔内，也称有管腺，如汗腺、唾液腺等；内分泌腺没有导管，也称无管腺，其分泌物（激素）经血液和淋巴或组织液输送，如甲状腺、肾上腺等。

（二）外分泌腺的分类和一般结构

外分泌腺按组成的细胞数量，可分为单细胞腺（如杯状细胞）和多细胞腺（如唾液腺）。多细胞腺大小不等，一般由分泌部和导管部两部分构成。

1. 分泌部　一般由一层腺上皮细胞围成，中央有腔，腔与腺的导管部相连，具有分泌功能。依其形态，分泌部可分为管状腺、泡状腺或管泡状腺三种（图1-8）；按分泌物性质的不同，可分为黏液腺、浆液腺和混合腺三种。

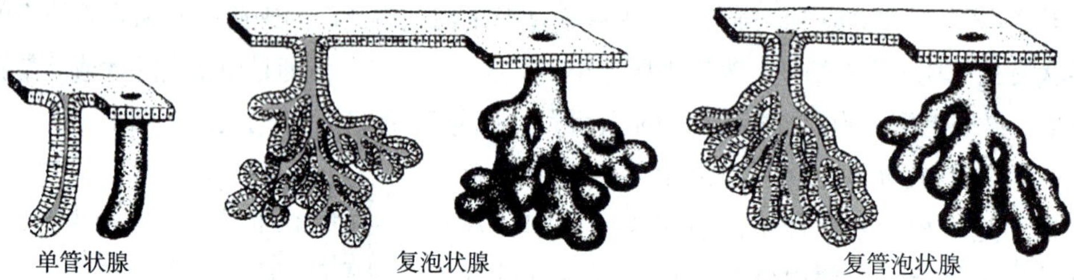

单管状腺　　　　　　复泡状腺　　　　　　复管泡状腺

图1-8　外分泌腺的形态

2. 导管部　管壁由上皮围成，与分泌部相连，除输送分泌物外，有些导管的上皮兼有分泌和吸收功能。

第二节　结缔组织

结缔组织由细胞和大量细胞间质构成。与上皮组织相比，结缔组织的主要特点为：①细胞种类多，但数量少，其形态、功能各异，且分布稀疏、无极性；②细胞间质多，形态多样，包括无定形均质状的基质和细丝状的纤维；③不与外界环境直接接触。在体内，结缔组织主要起连接、支持、营养、修复和保护等作用。结缔组织是体内分布最广泛、形式最多样的一种组织，包括纤维性的固有结缔组织、固态的软骨组织和骨组织以及液态的血液等（表1-2）。

表1-2　结缔组织的分类

类型		细胞	纤维	分布
固有结缔组织	疏松结缔组织	成纤维细胞、巨噬细胞、浆细胞、肥大细胞、脂肪细胞等	胶原纤维、弹性纤维和网状纤维	细胞、组织、器官之间以及器官内等
	致密结缔组织	成纤维细胞	胶原纤维和弹性纤维	皮肤真皮、器官被膜、肌腱、韧带等
	网状组织	网状细胞	网状纤维	淋巴组织、淋巴器官、骨髓等
	脂肪组织	脂肪细胞	胶原纤维、弹性纤维和网状纤维	皮下组织、大网膜、黄骨髓

续表

类型	细胞	纤维	分布
软骨组织	软骨细胞	胶原原纤维、弹性纤维和胶原纤维	气管、肋软骨、会厌、椎间盘等
骨组织	骨细胞	胶原纤维	骨
血液	血细胞	纤维蛋白原	心和血管内

一、固有结缔组织

（一）疏松结缔组织

疏松结缔组织结构疏松，形似蜂窝，故又称蜂窝组织。临床上所说的蜂窝织炎，即是指这种组织的炎症。其特点是细胞种类多且分散，纤维排列松散，基质含量较多。在体内，疏松结缔组织分布广泛，它位于器官之间、组织之间及细胞之间，起连接、支持、营养、防御和修复等作用（图1-9）。

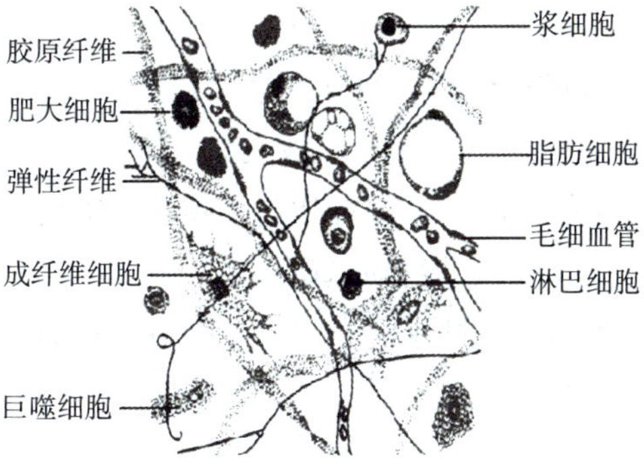

图 1-9　疏松结缔组织

1. 细胞

（1）成纤维细胞　是疏松结缔组织中最主要的细胞。细胞体较大，形态不规则，扁平多突起；胞核较大，卵圆形，着色浅，核仁明显；胞质弱嗜碱性。成纤维细胞能合成基质和纤维，具有较强的再生能力，在人体发育及创伤修复期间，其增殖分裂尤为活跃。

（2）巨噬细胞　广布于疏松结缔组织内，细胞形态多样，有圆形、椭圆形和不规则形等，其表面有短而粗的突起，称伪足；胞核较小、圆、染色较深；细胞质丰富，多为嗜酸性。巨噬细胞是血液中的单核细胞进入结缔组织后形成的，具有活跃的变形运动能力，具有吞噬清除体内衰老死亡的细胞、肿瘤细胞、异物和参与免疫应答等功能。

（3）浆细胞　细胞呈圆形或卵圆形；核圆形，多偏于细胞一侧，核染色质呈粗块状，从核中心呈辐射状排列，形似车轮；胞质丰富，嗜碱性。浆细胞能合成和分泌免疫球蛋白（Ig），即抗体，参与体液免疫。正常时，浆细胞在疏松结缔组织中少见，但在病原微生物易于侵入的消化道、呼吸道的黏膜中及慢性炎症部位较为多见。

（4）肥大细胞 常成群分布于小血管周围，细胞呈圆形或卵圆形，胞体较大。核小而圆，多位于细胞中央；胞质内充满粗大的异染性颗粒，颗粒内含肝素、组胺、白三烯等生物活性物质。肝素有抗凝血作用；组胺和白三烯可引起荨麻疹、哮喘和休克等过敏反应。

> **⇄ 知识链接**
>
> **荨麻疹**
>
> 肥大细胞释放的组胺和白三烯可使毛细血管及微静脉的通透性增加，血浆蛋白和液体渗出，致使局部皮肤水肿，临床上称为荨麻疹。

（5）脂肪细胞 单个或成群分布，细胞呈球形，体积较大，胞质内含较大的脂滴，常将扁圆形胞核及少量胞质挤至细胞一侧。在 HE 染色的标本中，脂滴被有机溶剂（乙醇）溶解，使细胞呈空泡状。脂肪细胞能合成和贮存脂肪，参与脂类代谢。

2. 细胞间质

（1）纤维 有三种，即胶原纤维、弹性纤维和网状纤维。

①胶原纤维：新鲜时呈白色，有光泽，故又称白纤维。在三种纤维中，其数量最多，在 HE 染色片上呈粉红色波浪形，常有分支。胶原纤维韧性大，抗拉力强，但弹性较差，它是结缔组织具有支持作用的物质基础。

②弹性纤维：新鲜时呈黄色，故又称黄纤维。其在 HE 染色片上呈浅红色，纤维较细，有分支并交织成网。弹性纤维弹性好，但韧性差，其弹性会随着年龄的增长而逐渐减弱。

③网状纤维：数量最少，纤维细短而分支较多，常相互交织成网。银染色法很容易使其染成黑色，故又称嗜银纤维。网状纤维主要存在于网状组织中，也分布于结缔组织与其他组织交界处。

（2）基质 疏松结缔组织中的基质较多，呈无定形的胶体状，其化学成分主要为蛋白多糖和糖蛋白。蛋白多糖分子排列成许多微孔状结构，具限制病菌蔓延和毒素扩散的作用。此外，基质含有从毛细血管渗出的液体，称组织液。组织液是组织细胞和血液之间进行物质交换的媒介。

（二）致密结缔组织

致密结缔组织结构致密，由细胞和细胞间质构成。其所含细胞主要是成纤维细胞，细胞间质包括基质和纤维。其特点是细胞和基质成分少，纤维成分多、粗大且排列紧密，纤维主要是胶原纤维和弹性纤维。该组织主要分布于肌腱、韧带、皮肤真皮、巩膜、硬脑膜及许多器官的被膜等处，有支持、连接和保护等作用（图 1-10）。

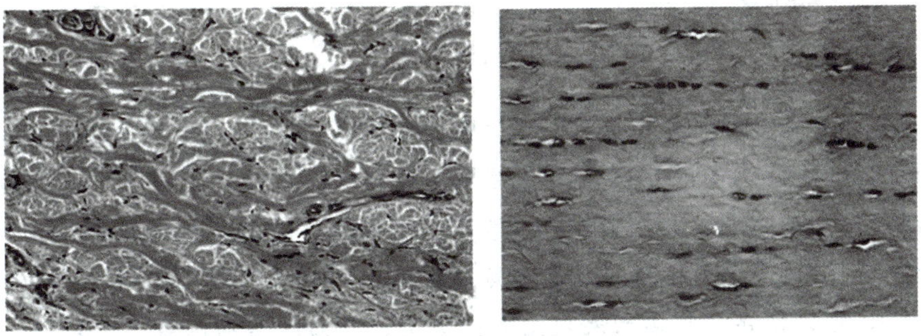

不规则致密结缔组织（人真皮）　　　　　规则致密结缔组织（人肌腱）

图 1-10　致密结缔组织（真皮）

（三）网状组织

网状组织由网状细胞和网状纤维构成。网状细胞为多突起的星形细胞，细胞突起彼此相互连接成网。网状细胞产生网状纤维，网状纤维相互交织分布于基质中。网状组织存在于造血器官和淋巴组织等处，构成血细胞发生和淋巴细胞发育的微环境（图 1-11）。

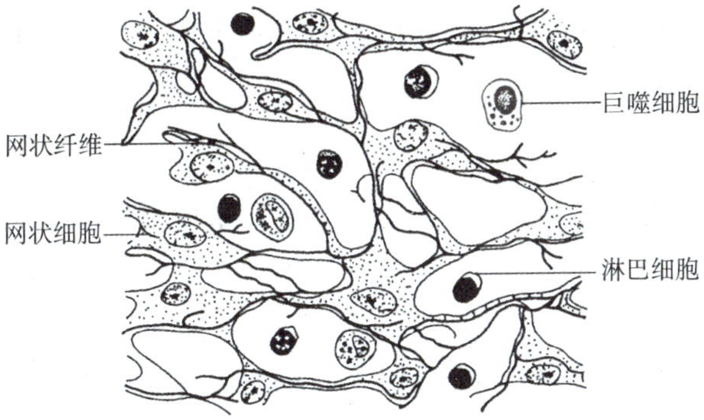

图 1-11　网状组织

（四）脂肪组织

脂肪组织主要由大量脂肪细胞群集而成，并由少量疏松结缔组织分隔成许多脂肪小叶。脂肪组织主要分布于皮下、网膜、系膜和黄骨髓等处，具有贮存脂肪、支持、缓冲、保护脏器和维持体温等作用（图 1-12）。

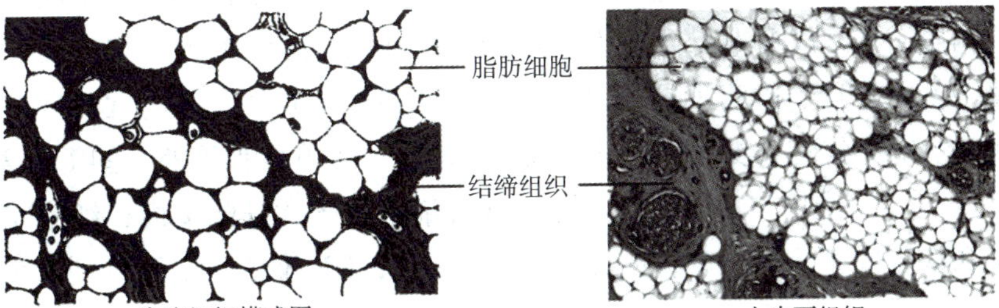

脂肪组织模式图　　　　　　　　　　　　人皮下组织

图 1-12　脂肪组织

⇄ **知识链接**

脂肪组织与肥胖

　　进食热量多于人体消耗量，造成体内脂肪堆积过多，实测体重超过标准体重 20% 以上者，称肥胖。肥胖是一种多发病，在我国，肥胖病患者已超过 7000 万。肥胖病的发生是遗传、饮食生活习惯等多种因素的结果。少年肥胖病是脂肪细胞数量增多的结果；成年肥胖病则是脂肪细胞体积变大的结果，脂肪细胞体积可达原来的 10 倍。肥胖病的临床表现主要是乏力、气短、活动困难，容易发生糖尿病、高血压、冠心病和胆结石等，严重危害生命健康。因此，医护人员要指导病人，特别指导肥胖病人合理膳食，使其养成良好的膳食习惯。

二、软骨组织和软骨

　　软骨组织由软骨细胞和细胞间质构成。软骨由软骨组织及其周围的软骨膜构成。软骨膜为致密结缔组织构成的组织膜，其内含血管、神经和软骨细胞，对软骨的生长发育、创伤的修复等有重要作用。软骨组织内没有血管，其营养供给来自软骨膜内的血管。

（一）软骨组织的结构

　　1. 细胞间质　由纤维和基质构成，呈均质状。基质主要成分为蛋白多糖和水，呈凝胶状。包埋在基质中的纤维主要有胶原纤维和弹性纤维，软骨类型不同，其纤维的数量和种类有较大的差异。

　　2. 软骨细胞　包埋于软骨基质中，其所在的腔隙称为软骨陷窝。软骨细胞的形态与其发育程度有关。靠近软骨周边软骨膜处的软骨细胞比较幼稚，细胞扁而小，常单个分布；从周边向中央，越靠近软骨中央部的软骨细胞越大、越趋于成熟，细胞呈圆形或椭圆形，常成群分布。

（二）软骨的分类

　　软骨依其细胞间质所含纤维成分的不同，通常分为透明软骨、弹性软骨和纤维软骨三种类型。

　　1. 透明软骨　新鲜时呈半透明状。软骨细胞位于软骨陷窝内；细胞间质由胶原纤维和基质构成。纤维成分主要为胶原纤维，交织排列，纤维很细，与基质的折光率接近，光镜下不易分辨。透明软骨的脆性大、弹性差，易断裂。透明软骨分布广泛，主要分布于鼻、喉、气管、支气管的软骨以及肋软骨、关节软骨等处（图 1-13）。

　　2. 弹性软骨　结构与透明软骨相似。软骨细胞位于软骨陷窝内；细胞间质由大量弹性纤维和基质构成，纤维和基质的折光性不一致，HE 染色片上可看到纤维，纤维交织成网状，有良好的弹性。弹性软骨主要分布耳廓、会厌等处。

图 1 - 13　透明软骨

3. 纤维软骨 软骨细胞成行排列或散在分布于纤维束之间；细胞间质由基质和大量交叉或平行排列的胶原纤维束构成，有较好的韧性。纤维软骨主要分布于椎间盘、耻骨联合及关节盘等处（图 1 - 14）。

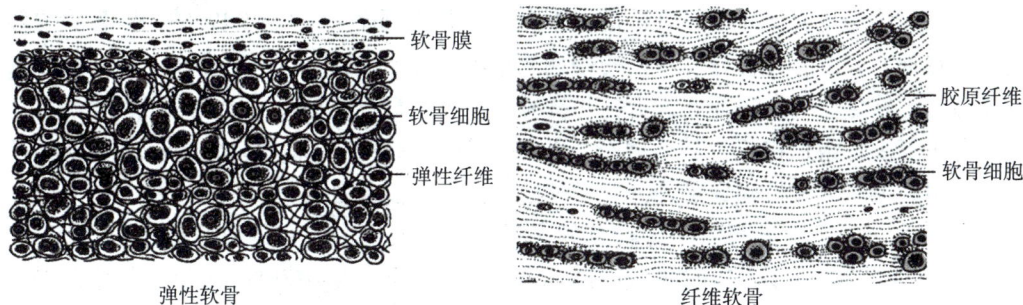

弹性软骨　　　　　　　　　　　　　　纤维软骨

图 1 - 14　纤维软骨和弹性软骨

三、骨组织和骨

骨组织是人体内一种坚硬的结缔组织，由骨细胞和坚硬的细胞间质构成。骨由骨组织、骨膜、骨髓及血管、神经等构成。

（一）骨组织的一般结构

1. 细胞间质 骨组织的细胞间质是一种钙化的细胞间质，由有机物和无机物构成。有机物含量少，约占总重量的 35%，其成分为胶原纤维和基质，基质呈凝胶状，具黏合作用；无机物又称为骨盐，含量较多，约占总重量的 65%，其主要成分为磷酸钙、碳酸钙等。骨胶原纤维被基质黏合在一起，并有钙盐沉积构成薄板状结构，称骨板。骨板内或骨板之间由基质形成的小腔，称骨陷窝。陷窝向周围呈放射状排列的细小管道，称骨小管。相邻骨陷窝的骨小管相互连通。

2. 骨细胞 骨细胞位于骨陷窝内，其表面有很多突起伸入骨小管内。相邻骨细胞突起相互接触（图 1 - 15）。

图 1 - 15　骨细胞超微结构模式图

(二) 骨的结构

　　骨是人体的主要支架，同时也是人体内最大的"钙库"，体内90%的钙以骨盐的形式贮存在骨内。因此，骨与人体钙的代谢密切相关。当机体过度缺钙时，成人易出现骨质疏松、软化而引发病理性骨折，儿童易发生骨发育不良性疾病（如佝偻病等）。

　　骨主要由骨组织构成，其表面覆盖骨膜和关节软骨，内部为骨髓腔，骨髓填充其中。骨组织形成的骨板构成了骨密质和骨松质。下面以长骨为例说明骨的结构。

　　1. 骨密质　位于长骨的骨干和骨骺的表面，由致密、规则排列的骨板及分布于骨板内、骨板间的骨细胞构成。骨板有四种。①外环骨板：位于骨干表面，较厚，由几层至十几层骨板构成，其排列与骨干表面平行。②内环骨板：位于骨髓腔面，为几层排列不规则的骨板。③骨单位：又称哈弗斯系统，位于内、外环骨板之间，由一条纵行的中央管和以中央管为中心呈同心圆排列的数层骨板构成，是长骨骨密质的主要结构单位。④间骨板：为位于骨单位之间、排列不规则的骨板，是骨改建过程中，旧的骨单位残留的遗迹（图 1 - 16，图 1 - 17）。

图 1 - 16　长骨结构模式

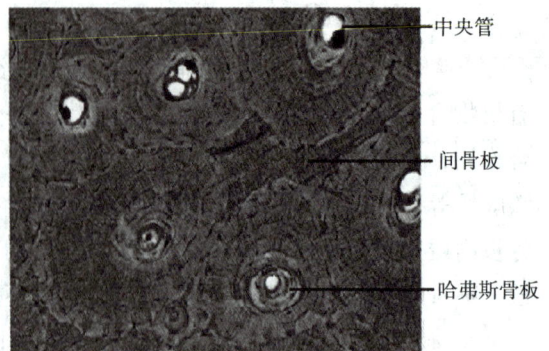

图 1 - 17　长骨磨片（横切面）

2. 骨松质 主要位于长骨两端的骨骺内和骨干的内面。骨松质由许多细片状或针状骨小梁交织而成，骨小梁则由不规则骨板及骨细胞构成。小梁之间有很多空隙，其内含有骨髓、血管和神经等。

四、血液

血液是流动于心、血管内的红色液态结缔组织，约占成人体重的7%～8%。健康成年人的循环血量为4～5L。血液由血浆和血细胞组成。

（一）血浆

血浆为淡黄色的液体，相当于细胞间质，约占血液容积的55%，其中90%是水，其余为血浆蛋白（包括白蛋白、球蛋白、纤维蛋白原）、酶、营养物质（糖、脂类、维生素）、代谢产物、激素及无机盐等。血液流出血管后，溶解状态的纤维蛋白原将转变成不溶解状态的纤维蛋白，血液凝固成血块，其析出的淡黄色透明液体，称血清。

（二）血细胞

血细胞约占血液容积的45%，包括红细胞、白细胞和血小板。正常情况下，血细胞有稳定的形态结构、数量和比例。血细胞的形态结构，通常采用 Wright 或 Giemsa 染色的血液涂片标本进行光镜观察。

1. 红细胞（RBC） 血液中数量最多的一种细胞。成熟红细胞，直径为 $7.0～8.5\mu m$，呈双凹圆盘状，中央较薄，周缘较厚，表面光滑，无细胞核及细胞器。胞质中充满大量血红蛋白（Hb），健康成年男性的红细胞数为 $(4.0～5.5)\times10^{12}/L$，女性为 $(3.5～5.0)\times10^{12}/L$。Hb 的正常含量为：男性 120～150g/L，女性 110～140g/L。Hb 使血液显示红色，具有结合和运输 O_2 和 CO_2 的功能。外周血中红细胞数少于 $3.0\times10^{12}/L$ 或 Hb 低于 100g/L，称贫血。

正常成年人的外周血液中还有少量未完全成熟的红细胞，称网织红细胞。成年人血液中网织红细胞数占红细胞总数的 0.5%～1.5%，新生儿可达 3%～6%。网织红细胞数值的变化，可作为了解骨髓造血功能的一种指标。红细胞的寿命平均为 120 天，衰老的红细胞被肝、脾、骨髓等处的巨噬细胞所吞噬。

⇄ 知识链接

一氧化碳中毒

碳物质燃烧不完全时的产物（一氧化碳）经呼吸道吸入，引起中毒。中毒机理为：一氧化碳与血红蛋白的亲和力比氧与血红蛋白的亲和力高 200～300 倍，所以一氧化碳极易与血红蛋白结合，形成碳氧血红蛋白，使血红蛋白丧失携氧的能力和作用，造成组织窒息。轻者有头痛、无力、眩晕、劳动时呼吸困难，HbCO 饱和度达 10%～20%。症状加重，患者口唇呈樱桃红色，可有恶心、呕吐、意识模糊、虚脱或昏迷。重者呈深昏迷，伴有高热、四肢肌张力增强以及阵发性或强直性痉挛，HbCO 饱和度＞50%。一氧化碳中毒患者多有脑水肿、肺水肿、心肌损害、心律失常和呼吸抑制，可造成死亡。

2. 白细胞（WBC） 是一种无色、有核、呈球形的血细胞，胞体一般比红细胞大，能通过变形穿过毛细血管壁进入疏松结缔组织，具有防御和免疫功能。健康成年人白细胞总数为（4～10）×10^9/L，男女无明显差别，婴幼儿稍高于成年人。在某些病理情况下，白细胞数量可显著高于或低于正常值。

血液内白细胞数量相对于红细胞虽少，但种类较多。光镜下，白细胞依其胞质中有无特殊颗粒，分为有粒白细胞和无粒白细胞两类。有粒白细胞按特殊颗粒的嗜色性不同，分为中性粒细胞、嗜酸性粒细胞和嗜碱性粒细胞；无粒白细胞分为单核细胞和淋巴细胞两种。

（1）中性粒细胞　占白细胞总数的50%～70%，是白细胞中数量最多的一种。细胞呈球形，直径10～12μm。细胞核呈杆状或分叶状，分叶状核一般分为2～5叶，叶间有细丝相连，随细胞的衰老，核分叶增多。细胞质中充满分布均匀而细小的淡紫红色颗粒。中性粒细胞具有十分活跃的变形运动和吞噬功能，主要能吞噬细菌，当机体受到细菌严重感染时，白细胞的数量增多，中性粒细胞的比例也显著增高。

（2）嗜酸性粒细胞　占白细胞总数的0.5%～3%。细胞呈球形，直径10～15μm。核常分为2叶，呈"八"字形。胞质内充满粗大、分布均匀的橘红色嗜酸性颗粒，颗粒含有多种酶，如酸性磷酸酶、过氧化物酶和组胺酶等。它能吞噬抗原抗体复合物、释放组胺酶灭活组胺，从而减轻过敏反应。嗜酸性粒细胞有抗过敏和抗寄生虫作用。在过敏性疾病（如支气管哮喘）或寄生虫病时，血液中嗜酸性粒细胞会明显增多。

（3）嗜碱性粒细胞　占白细胞总数的0%～1%，在白细胞中数量最少。细胞呈球形，直径10～12μm。胞核分叶呈S形或不规则形，着色较浅，常被胞质颗粒遮盖而轮廓不清。胞质内充满分布不均、大小不等、染成紫蓝色的嗜碱性颗粒。颗粒内有肝素、组胺等。其功能与肥大细胞相似，参与过敏反应。

（4）单核细胞　占白细胞总数的3%～8%，是白细胞中体积最大的细胞。细胞呈圆形或卵圆形，直径14～20μm。胞核形态多样，呈卵圆形、肾形、蹄铁形或不规则形等，着色较浅。胞质较多，呈弱嗜碱性，染成淡灰蓝色，内含许多细小的嗜天青颗粒，颗粒含有多种酶，如酸性磷酸酶、过氧化物酶等。单核细胞具有活跃的变形运动和一定的吞噬能力，它在血液中停留1～2天后，即离开血管进入结缔组织或其他组织，分化为具有吞噬功能的巨噬细胞等。

（5）淋巴细胞　占白细胞总数的20%～30%。细胞呈圆形或椭圆形，大小不等，直径6～16μm。胞核圆形，占细胞的大部，一侧常有小凹陷，着色深。胞质很少，在核周成一窄缘，染成天蓝色，内含少量嗜天青颗粒。根据发生部位、表面特征、寿命长短和免疫功能的不同，淋巴细胞可分为T淋巴细胞、B淋巴细胞等。T淋巴细胞约占75%，参与细胞免疫；B淋巴细胞占10%～15%，参与体液免疫。

3. 血小板 是骨髓中巨核细胞胞质脱落而成，故无细胞核，但有一些细胞器，表面细胞膜完整，呈双凸圆盘状，其体积小，直径2～4μm。在血涂片中，血小板呈多角形，常聚集成群。血小板数量变动很大，健康成年人为（100～300）×10^9/L，寿命为

7～14 天。血小板的主要功能是在止血、凝血过程中起重要作用（图 1－18）。

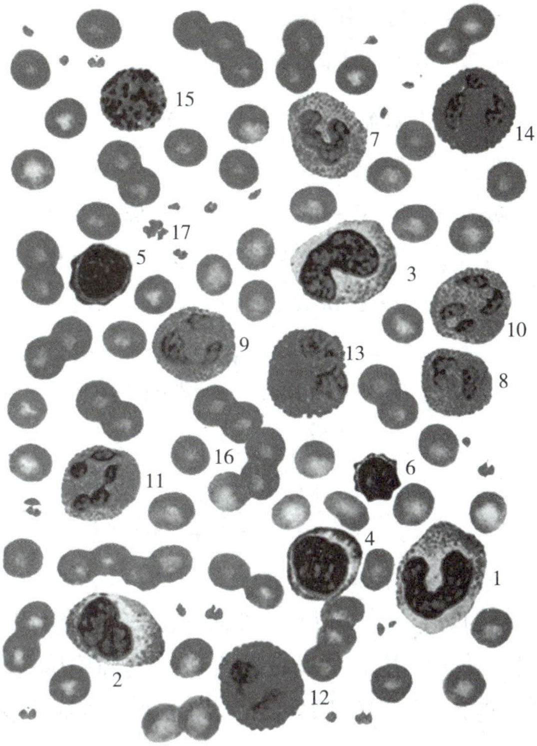

图 1－18　血细胞的光镜结构

1～3. 单核细胞；4～6. 淋巴细胞；7～11. 中性粒细胞；

12～14. 嗜酸性粒细胞；15. 嗜碱性粒细胞

⇄ 知识链接

临床诊断疾病的辅助手段——血常规检查

1. 检查项目　红细胞、白细胞、血红蛋白及血小板数量等。

2. 检查方法　用针刺法采集指尖血或耳垂末梢血，经稀释后滴到特制的计算盘上，再置于显微镜下计算血细胞数目。

3. 常用符号　化验单上，RBC 代表红细胞，WBC 代表白细胞，Hb 代表血红蛋白（血色素），PLT 代表血小板。

4. 正常值

（1）血红蛋白（Hb）　男性 120～160g/L；女性 110～150g/L；新生儿 170～200g/L。

（2）红细胞（RBC）　男性 $(4.0～5.5)\times10^{12}$/L；女性 $(3.5～5.0)\times10^{12}$/L；新生儿 $(6.0～7.0)\times10^{12}$/L。

（3）白细胞（WBC）　成人 $(4.0～10.0)\times10^{9}$/L；新生儿 $(15.0～20.0)\times10^{9}$/L；6 个月至 2 岁 $(11.0～12.0)\times10^{9}$/L。

⇄ **知识链接**

（4）血小板　（100~300）×10⁹/L。

（5）网织红细胞计数　0.5% ~1.5% 。

白细胞分类	计数	百分率
中性杆状核粒细胞	0.01~0.05	（1% ~5% ）
中性分叶核粒细胞	0.50~0.70	（50% ~70% ）
嗜酸性粒细胞	0.005~0.05	（0.5% ~5% ）
嗜碱性粒细胞	0~0.001	（0% ~1% ）
淋巴细胞	0.20~0.40	（20% ~40% ）
单核细胞	0.03~0.08	（3% ~8% ）

第三节　肌组织

肌组织主要由肌细胞构成，在肌细胞之间有少量的结缔组织以及丰富的血管、淋巴管、神经等。肌细胞细长呈纤维状，又称肌纤维，其细胞膜称为肌膜，细胞质称为肌浆。根据形态结构和功能特点，肌组织可分为骨骼肌、心肌和平滑肌三类。

一、骨骼肌

骨骼肌借肌腱附于骨骼上，主要由许多平行排列的骨骼肌纤维构成。骨骼肌收缩迅速而有力，并受意识支配，属随意肌，因骨骼肌纤维在光镜下有明显的横纹，又称横纹肌。

（一）骨骼肌纤维的一般结构

光镜下，骨骼肌纤维呈细长的圆柱状，长短不一，短的仅数毫米，长的可超过10cm。胞核呈扁椭圆形，数量较多，一条骨骼肌纤维有数十个至上百个细胞核，位于细胞周缘，紧靠肌膜，着色较浅（图1–19）。

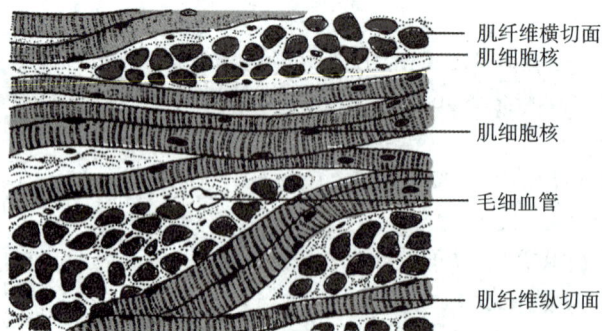

图1–19　骨骼肌纵切和横切

骨骼肌的肌浆含有大量与肌纤维长轴平行排列的肌原纤维。每条肌原纤维都有许多色浅的明带（又称 I 带）和色深的暗带（又称 A 带），明带和暗带交替排列，相邻各条肌原纤维的明带和暗带都整齐地排列在同一平面上，所以整条骨骼肌纤维显示出明暗相间的横纹。在普通染色的标本上，暗带中央有一条浅色窄带，称 H 带，H 带中央有一条深色的 M 线；明带中央则有一条深色的细线，称 Z 线。相邻两条 Z 线之间的一段肌原纤维称为肌节，它是骨骼肌纤维结构和功能的基本单位，每个肌节都由 1/2 I 带 + A 带 + 1/2 I 带组成（图 1 - 20）。

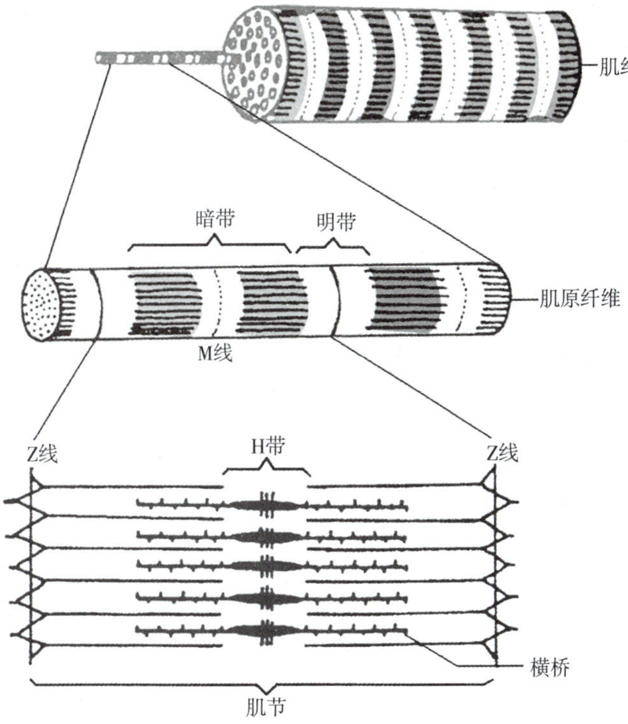

图 1 - 20 骨骼肌肌原纤维逐级放大示意图

（二）骨骼肌纤维的超微结构

1. 肌原纤维 电镜下，肌原纤维由大量的粗、细两种肌丝构成，它们有规律地平行排列，组成明带、暗带。粗肌丝位于肌节的暗带，中间固定于 M 线上，两端游离。粗肌丝的两端有伸向周围的许多小突起，称横桥。细肌丝一端固定在 Z 线上，另一端游离，插入到粗肌丝之间，直达 H 带外缘。因此，明带内只有细肌丝，暗带中央的 H 带内只有粗肌丝，除 H 带以外的暗带内既有粗肌丝又有细肌丝（图 1 - 20）。当肌纤维收缩时，粗肌丝牵拉细肌丝向 M 线方向滑行，使肌节变短，同时 I 带和 H 带的宽度也降低。

2. 横小管 是肌膜向肌浆内凹陷所形成的小管，其走行方向与肌纤维长轴垂直，故称横小管（T 小管），它位于暗带与明带交界处。横小管的功能是将肌膜的兴奋冲动迅速传到细胞内，引起同一条肌纤维上每个肌节的同步收缩。

3. 肌浆网 是肌纤维内的滑面内质网，位于横小管之间，它包绕着每一条肌原纤维，并沿其长轴纵行排列且分支吻合，形成连续的管状系统，也称纵行小管。位于横小管两侧的肌浆网扩大呈环行的扁囊，称终池。终池与横小管平行并紧密相贴，但并不相通。每条横小管及其两侧的终池共同组成三联体。肌浆网具有调节肌浆中 Ca^{2+} 浓度的作用（图 1-21）。

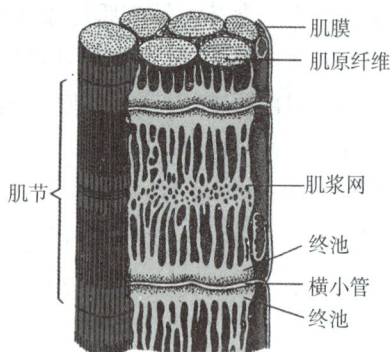

图 1-21　骨骼肌纤维超微结构立体模式图

知识链接

体育锻炼对骨骼肌的影响

临床医护人员要指导长期卧床的病人适当地进行体育锻炼，防止肌肉萎缩。体育锻炼能使机体肌肉发达，主要是因为骨骼肌纤维增粗增长，而不是肌纤维数量增加。锻炼引起肌纤维内部的变化是：肌丝和肌原纤维数量增加；肌节增长，线粒体和糖原增多。肌纤维外的变化是：毛细血管和结缔组织细胞增多。这些因素使骨骼肌变得粗壮发达。

二、心肌

心肌主要由心肌纤维构成，其间有少量的结缔组织和丰富的毛细血管。心肌分布于心脏和邻近心脏的大血管根部的管壁中。心肌纤维在光镜下也可见横纹，也属横纹肌。心肌收缩具有自动节律性，缓慢而持久，不易疲劳，且不受意识支配，属不随意肌。

（一）心肌纤维的一般结构

心肌纤维呈短圆柱状，有分支，彼此吻合成网。相邻心肌纤维的连接处形成的结构称为闰盘，在一般染色标本中，其着色较深，呈横行或阶梯状细线。一般有一个细胞核，少数为两个核，核卵圆形，位于细胞中央；肌浆较丰富；心肌纤维在纵切面上也显示横纹，但不如骨骼肌纤维的明显（图 1-22）。

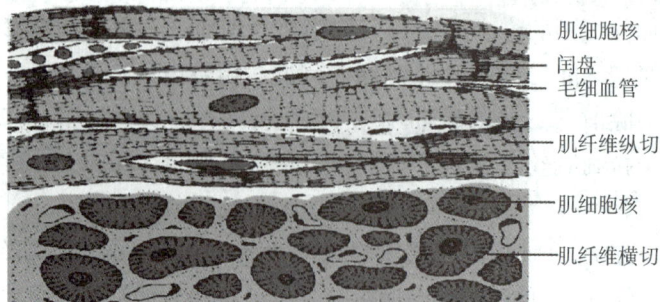

图 1-22　心肌纵切和横切

（二）心肌纤维的超微结构

心肌纤维的超微结构与骨骼肌近似，但具有以下特点：①肌原纤维粗细不等，不如骨骼肌明显；②横小管较粗，位于 Z 线水平；③肌浆网较稀疏，终池较小而少，横小管两侧的终池一般不能同时存在，三联体极少见，往往是横小管与一侧的终池紧贴形成二联体，所以心肌纤维储 Ca^{2+} 能力较差，必须不断地从体液中摄取 Ca^{2+}（图 1-23）。

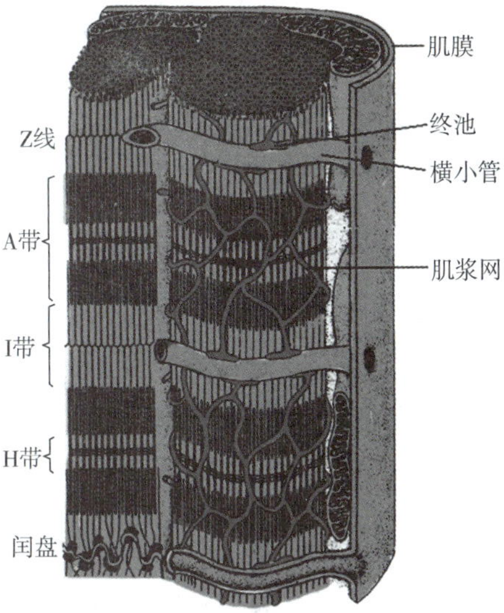

图 1-23 心肌纤维超微结构立体模式图

三、平滑肌

平滑肌主要由平滑肌纤维构成，广泛分布于许多内脏器官管壁和血管壁等处。平滑肌的收缩特点是缓慢而持久，不易疲劳，不受意识支配，属不随意肌。平滑肌纤维呈长梭形，无横纹，大小不一。细胞核呈长椭圆形或杆状，只有一个，位于细胞中央；胞质嗜酸性。平滑肌纤维除少数在内脏器官中呈单个分散存在外，绝大部分平行成束或成层排列，同一层平滑肌纤维多平行排列并相互嵌合（图 1-24）。

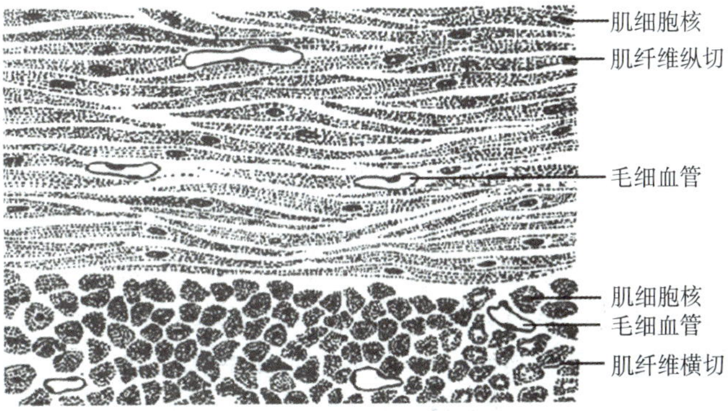

图 1-24 平滑肌纵切和横切

第四节　神经组织

神经组织是构成神经系统的主要成分，是高度分化的组织。它由神经细胞和神经胶质细胞构成。神经细胞是神经系统的基本结构和功能单位，故又称神经元。神经元的数量庞大，它具有接受刺激、传导冲动和整合信息的生理功能；有些神经元还具有内分泌功能。神经胶质细胞又称为神经胶质，不具有神经元的生理功能，但对神经元起支持、保护、绝缘、营养等作用。

一、神经元

神经元是神经组织的主要成分，其形态多样，由胞体和突起两部分组成（图1-25）。

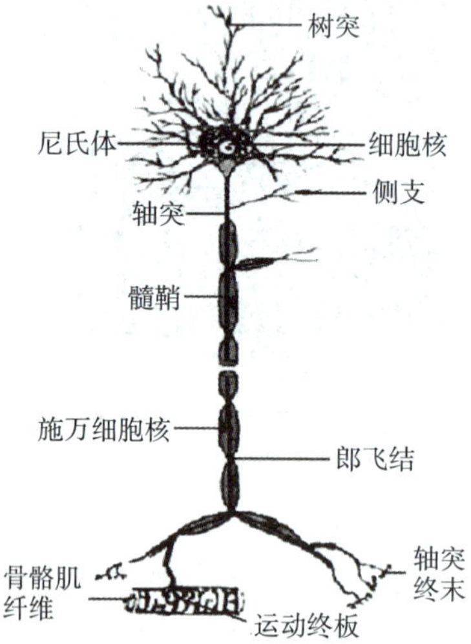

图1-25　神经元和神经纤维结构模式图

（一）神经元的结构

1. 胞体　大小不一，形态各异，有圆形、星形、梭形、锥形等多种形态，是神经元的代谢和营养中心。

（1）细胞膜　为神经元表面的薄膜，具有接受刺激、产生并传导神经冲动和信息处理的功能。

（2）细胞核　大而圆，着色较浅，位于胞体中央，核仁大而明显。

（3）细胞质　其内除含有一般细胞器外，还含有两种神经元特有的细胞器——嗜染质和神经原纤维。

①嗜染质：又称尼氏体，呈嗜碱性，经HE染色被染成紫蓝色，光镜下为颗粒状或小块状结构，分散在细胞质和树突内。电镜下，嗜染质由大量平行排列的粗面内质网和散在其间的游离核糖体构成，它能合成蛋白质和神经递质。

②神经原纤维：在 HE 染色切片中不能分辨；经镀银染色，神经原纤维被染成棕黑色，呈细丝状，在胞体内相互交织成网，并伸入树突和轴突。除具有支持神经元的作用外，其还参与物质、神经递质及离子等的运输。

2. 突起　由神经元的细胞膜和细胞质突出形成，依据其形态结构和功能，可分为树突和轴突两种。

（1）树突　较短，有分支。每个神经元有一个或多个树突，呈树枝状，其内部结构与胞体相似，也含有嗜染质和神经原纤维这两种神经元特有的细胞器。树突的主要功能是接受刺激，并将神经冲动传给胞体。

（2）轴突　一般比树突细，呈细索状。每个神经元只有一个轴突，其长短不一，短的仅数微米，长的可达 1m 以上。表面光滑，分支较少。轴突起始部多呈圆锥形，称轴丘，轴丘与轴突内均没有嗜染质。轴突的主要功能是将神经冲动由胞体传递给其他神经元或效应器。

（二）神经元的分类

神经元通常以突起的数目和功能这两种方法进行分类。

1. 按神经元的突起数目分类

（1）多极神经元　从神经元胞体发出多个突起，其中有一个为轴突，多个为树突，如脊髓前角的运动神经元。

（2）双极神经元　从神经元胞体发出两个突起，一个为轴突，一个为树突，如视网膜双极神经元。

（3）假单极神经元　这种神经元从胞体只发出一个突起，但离胞体不远处，突起即分为两个分支，一支为周围突，分布到外周组织和器官，另一支为中枢突，伸向脑和脊髓（图 1-26）。

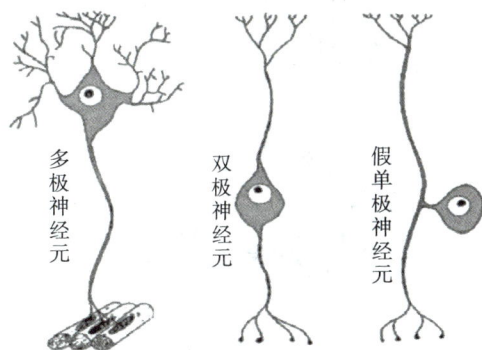

多极神经元　双极神经元　假单极神经元

图 1-26　神经元的形态

2. 按神经元的功能分类

（1）感觉神经元　也称传入神经元，多为假单极神经元，可接受体内、外各种刺激，将刺激转化为神经冲动传向中枢。

（2）运动神经元　也称传出神经元，多为多极神经元，它能把中枢发出的神经冲动传给肌肉或腺体，调节其活动。

（3）中间神经元 也称联络神经元，介于感觉和运动两类神经元之间，起联络作用。人类神经系统中，中间神经元数量最多，约占神经元总数的99%，构成中枢神经系统内的复杂网络。

（三）突触 微课

突触是神经元与神经元之间，或神经元与其他效应细胞（肌细胞、腺细胞）之间的一种特化的细胞连接，它是神经元传递信息的重要结构。突触按神经元接触部位的不同，可分为轴-体、轴-树和轴-轴等突触；按功能的不同，可分为兴奋性突触和抑制性突触；按神经冲动传递方式的不同，可分为电突触和化学性突触两类。电突触即缝隙连接，神经元之间以电流作为信息媒介；化学性突触以化学物质（神经递质）作为传递信息的载体，即一般所说的突触。电镜下观察，化学性突触包括以下三部分。

1. 突触前部 是轴突末端的球形膨大部分，该处的细胞膜-轴膜为突触前膜，突触前膜侧胞质中含有许多突触小泡和线粒体等，突触小泡内含多种神经递质。

2. 突触后部 是与突触前部相对应的树突或胞体的部分，与突触前膜相接触的细胞膜-胞体膜或树突膜为突触后膜，膜上具有特异性的接受神经递质的受体。

3. 突触间隙 是突触前膜和突触后膜之间的狭小间隙，宽约15~30nm（图1-27）。

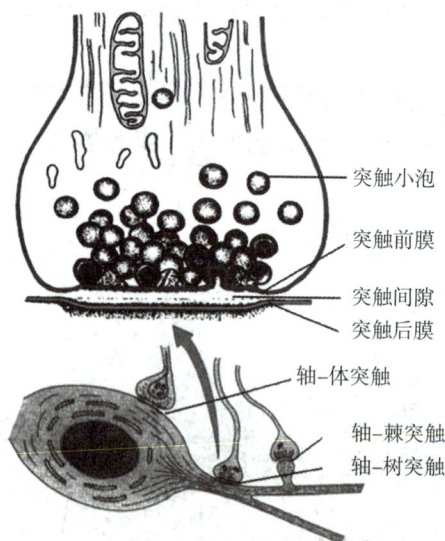

突触小泡
突触前膜
突触间隙
突触后膜
轴-体突触
轴-棘突触
轴-树突触

图1-27 化学突触超微结构模式图

当神经冲动传至突触前膜时，突触小泡移向突触前膜并与之融合，通过胞吐作用将神经递质释放到突触间隙内，通过突触间隙神经递质到达突触后膜，与后膜上的相应受体结合，从而引起突触后神经元的兴奋或抑制。化学性突触神经冲动传导的特点是单向性，即只能由突触前神经元传到突触后神经元，不能逆向传导。

二、神经胶质细胞

神经胶质细胞广泛分布于神经系统中，其数量约为神经元的 10～50 倍。神经胶质细胞一般较神经元小，具有突起，但不分树突和轴突。根据其分布的位置不同，神经胶质细胞可分为中枢神经系统的胶质细胞和周围神经系统的胶质细胞。

（一）中枢神经系统的胶质细胞

中枢神经系统的胶质细胞主要有星形胶质细胞、少突胶质细胞和小胶质细胞三种。

1. 星形胶质细胞　是神经胶质细胞中最大的一种，胞体上有许多突起呈星形，核较大，多为圆形或卵圆形，染色较浅。其在神经冲动的传导过程中起绝缘作用，并参与血-脑屏障的构成。血-脑屏障是指脑毛细血管壁与神经胶质细胞形成的血浆与脑细胞之间的屏障以及由脉络丛形成的血浆和脑脊液之间的屏障，由毛细血管内皮、基膜和神经胶质膜构成，这些屏障能够阻止某些物质（多半是有害的）由血液进入脑组织。

2. 少突胶质细胞　胞体较小，呈圆形或椭圆形，突起较少而小，核小，呈圆形或卵圆形，染色较深。其参与中枢神经系统中有髓神经纤维髓鞘的构成。

3. 小胶质细胞　是最小的一种神经胶质细胞，数量少，胞体小，呈长卵圆形。核较小，卵圆形或三角形，染色深。其来源于血液中的单核细胞，具有吞噬功能（图 1-28）。

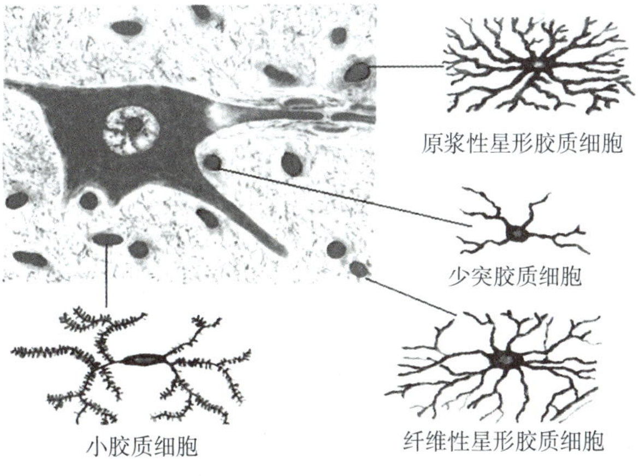

图 1-28　中枢神经系统的几种神经胶质细胞（模式图）

（二）周围神经系统的胶质细胞

1. 神经膜细胞　也称施万细胞。它包裹在神经元突起的外面，参与构成周围神经系统的神经纤维，有营养、保护和绝缘作用。

2. 被囊细胞　也称卫星细胞，是神经节内包裹神经元胞体的一层扁平或立方形细胞，具有保护和营养神经节内神经细胞的功能。

三、神经纤维

神经纤维是由神经元的长突起和包在它外面的神经胶质细胞构成的结构。神经纤维根据有无髓鞘，可分为两类。

（一）有髓神经纤维

1. 周围神经系统的有髓神经纤维

由位于中央的神经元的长突起及周围的髓鞘和神经膜构成。一个神经膜细胞只包裹一段神经元的长突起，故髓鞘和神经膜呈节段性。相邻节段间的无髓鞘缩窄部，称郎飞结（图1-29）。相邻郎飞结之间的一段神经纤维称为结间体。

2. 中枢神经系统的有髓神经纤维

结构与周围神经系统的有髓神经纤维基

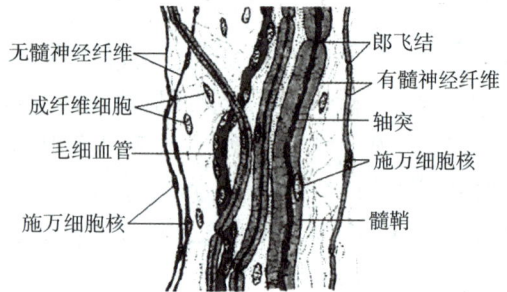

图1-29 周围神经纤维

本相同，它的髓鞘是由少突胶质细胞的突起包卷而成。由于髓鞘的绝缘作用，有髓神经纤维的兴奋只发生在朗飞结处的轴膜上，使神经冲动的传导从一个郎飞结跳到下一个郎飞结，呈跳跃式传导，故其传导速度高。

（二）无髓神经纤维

由较细的神经元长突起和包在它外面的神经膜细胞构成，但神经膜细胞不形成髓鞘，也无郎飞结。无髓神经纤维神经冲动传导是连续式的，故其传导速度比有髓神经纤维慢。

四、神经末梢

神经末梢是周围神经纤维的终末部分终止于其他组织或器官内所形成的一些特殊结构，按其功能的不同可分为两大类。

（一）感觉神经末梢

感觉神经末梢是感觉神经纤维的终末部分与所在组织共同形成的结构，又称感受器。它能接受体内、外环境的各种刺激，并将刺激转化为神经冲动传向中枢，产生感觉。感受器种类很多，根据形态结构的不同，可分为两类。

1. 游离神经末梢 是感觉神经纤维的终末脱去髓鞘、反复分支而成，其裸露的细支广泛分布于表皮、角膜、黏膜上皮等处，能感受冷、热和痛的刺激。

2. 有被囊神经末梢 神经纤维末梢外面包裹有结缔组织被囊，种类较多，常见的有如下几种。

（1）触觉小体 呈卵圆形，分布于皮肤的真皮乳头层内，以手指的掌侧面、足底皮肤内最多，能感受触觉。

（2）环层小体 体积较大，呈圆形或卵圆形，广泛分布于皮下组织、肠系膜、韧带和关节囊等处，能感受压觉和振动觉。

（3）肌梭 是梭形小体，分布于骨骼肌内，能感受肌纤维的伸缩变化，在骨骼肌的活动中起重要调节作用（图1-30）。

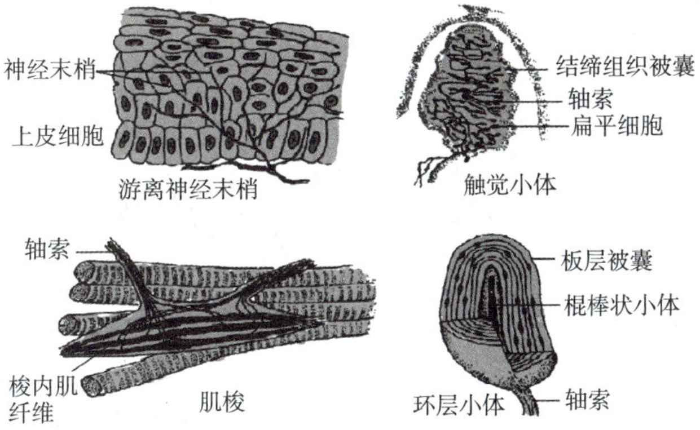

图1-30 各种感觉神经末梢

（二）运动神经末梢

运动神经末梢是运动神经纤维的终末部分，分布于肌组织和腺体所形成的结构，又称效应器。其功能是支配肌纤维的收缩和调节腺体的分泌。分布于骨骼肌的运动神经末梢称为运动终板，神经纤维接近肌细胞时失去髓鞘，裸露的轴突终末呈爪样或花朵状附于肌膜上，连接处呈椭圆形板状隆起。在电镜下观察，运动终板的结构与化学性突触相似，所以运动终板也称为神经肌突触（图1-31）。

图1-31 运动神经末梢

目标检测

一、选择题

（一）单项选择题

1. 组织内无血管的是（　　）

　　A. 上皮组织　　　　B. 疏松结缔组织　　　C. 肌组织　　　　D. 骨组织

2. 单层柱状上皮分布在（　　　）

    A. 食管　　　　　　　　D. 气管　　　　　　　C. 阴道　　　　　　　D. 胃

3. 假复层纤毛柱状上皮分布在（　　　）

    A. 小肠　　　　　　　　B. 气管　　　　　　　C. 血管　　　　　　　D. 口腔

4. 蜂窝组织是指（　　　）

    A. 网状组织　　　　　　　　　　　　　B. 疏松结缔组织

    C. 脂肪组织　　　　　　　　　　　　　D. 血液

5. 能吞噬异物并参与免疫反应的细胞是（　　　）

    A. 浆细胞　　　　　　B. 巨噬细胞　　　　　C. 肥大细胞　　　　　D. 脂肪细胞

6. 白纤维是指（　　　）

    A. 胶原纤维　　　　　B. 弹性纤维　　　　　C. 肌纤维　　　　　　D. 网状纤维

7. 细胞质中含肝素的细胞是（　　　）

    A. 脂肪细胞　　　　　B. 巨噬细胞　　　　　C. 成纤维细胞　　　　D. 肥大细胞

8. 参与止血和凝血的细胞是（　　　）

    A. 白细胞　　　　　　　　　　　　　　B. 成熟的红细胞

    C. 血小板　　　　　　　　　　　　　　D. 单核细胞

9. 构成骨骼肌纤维的结构和功能单位是（　　　）

    A. 肌丝　　　　　　　B. 肌节　　　　　　　C. 横小管　　　　　　D. 终池

10. 神经组织的组成是（　　　）

    A. 神经元和细胞间质　　　　　　　　　B. 神经元和神经纤维

    C. 神经元和神经胶质细胞　　　　　　　D. 神经胶质细胞和神经纤维

11. 形成周围神经纤维髓鞘的神经胶质细胞是（　　　）

    A. 星形胶质细胞　　　　　　　　　　　B. 少突胶质细胞

    C. 小胶质细胞　　　　　　　　　　　　D. 神经膜细胞

12. 变移上皮主要分布于（　　　）的内表面

    A. 小叶间胆管和肾小管　　　　　　　　B. 气管和主支气管

    C. 肾盂、输尿管和膀胱　　　　　　　　D. 口腔、食管和阴道

13. 疏松结缔组织中的细胞不包括（　　　）

    A. 成纤维细胞　　　　　　　　　　　　B. 脂肪细胞

    C. 网状细胞　　　　　　　　　　　　　D. 肥大细胞

14. 能产生抗体的细胞是（　　　）

    A. 肥大细胞　　　　　B. 浆细胞　　　　　　C. 巨噬细胞　　　　　D. 脂肪细胞

15. 常在寄生虫感染或变态反应性疾病时明显增多的是（　　　）

    A. 嗜酸粒细胞　　　　B. 嗜碱粒细胞　　　　C. 中性粒细胞　　　　D. 淋巴细胞

16. 急性化脓性感染时可明显增多的白细胞是（　　　）

    A. 嗜酸粒细胞　　　　B. 嗜碱粒细胞　　　　C. 中性粒细胞　　　　D. 淋巴细胞

17. 血细胞中体积最大的是 （　　　）
    A. 红细胞　　　　　B. 单核细胞　　　　　C. 淋巴细胞　　　　　D. 中性粒细胞

18. 以下关于平滑肌的描述中，错误的是 （　　　）
    A. 平滑肌纤维呈长梭形
    B. 分布于内脏及血管等处
    C. 每一条平滑肌纤维有一个细胞核，椭圆形，位于中央
    D. 受意识支配，是随意肌

19. 以下关于骨骼肌纤维细胞核的描述中，正确的是 （　　　）
    A. 1 个细胞核，位于细胞中央　　　　　B. 多个细胞核，位于细胞中央
    C. 1 个细胞核，位于肌膜下　　　　　　D. 多个细胞核，位于肌膜下

20. 肌节由 （　　　）组成
    A. 1/2 暗带　　　　　　　　　　　　　B. 暗带 + 明带
    C. 1/2 明带 +1 暗带 +1/2 明带　　　　D. 1/2 明带 +1/2 暗带

21. 具有吞噬功能的神经胶质细胞是 （　　　）
    A. 星形胶质细胞　　　　　　　　　　　B. 少突胶质细胞
    C. 小胶质细胞　　　　　　　　　　　　D. 神经膜细胞

22. 以下关于神经元结构的描述中，错误的是 （　　　）
    A. 由胞体和突起两部分组成
    B. 细胞核大而圆，位于胞体的中央
    C. 突起分轴突和树突两种
    D. 胞质内含许多神经纤维

23. 光镜下所见到的纹状缘或刷状缘，在电镜下是密集排列的 （　　　）
    A. 微绒毛　　　　　B. 绒毛　　　　　C. 纤毛　　　　　D. 微丝

24. 神经元功能活动中心是 （　　　）
    A. 细胞核　　　　　B. 树突　　　　　C. 突触　　　　　D. 胞体

（二）多项选择题

1. 复层鳞状上皮分布于 （　　　）
    A. 阴道　　　　　B. 口腔　　　　　C. 食管
    D. 呼吸道　　　　E. 尿道

2. 单层立方上皮分布于 （　　　）
    A. 甲状腺　　　　B. 肠　　　　　　C. 呼吸道
    D. 肾小管　　　　E. 膀胱

3. 被覆上皮的结构特点是 （　　　）
    A. 细胞少　　　　　　　　　　　　　　B. 细胞间质多
    C. 细胞呈膜状排列　　　　　　　　　　D. 上皮细胞具有极性
    E. 一般没有血管

4. 心肌的结构是（　　　）
    A. 心肌纤维呈圆柱状，有分支
    B. 有横纹
    C. 细胞核可有两个
    D. 横小管较细，位于明带和暗带交界处
    E. 肌浆网相当发达

5. 同时含有尼氏体和神经原纤维的结构是（　　　）
    A. 胞体　　　　　　B. 轴突　　　　　　C. 轴丘
    D. 树突　　　　　　E. 细胞膜

6. 感觉神经末梢可分为（　　　）
    A. 游离神经末梢　　　　　　　　B. 肌梭
    C. 环层小体　　　　　　　　　　D. 触觉小体
    E. 有被囊的神经末梢

7. 突触的结构包括（　　　）
    A. 突触前成分　　　　　　　　　B. 化学性突触
    C. 突触间隙　　　　　　　　　　D. 突触后成分
    E. 电突触

8. 神经胶质细胞包括（　　　）
    A. 中性粒细胞　　　　　　　　　B. 星形胶质细胞
    C. 少突胶质细胞　　　　　　　　D. 小胶质细胞
    E. 神经膜细胞

二、思考题

1. 简述被覆上皮的分类以及各类被覆上皮的分布和功能。
2. 简述疏松结缔组织的构成和各构成部分的功能。
3. 简述各种血细胞的形态结构和功能。
4. 比较三种肌组织的分布和形态结构特点。
5. 简述化学性突触的构成。

（周洪波）

书网融合……

e 微课　　　　本章小结　　　　自测题

第二章 运动系统

PPT

【学习目标】

1. **掌握** 骨的分类和构造；骨连结的分类和关节的基本结构。
2. **熟悉** 全身骨的名称及主要连结的结构。
3. **了解** 全身骨骼肌的名称和位置。

运动系统由骨、骨连结和骨骼肌三部分组成，约占成人体重的60%。全身骨借骨连结形成骨骼，构成人体的支架（图2-1）。在神经系统和其他系统的调节配合下，运动系统对人体起着运动、支持和保护的作用。在运动中，骨起杠杆作用，关节是枢纽，骨骼肌是动力器官。

第一节　骨与骨连结

案例分析

患者，男，18岁，因发热、牙龈肿胀出血伴面色苍白就诊。体检：脾轻度肿大，颈部和腋窝淋巴结肿大。血常规：白细胞明显增高，红细胞、血小板较正常低。骨髓检查报告为"急性淋巴细胞性白血病"，结合病史等初步诊断为"急性淋巴细胞性白血病"。

问题

1. 骨髓分为哪两种？哪种有造血功能？
2. 红骨髓位于何处？临床上骨髓穿刺常选何处？

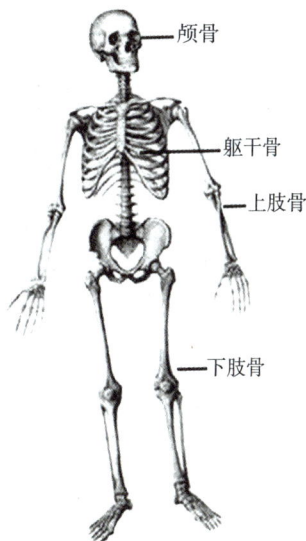

颅骨

躯干骨

上肢骨

下肢骨

图2-1　全身骨骼

一、概述

骨坚硬而有弹性，它是一类器官，主要由骨组织构成，外被骨膜，内含骨髓，有丰富的血管、淋巴管和神经。

（一）骨

1. 骨的形态 成人共有 206 块骨，约占体重的 1/5。根据部位不同，骨可分为躯干骨、颅骨和四肢骨。根据骨的形状不同，骨可分为长骨、短骨、扁骨和不规则骨（图 2-2）。

（1）长骨 呈管状，分为一体两端，主要分布于四肢。体即骨干，位于长骨中部，其内为骨髓腔，容纳骨髓，两端膨大为骺，其表面光滑，称关节面，关节面上覆有关节软骨。

（2）短骨 形似立方形，多成群分布，如腕骨和跗骨。

（3）扁骨 呈板状，主要构成骨性腔的壁，对腔内器官有保护作用，如颅盖骨、胸骨和肋骨等。

（4）不规则骨 外形不规则，如椎骨和颞骨等。

2. 骨的构造 骨由骨质、骨髓和骨膜构成，并有血管、淋巴管和神经等结构（图 2-3）。

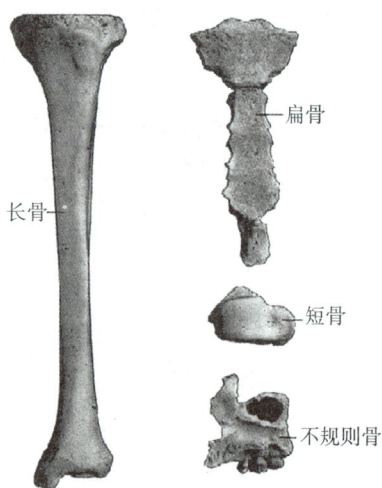

图 2-2 骨的形态

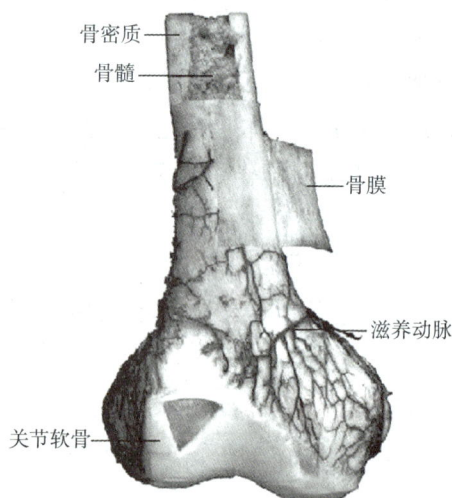

图 2-3 骨的构造

（1）骨质 由骨组织构成，分为骨密质和骨松质两种。骨密质质地致密，位于骨的表面；骨松质由许多片状的骨小梁交织排列而成，呈海绵状，多位于骨的内部（图 2-4）。颅盖骨的骨松质在内、外板之间，称为板障。

（2）骨髓 为柔软而富有血液的组织，充填于骨髓腔和骨松质的腔隙内，分为红骨髓和黄骨髓两种。红骨髓有造血功能，胎儿及婴幼儿的骨髓全是红骨髓；6 岁以后，长骨骨髓腔内的红骨髓逐渐被脂肪组织代替，形成黄骨髓，无造血功能，但具有造血潜能。成年后，长骨的两端、短骨、扁骨和不规则骨的骨松质内终身保留红骨髓，临床上常选择髂骨、胸骨和椎骨等处穿刺抽取骨髓以检查骨髓的造血功能。

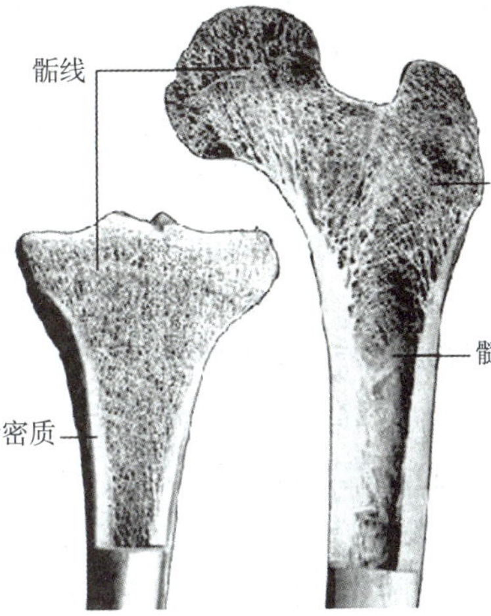

图 2 - 4 骨质

（3）骨膜 由致密结缔组织构成，有丰富的血管和神经，被覆于除关节面以外的整个骨面。骨膜对骨的生长、营养、改造和损伤后的修复具有重要作用，故手术时应尽量保留骨膜。

3. 骨的化学成分和物理特性 骨含有有机质和无机质两类成分。有机质主要是骨胶原纤维和黏多糖蛋白，使骨具有一定的韧性和弹性；无机质主要是碱性磷酸钙，使骨具有硬度和脆性。骨的化学成分随年龄的增长而不断变化，成年骨组织中，有机质和无机质的比例约为 3∶7，使骨的硬度、弹性、韧性达到最佳。年幼者骨组织中的有机质含量比成人高，弹性、韧性大，易发生变形；老年人骨组织中的无机质含量比例增高，脆性较大而易发生骨折。

⇄ 知识链接

人的骨是如何生长的?

骨的生长，是指骨的加长与增粗。骨的加长是骨端与骨干之间的骺软骨层不断产生骨组织，使骨不断加长，于是青少年的个子也就不断增高。成年后，骺软骨骨化，骨停止增长。儿童时期，骨膜内的成骨细胞不断产生骨组织，使骨表面增厚，同时骨干内壁的骨组织又不断被破坏、吸收，这样骨髓腔逐渐扩大，骨也就随之增粗，至成年之后，这个过程随之停止。

（二）骨连结

骨与骨之间的连结装置称为骨连结。根据连结方式的不同，骨连结分为直接连结和间接连结。

1. 直接连结 两骨间借纤维结缔组织、骨或软骨直接相连，其间无间隙，不活动或仅有少许活动，这种连接称为直接连结。可分为以下三类。

（1）纤维连结　两骨之间借纤维结缔组织相连，如颅骨的缝连结、椎骨棘突间的韧带连结等。

（2）软骨连结　两骨之间借软骨直接相连，如椎间盘和耻骨联合。

（3）骨性结合　两骨之间借骨组织直接相连，如骶椎之间的融合。

2. 间接连结　又称关节，由骨与骨之间借膜性的结缔组织囊相连而成，其间有腔隙，一般有较大的活动性。

（1）关节的基本结构　包括关节面、关节囊和关节腔。

①关节面：是参与构成关节的骨的接触面。通常一骨形成凸面，称关节头；另一骨形成凹面，称关节窝。关节面上覆盖一层关节软骨，光滑而富有弹性，可减少运动时的摩擦和缓冲震荡。

②关节囊：由结缔组织膜构成的囊，附着在关节面周缘及附近的骨面并与骨膜相延续，包围关节，封闭关节腔。关节囊分内、外两层。外层称纤维膜，厚而坚韧；内层称滑膜，能分泌少量滑液，具有营养和润滑作用。

③关节腔：是关节囊滑膜层与关节软骨之间所围成的密闭腔隙，内含有少量滑液。腔内呈负压，对维持关节的稳固性有一定作用（图2-5）。　微课

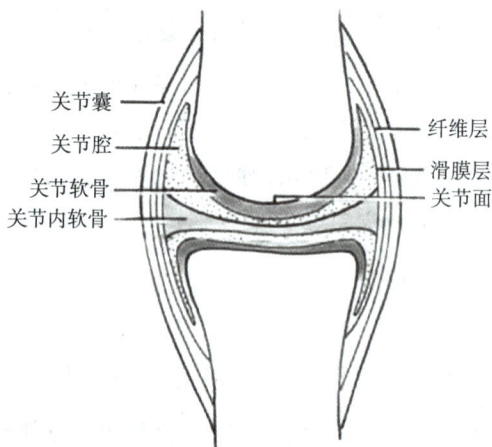

图2-5　关节的结构

（2）关节的辅助结构　有些关节除具备基本结构外，还有一些为适应特殊功能需要而出现的辅助结构，如韧带、关节盘、关节唇，可增加关节的稳固性或灵活性。

（3）关节的运动　关节基本上是沿着冠状轴、垂直轴、矢状轴运动，有以下四种基本运动形式。

①屈和伸：指关节沿冠状轴进行的运动。运动时，两骨互相靠拢，角度变小的称屈，反之为伸。

②内收和外展：指关节沿矢状轴的运动。运动时，骨向正中面靠近为内收（或收）；反之，离开正中面称外展（或展）。

③旋内和旋外：骨环绕垂直轴进行的运动，称旋转。骨的前面转向内侧的，称旋

内；反之，转向外侧的称旋外。在前臂，手背转向前方的运动，又称旋前；手掌恢复到向前，手背转向后方的运动，又称旋后。

④环转：是骨围绕冠状轴和矢状轴的复活运动。环转运动时，骨的近端在原位转动，远端做圆周运动，运动时，全骨描绘成一锥形轨迹。环转运动实际为屈、展、伸、收的依次连续运动。

二、全身骨及其连结

（一）躯干骨及其连结

1. 躯干骨　包括椎骨、肋和胸骨，它们借骨连结构成脊柱和胸廓。

（1）椎骨　成人椎骨共26块，包括颈椎7块、胸椎12块、腰椎5块、骶骨1块和尾骨1块。

①椎骨的一般形态：椎骨属于不规则骨，由位于前方的椎体和后方的椎弓组成。椎体呈短圆柱状，是负重的主体。表面为一层较薄的骨密质，内部为骨松质，在垂直暴力作用下，易发生压缩性骨折。椎弓是椎体后部的弓状骨板，椎弓与椎体连结的部分较细，称椎弓根，其上、下缘各有一切迹，分别称为椎上切迹和椎下切迹，相邻椎骨的椎上、下切迹围成椎间孔，有脊神经根和血管通过。椎弓的后部是宽厚的椎弓板，其上有7个突起：向上伸出的一对上关节突，向下伸出的一对下关节突，向两侧伸出的一对横突，向后伸出一个棘突。椎体与椎弓围成的孔，称椎孔。所有的椎孔连接起来形成椎管，容纳脊髓。

②各部椎骨的主要特征如下。

A. 颈椎：椎体较小，椎孔呈三角形，横突根部有圆形的横突孔，有椎动脉和椎静脉通过。第2~6颈椎的棘突短，末端分叉。第1颈椎又称寰椎，呈环形，无椎体、棘突和关节突，由前弓、后弓及两个侧块构成。第2颈椎又称枢椎，椎体上有齿突与寰椎前弓后面的齿突凹相关节（图2-6）。第7颈椎又称隆椎，棘突较长，末端不分叉（图2-7）。当头前屈时，该突特别隆起，皮下易于触及，是临床上记数椎骨序数和针灸取穴的标志。

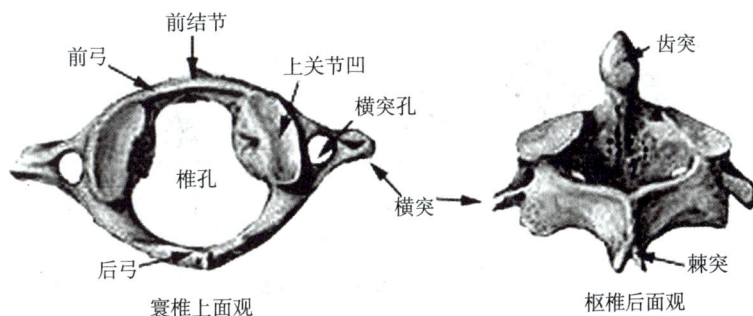

寰椎上面观　　　　　　　枢椎后面观

图2-6　寰椎和枢椎

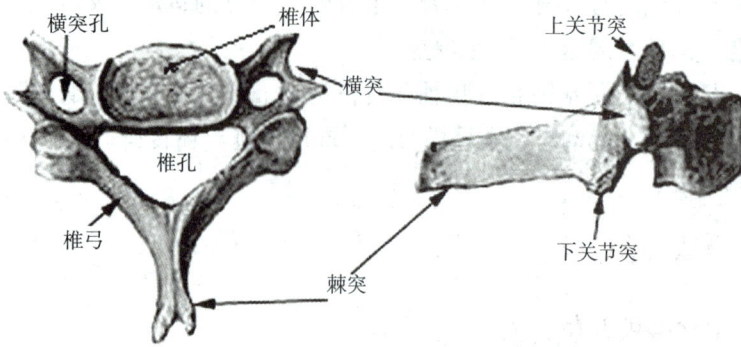

图 2-7 颈椎上面观和隆椎侧面观

B. 胸椎：椎体从上而下逐渐增大，有和肋骨相关节的椎体肋凹和横突肋凹。棘突较长，伸向后下方，呈叠瓦状（图 2-8）。

图 2-8 胸椎右面观和上面观

C. 腰椎：椎体粗大，棘突宽短呈板状，呈矢状水平位后伸，棘突间隙较宽（图 2-9）。临床上常在第 3~4 或 4~5 腰椎间隙进行腰椎穿刺。

图 2-9 腰椎右面观和上面观

D. 骶骨：由 5 块骶椎融合而成，呈倒三角形。底的前缘向前突出，称为岬，为女性盆骨测量的重要标志。骶骨的前后面分别有 4 对骶前孔和 4 对骶后孔。两侧有耳状面。骶骨中央有一纵贯全长的管道，称骶管，向上与椎管相连，向下开口形成骶管裂孔。此孔两侧有向下突出的骶角，临床上常以它为标志进行骶管麻醉。

E. 尾骨：由4块退化的尾椎融合而成，借软骨和韧带与骶骨相连（图2-10，图2-11）。

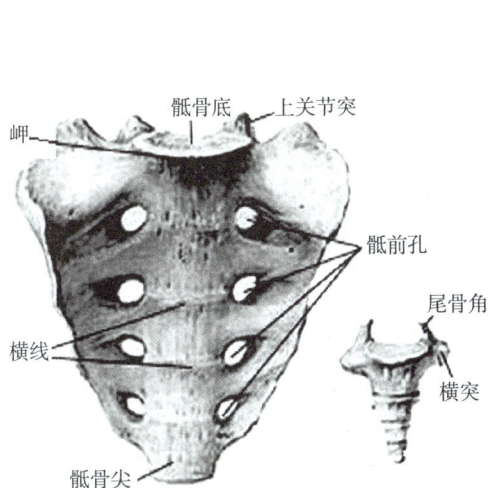

图2-10 骶骨和尾骨前面观

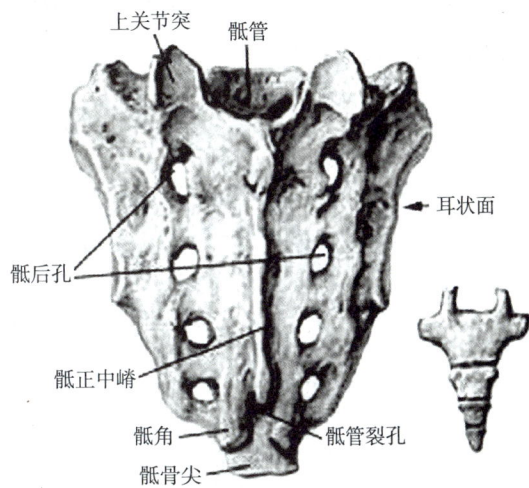

图2-11 骶骨和尾骨后面观

（2）胸骨 位于胸前部正中，由胸骨柄、胸骨体和剑突组成。胸骨柄上缘正中的切迹称为颈静脉切迹；两侧为锁切迹，与锁骨相关节。胸骨体与胸骨柄连接处形成微向前突的横嵴，称胸骨角，它平对第2肋软骨，为计数肋的标志。胸骨的下端为一末端游离的薄骨片，称剑突（图2-12）。

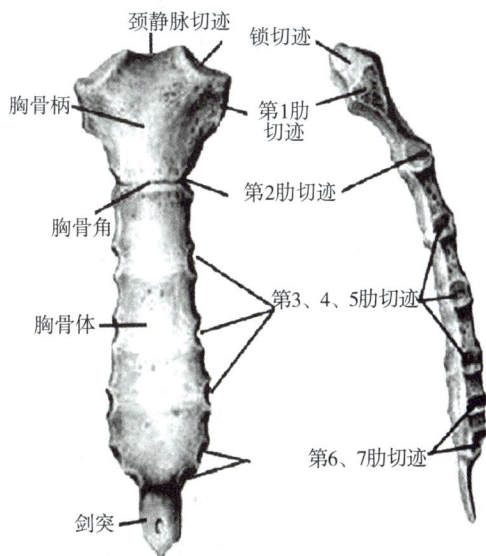

图2-12 胸骨（前面）

（3）肋　共12对，由肋骨和肋软骨构成。肋骨为细长弓状的扁骨，富有弹性。肋骨分为中部的体及前、后端。肋骨体有内、外两面及上、下两缘。肋骨体内面近下缘处有肋沟，肋间血管和神经沿此沟走行。体后份的急转角，称肋角。肋骨前端稍宽，接肋软骨。第1~7肋前端直接与胸骨相连，称真肋（图2-13）。第8~12肋可称为假肋，其中，第8~10肋的肋软骨依次连于上位肋软骨的下缘，形成肋弓；第11、12肋前端游离，构成浮肋。

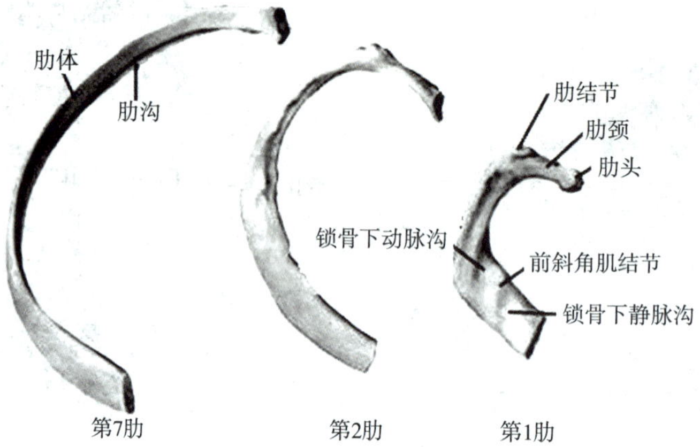

图2-13　肋骨

2. 躯干骨的连结

案例分析

患者，男，38岁。举重物时，腰部突然剧痛，自感脊柱下部出现异响后，疼痛向左侧大腿和小腿的后面放射。左侧小腿外侧部、足和小趾有麻木及刺痛。体格检查：腰部有钝痛，用力和咳嗽时加重，脊柱腰曲变小，躯干歪向右侧。腰椎因疼痛而运动明显受限，左侧下肢上举时疼痛明显，左大腿坐骨神经行径有触痛。经影像检查，诊断为腰4椎间盘突出。临床诊断：L_4椎间盘突出。

问题

1. 椎间盘位于何处？由哪几部分组成？成人有多少个？
2. 髓核突出的常见方位是什么？
3. 防止椎间盘向前突出的结构是什么？

（1）脊柱　由24块椎骨、1块骶骨和1块尾骨，借椎间盘、韧带和关节连结而成。脊柱构成人体的中轴，上承颅骨，下连髋骨，具有运动、保护及支持体重等作用。

①椎间盘：是连结相邻两个椎体的纤维软骨盘，成人共有23个。髓核位于中部，是柔软、富于弹性的胶状物质。纤维环围绕髓核呈多层同心圆排列，坚韧而有弹性（图2-14）。椎间盘能牢固连接椎体、承受压力，又有缓冲震荡以保护脑的作用，还有利于脊柱向各方向运动。椎间盘以脊柱胸段中部最薄，由此向上、向下逐渐增厚，以

腰部最厚，故脊柱腰段的运动性最大。脊柱运动时，椎间盘通过变形来增加运动幅度。纤维环的后外侧部较薄弱，猝然弯腰或过度劳损可引起纤维环破裂，髓核突向椎间孔或椎管，压迫脊神经或脊髓，临床上称椎间盘突出症。

图 2-14 椎骨间的连结（前面观）和椎间盘（上面观）

②韧带：脊柱的韧带可分为长、短两类。

A. 长韧带：接近脊柱全长，有三条。前纵韧带位于椎体和椎间盘的前面，后纵韧带位于椎体和椎间盘的后面，对连接椎体和椎间盘有重要作用，同时还有限制脊柱过度伸、屈的作用。棘上韧带连于各棘突的尖端，在第 7 颈椎以上扩展成膜状的项韧带。

B. 短韧带：位于相邻的两个椎骨之间。在椎弓板之间有黄韧带，它由弹性纤维构成，坚韧而富有弹性，与椎弓板共同围成椎管的后壁。棘突之间有棘间韧带（图 2-15）。

③关节：主要有由相邻椎骨的上、下关节突的关节面构成的关节突关节，可做轻微滑动。寰枢关节由寰椎和枢椎构成，

图 2-15 椎骨间的连结（正中矢状面）

可使头部做左右旋转运动；寰枕关节由寰椎的上关节凹与枕髁构成，可使头做前俯、后仰和侧屈运动。

④脊柱的整体观及运动：从前面观察，脊柱呈一条直线，从颈部至腰段可见椎体自上而下逐渐增大，至骶骨以下又渐次缩小。这种变化，与脊柱承受重力的变化密切相关。脊柱后面观可见棘突排列成直线，颈椎棘突短；胸椎棘突斜向后下方，相邻棘突呈叠瓦状排列；腰椎棘突水平后伸，棘突间距较大。脊柱侧面观有四个生理性弯曲，颈曲、腰曲凸向前，胸曲、骶曲凸向后（图 2-16）。这些弯曲增强了脊柱的弹性，在行走和跳跃时可减轻对脑和脏器的冲击与震荡，并有利于维持身体的平衡。

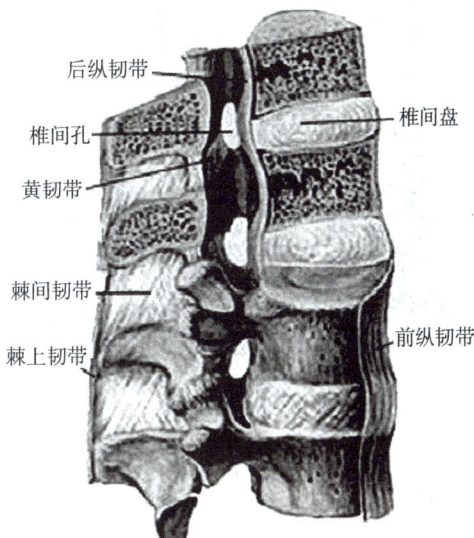

脊柱在相邻两椎体间的运动幅度很小，但这些微小的运动联合起来，使脊柱的运动幅度相当大。脊柱可做前屈、后伸、侧屈和旋转运动。运动幅度最大的部位在下腰部和下颈部，故损伤也多见于这两个部位。

（2）胸廓　由12块胸椎、12对肋、1块胸骨借骨连结构成，具有支持、保护胸腹腔内脏器和参与呼吸运动等功能。

胸廓呈上窄下宽、前后略扁的圆锥形。胸廓有上、下两口和前、后、外侧壁。胸廓上口较小，由第1胸椎体、第1对肋及胸骨柄上缘所围成，是食管、气管、大血管和神经等出入胸腔的通道；胸廓下口宽阔而不整齐，由第12胸椎、第12和11肋前端、肋弓以及剑突围成。两侧肋弓之间的夹角，称胸骨下角。相邻两肋之间的间隙，称肋间隙（图2-17）。

图2-16　脊柱的整体观

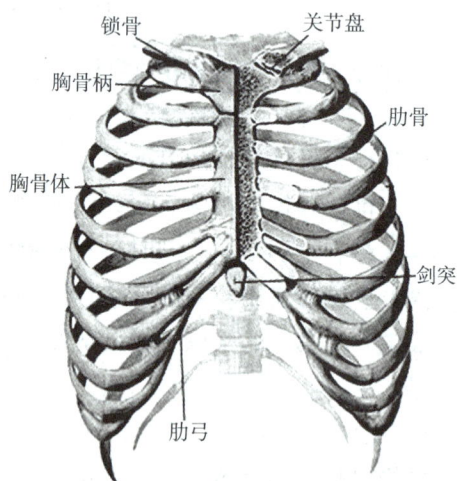

图2-17　胸廓（前面）

知识链接

胸廓的临床意义

胸廓的形态、大小与年龄、性别、体型以及营养、健康状况密切相关。新生儿胸廓横径与前后径大致相等，呈桶状；成人呈扁圆锥形；老年人因弹性减退、运动减弱，胸廓扁而长；成年女性比男性略圆而短。经常参加体育锻炼的人，胸廓较为宽短；身体瘦弱或胸肌和肺发育不良的人，胸廓扁平、狭长。佝偻病患儿的胸廓前后径大，胸骨向前突出，形成所谓的"鸡胸"。肺气肿病人的胸廓各径线都增大，形成"桶状胸"。一些严重消耗性疾病患者或极度消瘦者，形成扁平胸。患有肺不张、肺萎缩或胸腔积液、胸壁肿瘤等疾病时，可出现胸廓两侧面不对称的现象。综上，胸廓外形是检查和诊断疾病的一个重要指标。

3. 躯干骨主要的骨性标志　第 7 颈椎棘突、全部胸腰椎棘突、胸骨角、肋弓、剑突。

（二）颅骨及其连结

1. 颅骨　共 23 块（6 块听小骨未计入），除下颌骨和舌骨外，都借缝或软骨牢固相连，彼此间不能活动。颅骨分为后上部的脑颅骨和前下部的面颅骨两部分。

（1）脑颅骨　共 8 块，不成对的有额骨、枕骨、蝶骨和筛骨，成对的有顶骨和颞骨。脑颅骨围成颅腔，容纳脑。

（2）面颅骨　共 15 块，不成对的有犁骨、下颌骨和舌骨，成对的有上颌骨、鼻骨、泪骨、颧骨、下鼻甲及腭骨。面颅骨构成颜面的支架，围成眶、骨性口腔和鼻腔。在面颅各骨中，上颌骨位于一侧面颅中心。在它的内上部，内侧是鼻骨，后方是泪骨。上颌骨的外上方是颧骨，后内方接腭骨。上颌骨内侧面参与鼻腔外侧壁的构成，其下部内侧连有下鼻甲。下鼻甲内侧、鼻腔中央有犁骨。两侧上颌骨下方是下颌骨，下颌骨的后下方是舌骨。

下颌骨位于面颅下部，分为一体两支。下颌体居中央，呈马蹄形，其上缘为容纳下颌牙根的牙槽，体的外侧面左右各有一颏孔。下颌支为由下颌体后端向上伸出的长方形骨板，其上缘有两个突起，前方的称为冠突，后方的称为髁突，其上端的膨大为下颌头。下颌支内面中央有下颌孔，通过下颌管与颏孔相同。下颌体和下颌支相交处形成下颌角（图 2 - 18）。

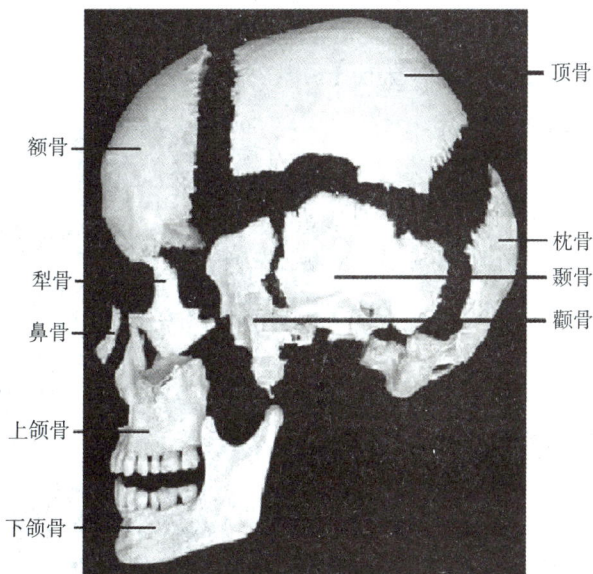

图 2 - 18　颅骨

2. 颅的整体观

（1）颅的顶面观　呈卵圆形，前窄后宽。额骨和两顶骨相连处为冠状缝，左右顶骨相连处为矢状缝，顶骨与枕骨相连处为人字缝。新生儿脑颅较大，面颅较小，仅占脑颅的 1/8（成人为 1/4）。新生儿颅骨的某些部分没有发育完全，其颅顶各骨之间留有间隙，由结缔组织膜所封闭，称颅囟，其中重要的有前囟和后囟。前囟位于矢状缝与冠状缝相交处，呈菱形，一般于 1~2 岁期间闭合。后囟位于矢状缝和人字缝相交处，呈三角形，于出生后不久闭合。前囟闭合的早晚可作为婴儿发育的标志，并可通过它观察颅内压的变化。

⇄ 知识链接

囟门

正常的囟门是平坦的，或者稍低于周围的颅骨平面，扪之柔软，其下有空虚感，犹如骨的缺损区，可以见到其随脉搏而跳动。新生儿出生时，若前囟异常大，并伴有颅骨分离，应考虑患有先天性脑积水的可能；倘若前囟异常小，则应考虑脑小畸形；前囟饱满，甚至有明显隆起，摸上去紧绷绷的，则提示颅内压增高，应引起注意，多见于新生儿颅内出血、脑膜炎、脑炎及脑积水等疾病；前囟凹陷常见于脱水、重度营养不良和极度消瘦的婴儿；前囟关闭过早，可能是脑发育不良。一旦发现囟门异常，应及时去医院检查和治疗。

（2）颅底内面观　颅底内面高低不平，由前向后呈阶梯状排列着三个凹窝，依次为颅前窝、颅中窝和颅后窝。

①颅前窝：中部低陷处的长方形薄骨片是筛骨的筛板，上面有许多小孔，称筛孔，与鼻腔相通。

②颅中窝：中部隆起，由蝶骨体构成。蝶骨体上面的凹窝叫垂体窝。垂体窝的前外侧有一与眶相通的视神经管。在蝶骨体外侧，自前内向后外依次排列有圆孔、卵圆孔和棘孔。外侧部与颅后窝之间的长形隆起是颞骨的岩部。

③颅后窝：位置最低。中央是枕骨大孔，向下与椎管相续。枕骨大孔的外侧有颈静脉孔，颈静脉孔和枕骨大孔之间有舌下神经管。颞骨岩部后面中央稍内侧是内耳门，由此向后外通入内耳道（图 2-19）。

（3）颅底外面观　颅底外面分前后两部分。前部较低，其前缘和两侧缘称为牙槽弓。牙槽弓的游离缘称牙槽。

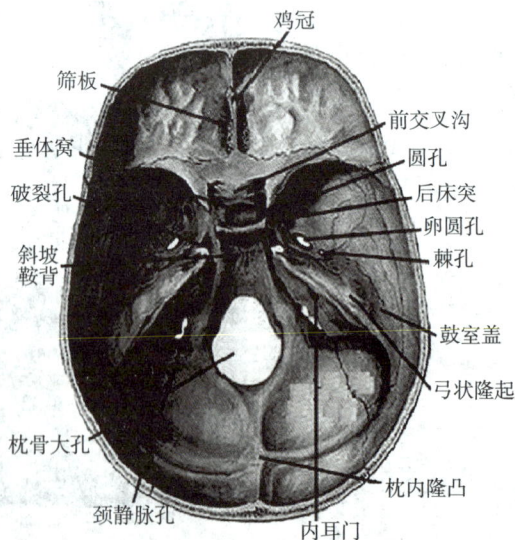

图 2-19　颅底内面观

牙槽弓后内侧的水平骨板，称骨腭，它构成口腔的顶和鼻腔的底。后部正中是枕骨大孔。枕骨大孔两侧有枕髁，与寰椎相关节。枕髁的外侧是颈静脉孔。颈静脉孔前方的圆形孔是颈动脉管外口。颈静脉孔外侧的细长突起是茎突，茎突的后外侧是乳突。茎突与乳突之间有茎乳孔，此孔向上通面神经管。乳突前方的光滑凹陷称下颌窝，与下颌骨相关节。下颌窝前方的横行隆起称关节结节。颅底外面后部正中有枕外隆凸（图2-20）。

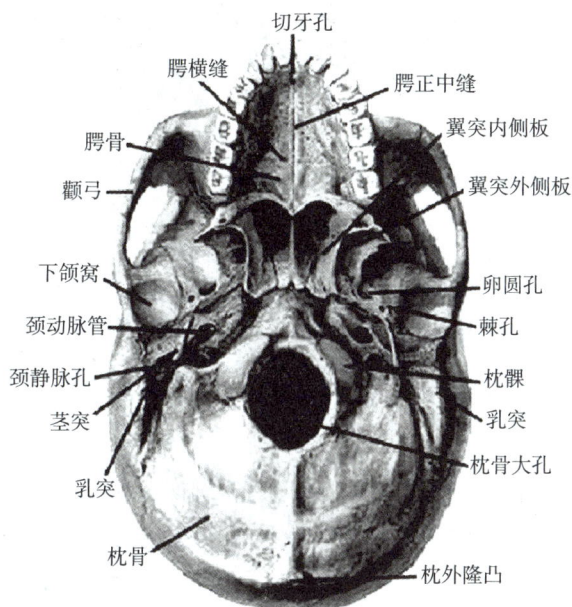

图2-20 颅底外面观

（4）颅的侧面观 颅的侧面中部是外耳门，外耳门前方的弓形骨梁称颧弓，可在体表摸到。颧弓上方的浅窝称颞窝。在颞窝内侧壁上，额骨、顶骨、颞骨、蝶骨四骨汇合处称翼点，此处骨质薄弱，其内面有脑膜中动脉的前支经过，因外力而发生骨折时，容易损伤该血管，引起硬膜外血肿（图2-21）。

（5）颅的前面观 颅的前面主要有眶和骨性鼻腔。

①眶：容纳眼球及其附属结构，呈四棱锥体形，尖向后内，经视神经管通入颅中窝。底向前外，它的上、下缘分别称眶上缘和眶下缘。眶上缘的内侧部有眶上切迹（眶上孔）。眶下缘中点的下方有眶下孔。眶的上壁前外侧份有泪腺窝，内侧壁前下份有泪囊窝，它向下经鼻泪管通鼻腔；眶外侧壁后半的上、下方各有眶上裂和眶下裂。

②骨性鼻腔：位于面颅的中央，上方以筛板与颅腔相隔，下方以硬腭骨板与口腔分界，两侧邻接筛窦、眶和上颌窦。它被骨性鼻中隔分为左右两半。外侧壁自上而下有三个卷曲的骨片，分别称为上鼻甲、中鼻甲和下鼻甲。每个鼻甲下方相应地有鼻道，分别为上鼻道、中鼻道和下鼻道。骨性鼻腔前方的开口为梨状孔，后方的开口为鼻后孔。

③鼻旁窦：共四对，包括额窦、上颌窦、筛窦和蝶窦，它们是同名骨内含气的空

图 2 - 21 颅的侧外面观

腔，都与鼻腔相通，其中，上颌窦最大（图 2 - 22）。

3. 颅骨的连结 颅骨之间，多数借缝或软骨相互连结，只有下颌骨与颞骨之间构成颞下颌关节，又称下颌关节，由下颌头及颞骨的下颌窝和关节结节构成（图 2 - 23）。关节囊内有关节盘，关节囊的前部薄而松弛，关节易向前脱位。

4. 颅骨主要的骨性标志 枕外隆突、乳突、下颌角。

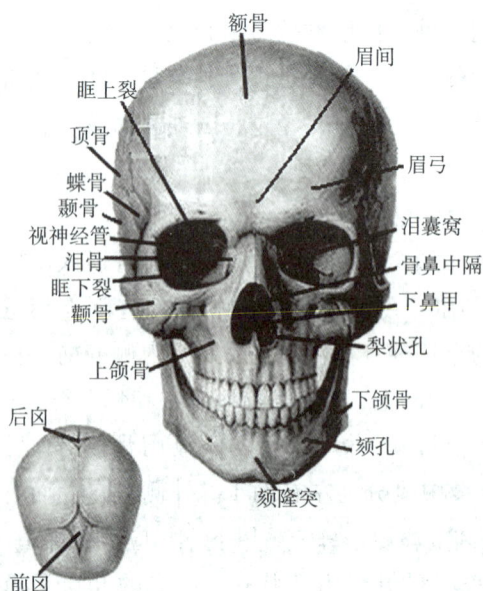

图 2 - 22 颅的前面观

图 2 - 23 颞下颌关节

（三）上肢骨及连结

1. 上肢骨　上肢骨包括锁骨、肩胛骨、肱骨、桡骨、尺骨和手骨，每侧32块。

（1）锁骨　位于颈、胸交界处，全长均可在体表摸到。锁骨成"～"形，内侧端钝圆，与胸骨的胸骨柄相连，外侧端扁平，与肩胛骨的肩峰相关节（图2-24）。

图 2-24　锁骨

（2）肩胛骨　位于胸廓后外上方，是三角形的扁骨，有两面、三缘、三角。肩胛骨的前面有一大的浅窝，称肩胛下窝；后面上部有一向前外上方突出的骨嵴，称肩胛冈，冈的上下分别称为冈上窝和冈下窝，冈的外侧端扁平，称肩峰，为肩部的最高点。上缘外侧部有一向前弯曲的指状突起，称喙突。外侧缘肥厚，临近腋窝；内侧缘薄而长，靠近脊柱。外侧角肥厚，有一朝向外侧的浅窝，称关节盂。上角平对第2肋，下角平对第7肋或第7肋间隙，可作为计数肋骨的标志（图2-25，图2-26）。

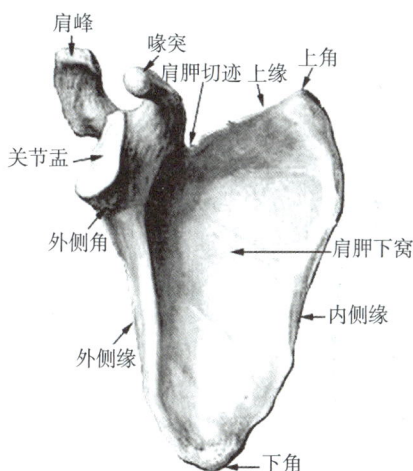

图 2-25　肩胛骨前面观

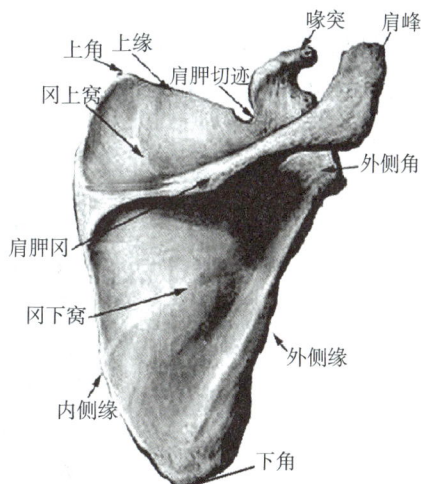

图 2-26　肩胛骨后面观

（3）肱骨　位于臂部，有一体和两端。上端有半球形的肱骨头。肱骨头前下方和外侧各有一隆起的小结节和大结节，两结节之间的纵沟称为结节间沟，内有肱二头肌长头腱通过。上端与体交界处稍细，称外科颈，是骨折的易发部分。肱骨体的中部外侧面有粗糙的三角肌粗隆。体的后面有由内上斜向外下的桡神经沟，有桡神经通过，肱骨中部的骨折可伤及此神经。肱骨下端前后稍扁，外侧部有半球形的肱骨小头，内侧部有肱骨滑车，下端的后面在肱骨滑车的上方有鹰嘴窝。肱骨小头的外侧和肱骨滑车的内侧各有一个突起，分别称为外上髁和内上髁。内上髁的后下方有一浅沟，称为尺神经沟，有尺神经通过，内上髁骨折时，易伤及尺神经（图2-27）。

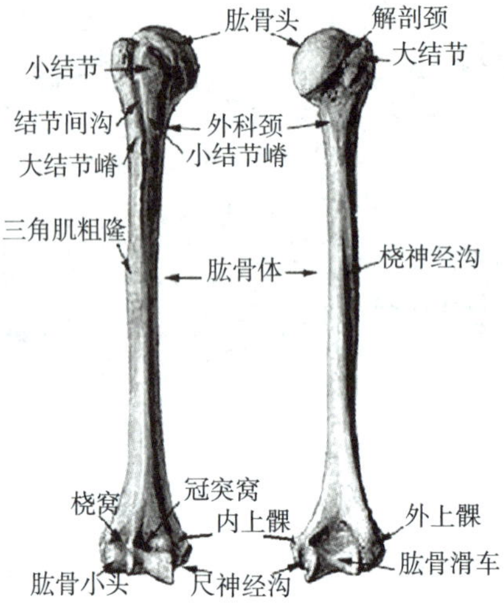

图2-27　肱骨前面观和后面观

（4）桡骨　位于前臂外侧部，有一体两端。上端稍膨大，称桡骨头；桡骨的下端有腕关节面和桡骨茎突。

（5）尺骨　位于前臂内侧部，有一体两端。上端较粗大，前面有较大凹陷的关节面，称滑车切迹。在切迹的上、下方各有一突起，分别称为鹰嘴和冠突。尺骨下端称尺骨头，尺骨头的后内侧有向下的突起，称尺骨茎突（图2-28）。

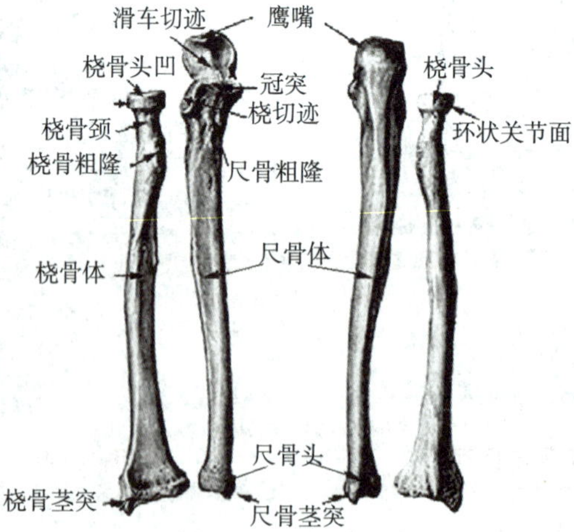

图2-28　桡骨和尺骨

（6）手骨 包括腕骨、掌骨和指骨三部分。

①腕骨：由8块短骨组成，排成两列，每列有四块。由桡侧向尺侧，近侧列依次为手舟骨、月骨、三角骨和豌豆骨；远侧列依次为大多角骨、小多角骨、头状骨和钩骨。

②掌骨：由5块长骨组成，由桡侧向尺侧依次称为第1~5掌骨。

③指骨：由5块长骨组成，除拇指有两节指骨外，其余各指都有三节；由近侧向远侧依次为近节指骨、中节指骨和远节指骨（图2-29）。

图2-29 手骨（右侧）

2. 上肢骨的连结 上肢骨的连结，主要有肩关节、肘关节、手关节。

（1）肩关节 由肱骨头与肩胛骨的关节盂构成。结构特点为：肱骨头大，关节盂小而浅，两关节面的大小差别较大；关节囊薄而松弛，所以肩关节运动灵活，而且运动幅度也较大。肩关节囊内有肱二头肌长头腱通过。肩关节囊的上壁、前壁和后壁都有肌腱和韧带加强，但其下壁薄弱，是肩关节脱位最常见的部位（图2-30）。肩关节为人体运动最灵活的关节，可做屈、伸、展、收、旋转、环转运动。

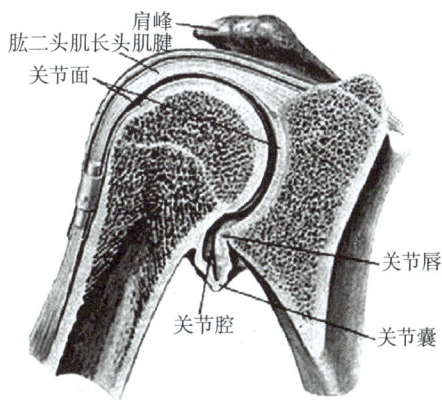

图2-30 肩关节

（2）肘关节 由肱骨下端和桡、尺骨上端构成，包括三个关节。①肱尺关节：由肱骨滑车与尺骨滑车切迹构成。②肱桡关节：由肱骨小头与桡骨头关节凹构成。③桡尺近侧关节：由桡骨头的环状关节面与尺骨的桡切迹构成。结构特点为：①三个关节共包在一个关节囊内。②关节囊的前后壁薄弱而松弛，两侧有桡侧副韧带和尺侧副韧带加强。③桡骨环状韧带于桡骨头处较发达，包绕桡骨头，防止桡骨头脱出（图2-31）。

4 岁以下的幼儿，桡骨头发育不全，且环状韧带较松弛，故当肘关节伸直位牵拉前臂时，易发生桡骨头半脱位。肘关节可做屈、伸运动，其桡尺近侧关节还参与前臂的旋前、旋后运动。

图 2 - 31　肘关节

（3）手关节　包括桡腕关节、腕骨间关节、腕掌关节、掌骨间关节、掌指关节和指骨间关节。其中，桡腕关节又称腕关节，由桡骨下端的关节面和尺骨头下方的关节盘与手舟骨、月骨、三角骨共同构成；关节囊松弛，四周都有韧带加强（图 2 - 32）。腕关节可做屈、伸、展、收和环转等运动。

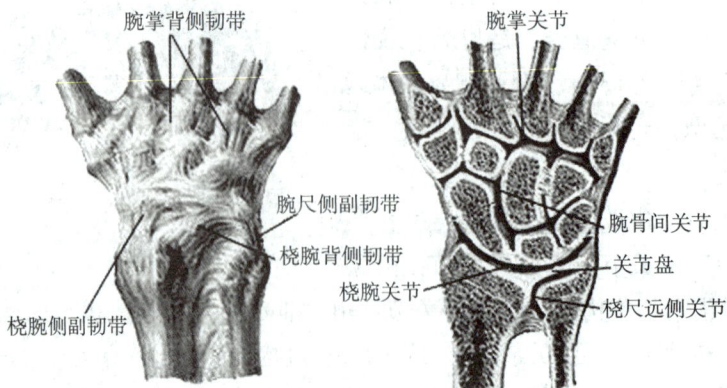

图 2 - 32　手关节

（四）下肢骨及连结

1. 下肢骨 包括髋骨、股骨、髌骨、胫骨、腓骨和足骨。每侧31块，共62块。

（1）髋骨 位于盆部，为不规则扁骨，由髂骨、坐骨和耻骨构成。幼年时，三骨借软骨相连，至15～16岁时，软骨骨化，三骨逐渐融合成为髋骨。在融合部的外侧面有一深窝，称髋臼。髋臼下方有坐骨和耻骨围成的闭孔。

①髂骨：位于髋骨的后上部，其上缘肥厚，称髂嵴。两侧髂嵴最高点的连线在后正中线上约与第4腰椎棘突相平，是腰椎穿刺时确定穿刺部位的标志。髂嵴的前后突起分别为髂前上棘和髂后上棘，它们下方的突起分别称为髂前下棘和髂后下棘。髂嵴的前、中1/3交界处向外侧突出，称髂结节。髂骨内面的浅窝，称髂窝，其下界为弓状线，后方的关节面称为耳状面。

②坐骨：位于髋骨的后下部，分为坐骨体和坐骨支。坐骨后下方有粗大的坐骨结节，其后上方的三角形突起称坐骨棘。坐骨棘的上、下方的切迹，分别称坐骨大切迹和坐骨小切迹。

③耻骨：位于髋骨的前下部，分为耻骨体、耻骨上支和耻骨上支。耻骨上支的前端向前突起，称耻骨结节。耻骨上支上缘锐薄的骨嵴，称耻骨梳。耻骨内侧的椭圆形粗糙面，称耻骨联合面（图2-33，图2-34）。

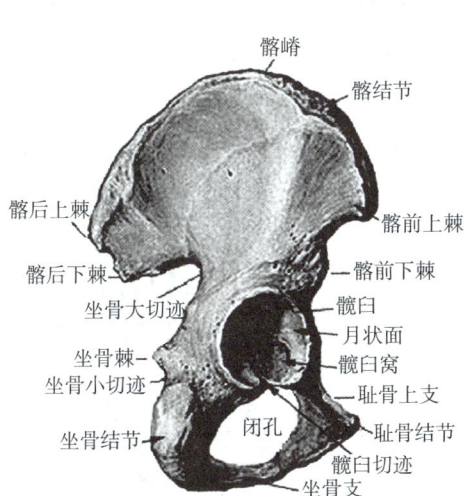

图2-33 髋骨外面观

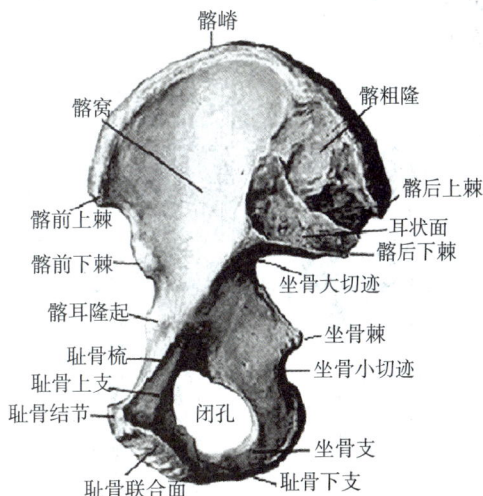

图2-34 髋骨内面观

（2）股骨 位于大腿部，为人体最长的长骨，约为身高的1/4，分为一体两端。上端有伸向内上方的球形膨大，称股骨头；头下外侧的狭细部分，称股骨颈，在老年人中易发生骨折。股骨颈以下为股骨体，在颈体交界处有两个隆起，外上方的称大转子，可在体表摸到，内下方的称小转子。股骨下端膨大，并向后方突出，形成内侧髁和外侧髁，两髁之间的深窝称为髁间窝（图2-35）。

（3）髌骨 是全身最大的籽骨，位于膝关节前方，被股四头肌腱包绕，上宽下尖，前面粗糙，后面光滑。

（4）胫骨　位于小腿内侧，分为一体两端。上端膨大，形成内侧髁和外侧髁。两髁之间向上的隆起称，髁间隆起；外侧髁的后外侧有一小关节面，称腓关节面。胫骨体呈三棱柱形，在前缘上端有粗糙的隆起，称胫骨粗隆。胫骨下端内侧面向下的突起，称内踝，外侧有腓切迹。

（5）腓骨　位于小腿外侧部，细而长，分为一体两端。上端略膨大，称腓骨头；下端膨大，称外踝（图2-36）。

（6）足骨　可分为跗骨、跖骨及趾骨三部分。①跗骨：属于短骨，共7块，分为近侧和远侧两列。近侧列有：跟骨、距骨和足舟骨；远侧列有：内侧楔骨、中间楔骨、外侧楔骨和骰骨。②跖骨：属于长骨，共5块，从内侧向外侧依次称为第1~5跖骨。每块跖骨可分为底、体和头三部分。③趾骨：属于长骨，共14块，拇趾为2节，其余各趾均为3节（图2-37）。

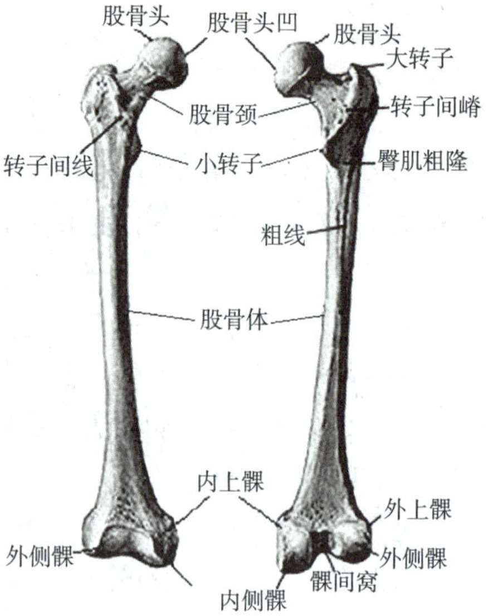

图2-35　股骨

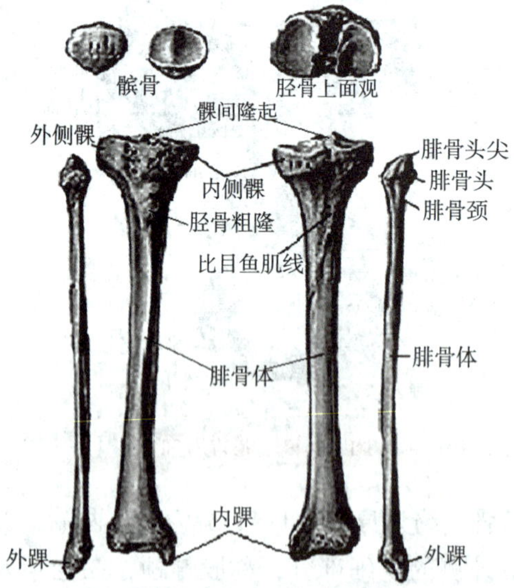

图2-36　髌骨、胫骨、腓骨（前、后）

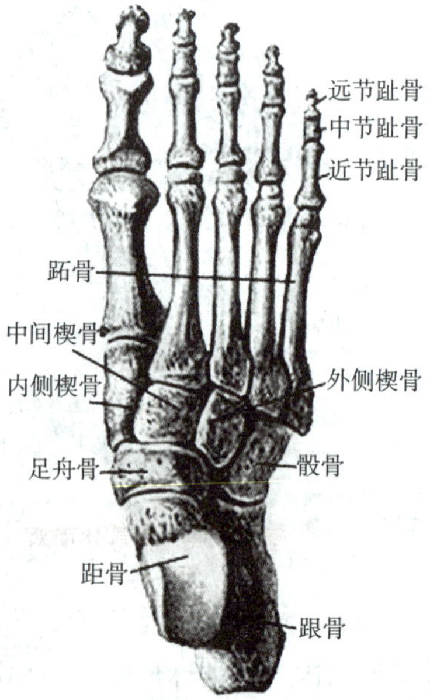

图2-37　足骨

2. 下肢骨的连结　主要有骨盆、髋关节、膝关节和足关节等。

案例分析

某即将分娩的孕妇到医院产科检查，发现该孕妇骨盆狭窄，医生决定进行剖宫产。

问题

1. 骨盆由哪些结构组成？
2. 大、小骨盆是如何划分的？
3. 小骨盆下口由哪些结构组成？
4. 女性骨盆有何特征？

（1）骨盆　连结、组成和分部如下。

①骨盆的连结：主要有骶髂关节、耻骨联合和韧带等。骶髂关节由两侧髋骨与骶骨的耳状面构成。左、右髋骨前部借耻骨联合相连结，耻骨联合主要由纤维软骨构成，软骨内有一矢状位的裂隙。

②骨盆的组成和分部：骨盆由骶骨、尾骨及左右髋骨借关节和韧带连结而成。其主要功能是支持体重、保护盆腔脏器，在女性还是胎儿娩出的通道。骨盆以界线为界，分为上方的大骨盆和下方的小骨盆。界线是由骶骨的岬及其两侧弓状线、耻骨梳、耻骨结节至耻骨联合上缘构成的环状线。大骨盆较宽大，向前开放。小骨盆有上、下两口：上口由界线围成，骨盆下口由尾骨尖、骶结节韧带、坐骨结节和坐骨支、耻骨下支、耻骨联合下缘围成。两口之间的空腔称为骨盆腔。两侧坐骨支与耻骨下支连成耻骨弓，其间的夹角称为耻骨下角（图2-38，图2-39）。成年男性、女性的骨盆有一定差异（表2-1）。

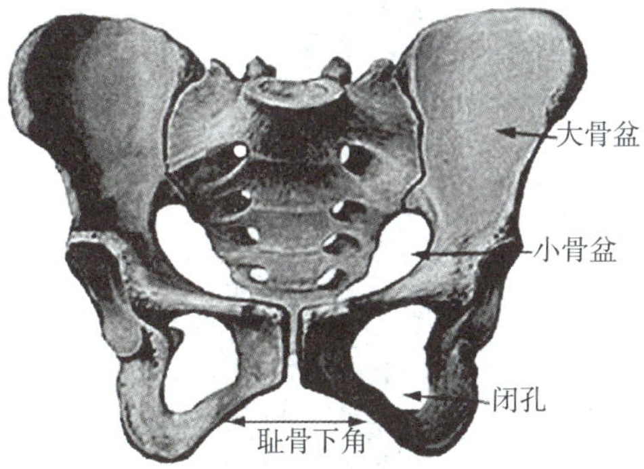

图2-38　女性骨盆

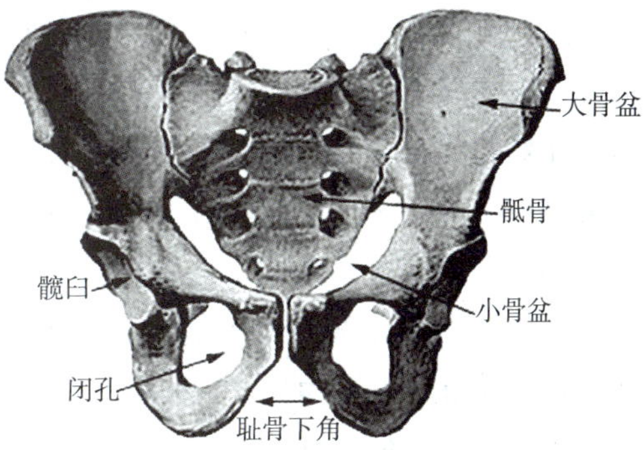

图2-39　男性骨盆

表2-1　男性和女性骨盆形态差异

项目	男性	女性
骨盆外形	窄而长	宽而短
骨盆上口	心形	近似圆形
骨盆下口	较狭窄	较宽大
骨盆腔	高而窄，呈漏斗形	短而宽，呈圆桶形
耻骨下角	70°~75°	90°~100°

（2）髋关节　由股骨头与髋臼构成。结构特点为：①髋臼深，周缘有髋臼唇增加髋臼的深度，增大了髋臼与股骨头的接触面，从而增强关节的稳固性。②关节囊厚而坚韧，周围有韧带加强，股骨颈前面全部包在囊内，但股骨颈后面的外 1/3 在囊外。因此，临床上股骨颈发生骨折，有囊内、外之分。③关节囊后下部较薄弱，所以股骨头容易向后下方脱位。④关节囊内有股骨头韧带，连于股骨头与髋臼之间，韧带中含有营养股骨头的血管（图 2－40，图 2－41）。髋关节可做屈、伸、收、展、旋内、旋外和环转运动。因受髋臼的限制，髋关节的运动范围较肩关节小，但稳固性好。

图 2－40　髋关节

图 2－41　髋关节冠状切面

（3）膝关节　是人体最大、最复杂的关节，由股骨下端、胫骨上端和髌骨构成。关节囊宽阔松弛，周围有韧带加强。在囊的前壁自上而下有股四头肌腱、髌骨和髌韧带。在关节囊内，有前、后交叉韧带和内、外侧半月板。前交叉韧带和后交叉韧带牢固地将股骨和胫骨连在一起，防止胫骨向前、后移位。内侧半月板呈"C"形，外侧半月板呈"O"形，内、外侧半月板分别位于股骨和胫骨的同名髁之间。半月板的上面微凹，下面平坦，使股骨、胫骨的两关节面更为适应，从而增强关节的灵活性和稳定性（图 2－42，图 2－43）。膝关节主要

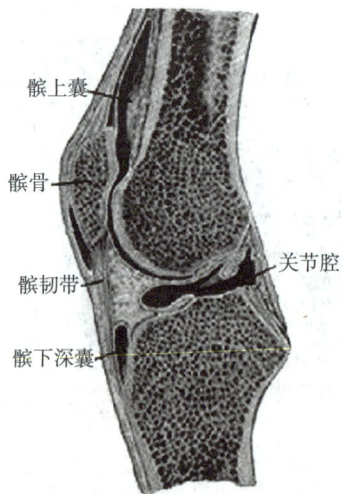

图 2－42　膝关节矢状切面

做屈、伸运动，关节处于半屈位时，还可做轻度的旋转运动。

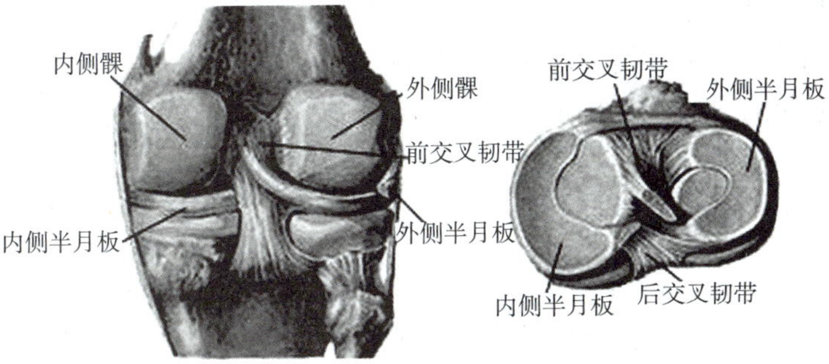

图 2-43　膝关节的内部结构

（4）足关节　包括距小腿（踝）关节、跗骨间关节、跗跖关节、跖趾关节和趾间关节等。

距小腿关节又称踝关节，由胫骨、腓骨下端的关节面与距骨滑车构成；关节囊前、后壁较薄而松弛，两侧较厚有韧带增强，足过度内翻时易导致扭伤（图 2-44）。踝关节主要做背屈（伸）和跖屈（屈）运动。

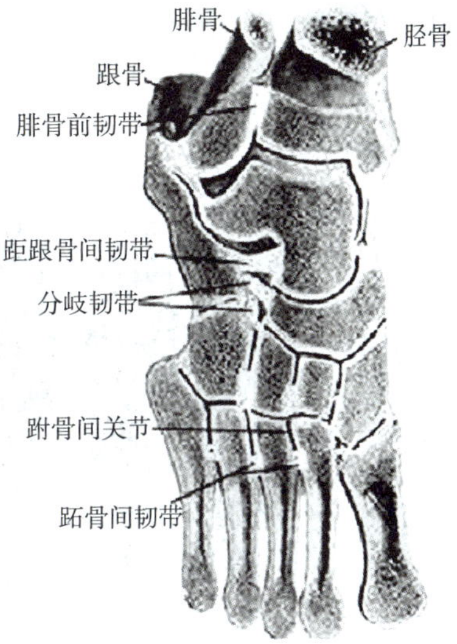

（5）足弓　是由跗骨、跖骨、足底韧带和肌腱构成的凸向上的弓形结构。站立时，足骨仅以跟骨结节和第 1、第 5 跖骨头三点着地，保证了站立的稳定。足弓具有弹性，可在跳跃和行走时缓冲震荡，同时还有保护足底血管神经免受压迫的作用。

图 2-44　足的关节（冠状切面）

📖 案例分析

一个足球运动员，在长期训练中，其右足经常损伤，肌肉和韧带因足过度内翻和外翻均有不同程度的拉伤。他最近发现，自己走路若超过 20 分钟或在运动时足底疼痛，而且逐渐加重，在平卧休息时则有所减缓。

📋 问题

1. 你认为患者右足的什么结构遭到了破坏？
2. 为什么会出现足底疼痛？

第二节　骨骼肌

一、概述

骨骼肌是运动系统的动力器官，分布于头、颈、躯干和四肢，多数附着于骨骼，少数附着于皮肤。全身骨骼肌有 600 多块，分布广泛，约占体重的 40%。每块肌都是一个器官，都有一定的形态结构、丰富的血液供应和神经支配，并执行一定的功能。若肌的血液供应阻断或支配肌的神经损伤，可分别引起肌坏死或瘫痪。若长期不活动，肌则萎缩退化。

（一）肌的分类

骨骼肌的形态多样，按其外形可分为长肌、短肌、扁肌和轮匝肌。①长肌：呈梭形，多见于四肢，收缩时肌显著缩短，可引起较大幅度的运动。有的长肌有两个或两个以上的起始头，依其头数分别称为二头肌、三头肌和四头肌。②短肌：形态短小，主要分布于躯干深层，具有节段性，收缩时运动幅度较小。③扁肌：呈宽扁的薄片状，主要分布于胸、腹壁，收缩时具有运动躯干、保护内脏的作用。④轮匝肌：呈环形，位于孔、裂的周围，收缩时可使孔、裂关闭（图 2 – 45）。

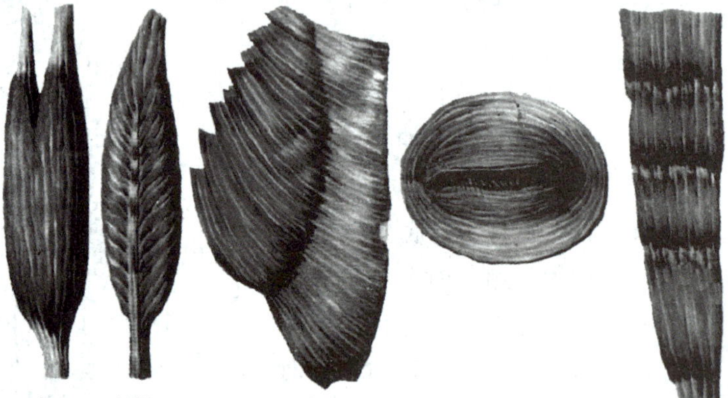

长肌　　　羽肌　　　　　扁肌　　　　　轮匝肌　　　　　多腹肌

图 2 – 45　骨骼肌的形态和构造

根据肌的作用，肌可分为屈肌、伸肌、内收肌、外展肌、旋内肌和旋外肌等。

（二）肌的构造

肌由肌腹和肌腱（腱膜）构成。肌腹主要由骨骼肌纤维构成，多位于肌的中部，是肌的收缩部分。肌腱由致密结缔组织构成，位于肌的两端并附着于骨，呈银白色，非常坚韧。肌腱无收缩功能，只起力的传递作用。长肌的腱多呈条索状；扁肌的腱呈薄膜状，称腱膜。

（三）肌的起止和作用

骨骼肌一般以两端附着于两块或两块以上的骨表面，中间跨过一个或几个关节。通常把接近躯体正中面或四肢近端的附着点称为起点，将远离躯体正中面或接近四肢远端的附着点称为止点。骨骼肌收缩时，牵引两骨靠近而产生关节运动，在关节运动中，总有一骨的位置相对固定，另一骨的位置相对移动。骨骼肌在固定骨上的附着点，称定点或起点；在移动骨上的附着点，称动点或止点。骨骼肌收缩时，动点向定点移动。起点和止点是相对的，在一定条件下，两者可以互换。

（四）肌的配布和作用

骨骼肌大多数配布在关节周围，其配布方式和多少与关节的运动形式密切相关。一个关节运动轴的两侧至少配布有两组作用相互对抗的肌，称拮抗肌；而配布在一个关节运动轴的同侧的两组或多组作用相同的肌，称协同肌。

（五）肌的辅助结构

骨骼肌的辅助结构包括筋膜、滑膜囊和腱鞘等，位于骨骼肌的周围，这些结构对骨骼肌的活动有保护和辅助作用。

1. 筋膜　位于肌的表面，分为浅筋膜和深筋膜两种。

（1）浅筋膜　位于真皮下，又称皮下筋膜，由疏松结缔组织构成，其内含有脂肪、浅静脉、皮神经以及浅淋巴结和淋巴管等。临床上进行皮下注射，即将药液注入浅筋膜。

（2）深筋膜　位于浅筋膜深面，又称固有筋膜，由致密结缔组织构成，分布于全身且互相连续，具有保护和约束骨骼肌的作用。深筋膜包裹肌或肌群、腺体、血管和神经等，形成筋膜鞘。四肢的深筋膜伸入肌群之间并与骨相连，分隔肌群，称肌间隔。

2. 滑膜囊　滑膜囊为扁薄密闭的结缔组织小囊，囊腔内含有少量滑液。滑膜囊多位于肌腱、韧带与骨面之间，可减少摩擦、保护肌和肌腱。

3. 腱鞘　为包裹在长肌腱外面的鞘管，多位于手足活动性较大的部位，肌腱在鞘内可以自由活动（图2-46）。

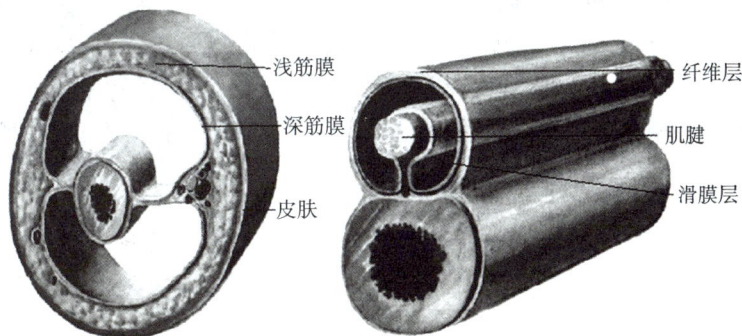

图2-46　肌的辅助结构

⇄ 知识链接

腱鞘炎

腱鞘炎是一种常见病，多发生在手腕、手指、肩等部位。这些部位活动频繁，损伤机会较多，若不注意，长期的摩擦、慢性劳损或寒冷刺激可使肌腱与腱鞘发生无菌性炎性反应，局部出现渗出水肿，肌腱在腱鞘内活动受限，而引起一系列临床症状。一些需要长期重复劳损关节的职业，如厨师或需要长时间电脑操作的职业等，其日常操作都会引发或加重此病。病人会感到关节疼痛、肿胀、晨僵、活动障碍，若发生在手指，在活动时可出现弹响，故也有"扳机指"或"弹响指"之称。

二、头肌

头肌分为面肌和咀嚼肌。

（一）面肌

面肌位于面部和颅顶，大多起自颅骨，止于面部皮肤。其主要分布于口裂、眼裂和鼻孔的周围，可开大或闭合孔裂，并牵动面部皮肤产生喜、怒、哀、乐等各种表情，故又称表情肌。

（二）咀嚼肌

咀嚼肌位于颞下颌关节的周围，主要有咬肌和颞肌。咬肌位于下颌支的外面，颞肌位于颞窝内，都可在体表摸到。二肌收缩，都可上提下颌骨。

三、颈肌

颈肌位于颅和胸廓之间，分浅群和深群，主要有胸锁乳突肌、舌骨上肌群和舌骨下肌群。胸锁乳突肌斜列于颈部两侧，起自胸骨柄前面和锁骨的胸骨端，斜向后上方，止于颞骨的乳突。一侧收缩使头向同侧倾斜，面转向对侧；两侧同时收缩可使头后仰（图 2 - 47）。

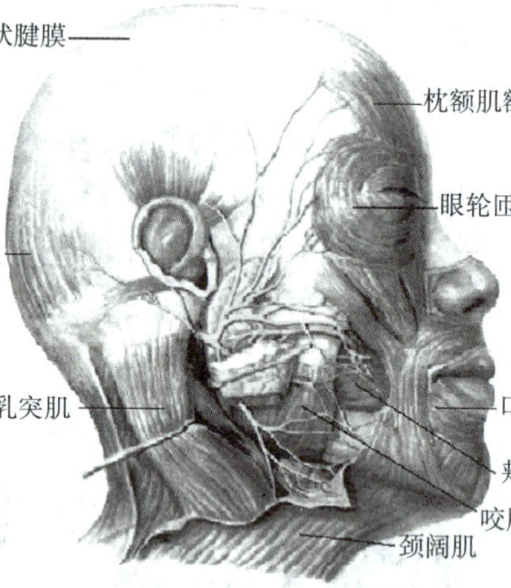

图 2 - 47　头颈肌

四、躯干肌

根据位置，躯干肌分为背肌、胸肌、膈、腹肌和会阴肌。

（一）背肌

背肌位于躯干的背面，分为浅、深两群。浅群主要有斜方肌、背阔肌等，深群主要有竖脊肌。

1. 斜方肌　位于项部及背上部的浅层，一侧为三角肌形的阔肌，两侧合并则呈斜方形。上部肌束可上提肩胛骨；中部肌束可使肩胛骨向脊柱靠拢；下部肌束可下降肩胛骨。两侧同时收缩，使头后仰。斜方肌瘫痪时，产生"塌肩"．

2. 背阔肌　为全身最大的扁肌，位于背下部及胸部后外侧，收缩时可使肱骨内收、旋内和后伸；当上肢上举固定时，可做引体向上。

3. 竖脊肌　又称骶棘肌，为背肌中最长的长肌，纵列于棘突两侧的纵沟内，背浅层肌的深面。双侧同时收缩使脊柱后伸和仰头，单侧收缩使脊柱侧屈，维持人体直立姿势（图 2 - 48）。

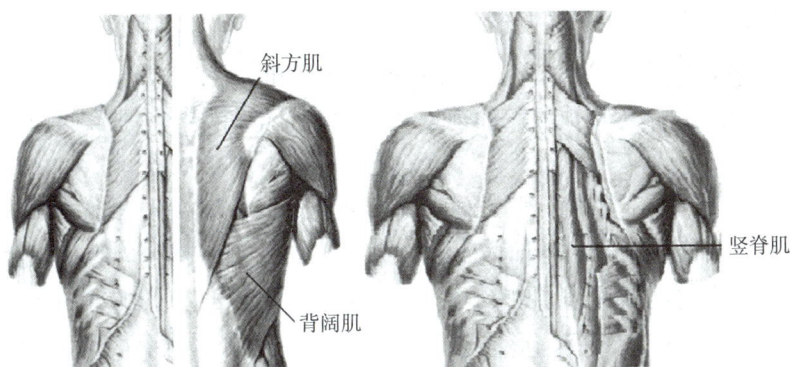

图 2 - 48　背肌

（二）胸肌

胸肌主要有胸大肌、胸小肌、前锯肌和肋间肌。胸大肌位于胸廓的前上部，宽而厚，呈扇形，可使臂内收。胸小肌位于胸大肌的深面。前锯肌为贴附于胸廓侧壁的宽大扁肌。肋间肌主要有肋间外肌和肋间内肌。

（三）膈

为一向上膨隆、呈穹隆状的扁薄阔肌，介于胸腔和腹腔之间。膈的周边为肌性部，起自胸廓下口的周缘及腰椎前面，各部肌纤维向中央集中，止于中心腱。

膈上有三个裂孔：主动脉裂孔在第 12 胸椎的前方，有降主动脉及胸导管通过；食管裂孔位于主动脉裂孔的左前方，约平第 10 胸椎水平，有食管及迷走神经通过；腔静脉孔位于食管裂孔右前方的中心腱内，约平第 8 胸椎水平，有下腔静脉通过（图 2 - 49）。

图 2 - 49　膈

膈是重要的呼吸肌。收缩时，膈的顶部下降，胸腔容积扩大，助吸气；舒张时，膈的顶部上升，胸腔容积缩小，助呼气。膈与腹肌同时收缩，可增加腹压，有促进排便及分娩等作用。

（四）腹肌

腹肌位于胸廓下部与骨盆之间，包括腹前外侧群和腹后群。

1. 腹前外侧群　参与构成腹腔的前壁和外侧壁，包括腹外斜肌、腹内斜肌、腹横肌和腹直肌等。

（1）腹外斜肌　为一宽薄扁肌，位于腹前外侧壁的浅层。起自下位 8 个肋骨的外面，大部分肌束由后外上方斜向前内下方，在腹直肌外侧缘移行为腹外斜肌腱膜，经过腹直肌前面，参与构成腹直肌鞘前层，止于白线。腹外斜肌腱膜的下缘卷曲增厚，连于髂前上棘与耻骨结节之间，形成腹股沟韧带。在耻骨结节的外上方，腹外斜肌腱膜形成一个三角形裂孔，称腹股沟管浅环或皮下环。

（2）腹内斜肌　位于腹外斜肌深面，呈扇形。大部分肌束斜向内上方，至腹直肌的外侧缘移行为腱膜，向内分为前、后两层并包裹腹直肌，参与构成腹直肌鞘前、后层，最后止于白线。腹内斜肌腱膜的下内侧部与腹横肌腱膜的下部会合形成腹股沟镰或联合腱，止于耻骨梳。腹内斜肌下部的肌束与腹横肌下部的肌束一起包绕精索和睾丸，形成提睾肌，收缩时可上提睾丸。

（3）腹横肌　位于腹内斜肌深面，肌束向前内横行，在腹直肌外侧缘移行为腱膜，参与构成腹直肌鞘的后层，止于白线。腹横肌下部的肌束和腱膜，分别参与提睾肌和腹股沟镰的组成。

（4）腹直肌　位于腹前壁正中线的两侧，包裹于腹直肌鞘内，为上宽下窄的带状肌，其全长被 3~4 条横行的腱划分成多个肌腹。腹直肌起自耻骨联合和耻骨嵴，止于胸骨剑突和第 5~7 肋软骨的前面（图 2-50，图 2-51）。

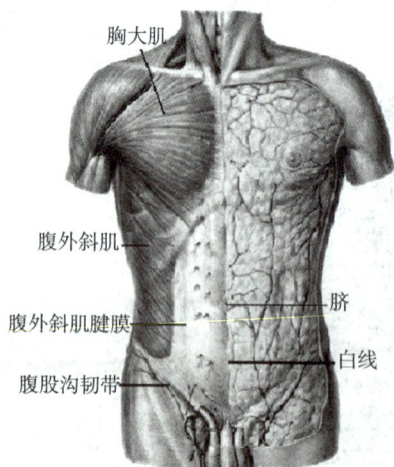

图 2-50　腹外斜肌

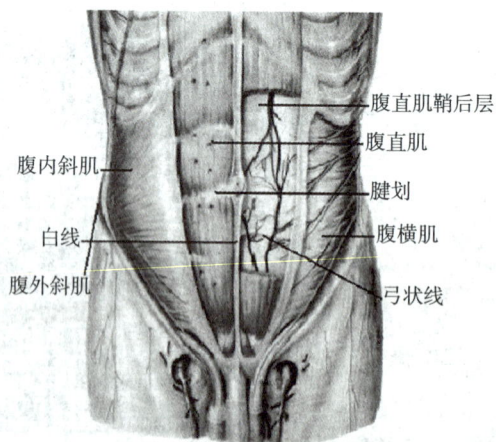

图 2-51　腹前外侧群肌

腹前外侧群肌的作用为：共同保护腹腔脏器；收缩时可以缩小腹腔，增加腹压，以助呼气、排便、分娩和呕吐；可使脊柱前屈、侧屈和旋转。

2. 腹后群 参与构成腹腔的后壁，主要有腰大肌和腰方肌。

3. 腹肌形成的特殊结构

（1）腹直肌鞘 由腹前外侧壁的三层扁肌的腱膜构成，为包裹腹直肌的纤维性鞘。腹直肌鞘分前、后两层。前层完整，由腹外斜肌腱膜与腹内斜肌腱膜的前层组成，后层由腹内斜肌腱膜后层与腹横肌腱膜组成。

（2）白线 位于腹前壁正中线上，由两侧腹直肌鞘的纤维交织而成。白线起自剑突，止于耻骨联合，约在白线中部有一脐环。

（3）腹股沟管 位于腹股沟韧带内侧半的上方，为腹肌与腱膜之间，由外上斜向内下的裂隙，长约4~5cm。男性有精索，女性有子宫圆韧带通过（图2-52）。腹股沟管有内、外两口。内口称腹股沟管深环（腹环），位于腹股沟韧带中点上方约1.5cm处；外口即腹股沟管浅环（皮下环）。

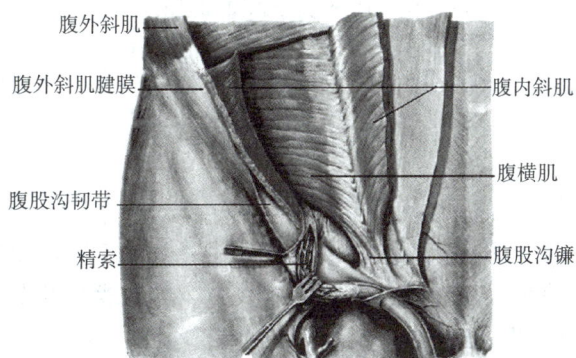

图2-52 腹股沟管

（4）腹股沟三角 又称海氏三角，是由腹直肌外侧缘、腹股沟韧带和腹壁下动脉围成的三角区，是腹前壁的一个薄弱区，腹腔内容物若经此三角突出达皮下，形成直疝（图2-53）。

图2-53 腹股沟三角

案例分析

患者，男，55岁，由于腹股沟部长了一个肿物，胀痛，去医院就诊。检查时发现，此肿物在站立咳嗽时明显突出，让患者平卧时用手将肿物向腹腔推送即消失；且肿物柔软、光滑。

问题

1. 根据你学到的解剖学知识，应考虑该患者患了哪种疾病？
2. 试述腹股沟区的解剖学形态结构。

（五）会阴肌

会阴肌是封闭小骨盆下口所有肌的总称，主要包括肛提肌、会阴浅横肌、会阴深横肌、尿道括约肌和尾骨肌等，主要功能为承托盆腔脏器。

五、四肢肌

（一）上肢肌

上肢肌主要包括肩肌、臂肌、前臂肌和手肌。

1. 肩肌 分布于肩关节周围，能运动肩关节和增强肩关节稳定性，主要有三角肌。三角肌呈三角形，从前、后和外侧三面包围肩关节，与肱骨大结节共同形成肩部圆隆的外形，在肩关节脱位时，此圆隆消失。三角肌起自锁骨的外侧1/3、肩峰和肩胛冈，止于肱骨的三角肌粗隆。此肌收缩，可使肩关节外展。三角肌是肌内注射常选部位。

2. 臂肌 位于肱骨周围，分前、后两群。前群为屈肌，后群为伸肌。

（1）前群 主要有肱二头肌，位于臂前部浅层，长头起自盂上结节，短头起自喙突，止于桡骨粗隆。该肌的主要作用是屈肘关节。

（2）后群 有肱三头肌，位于臂的后方，起端有三个头，即长头、内侧头和外侧头。肱三头肌起自肩胛骨关节盂的下方和肱骨背面。三头合为一个肌腹，以扁腱止于尺骨鹰嘴。其主要作用为伸肘关节（图2-54，图2-55）。

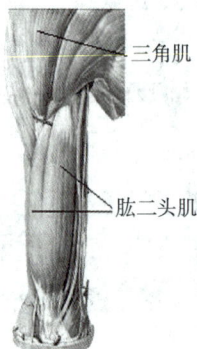

图2-54 三角肌、肱二头肌

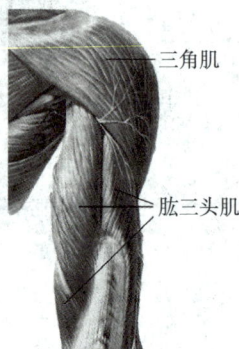

图2-55 三角肌、肱三头肌

3. 前臂肌　分为前、后两群。前群位于前臂的前面，共 9 块。其主要作用为屈腕、屈指和使前臂旋前，故称屈肌群。后群位于前臂的后面，共 10 块。其主要作用为伸腕、伸指和使前臂旋后，故称伸肌群（图 2 -56，图 2 -57）。

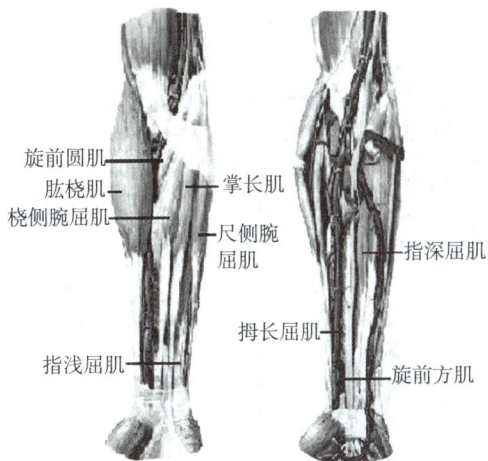

图 2 -56　前臂肌前群

图 2 -57　前臂肌后群

4. 手肌　为短小的肌，集中分布于手的掌面，分为外侧、中间和内侧三群。外侧群在拇指掌侧形成丰满的隆起，称鱼际，主要作用是使拇指做屈、收、展和对掌等运动。内侧群位于小指掌侧，构成小鱼际，具有使小指做屈、展和对掌等运动的作用。

（二）下肢肌

下肢肌包括髋肌、股肌、小腿肌和足肌。

1. 髋肌　位于髋关节周围，分为前、后群，主要运动髋关节。

（1）前群　主要有髂腰肌等。髂腰肌由腰大肌和髂肌组成。腰大肌起自腰椎体侧面和横突；髂肌起自髂窝，两肌向下合并后，经腹股沟韧带深面，止于股骨小转子（图 2 -58）。髋肌前群收缩时，可使髋关节前屈和旋外。

图 2 -58　髂腰肌

（2）后群　主要包括臀大肌、臀中肌、臀小肌和梨状肌等，具有伸髋关节等作用。臀大肌位于臀部皮下，大而肥厚，形成特有的臀部隆起，起于髂骨外面和骶骨背面，肌束斜向外下，止于股骨的臀肌粗隆（图2－59）。臀大肌肥厚，是肌内注射的常用部位。其主要是使髋关节后伸和旋外。

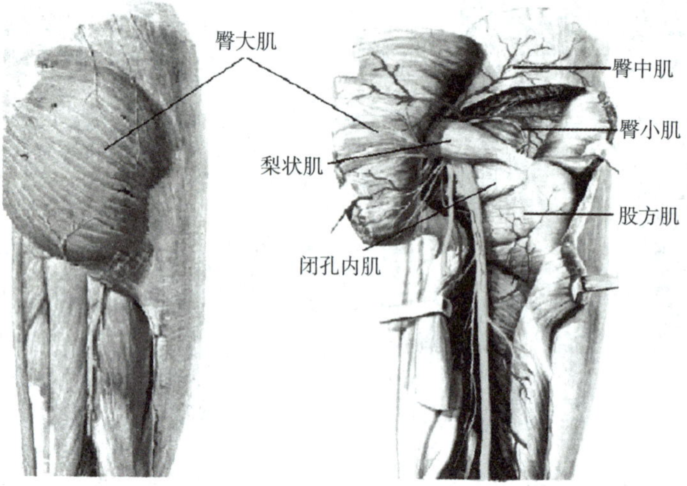

图2－59　髋肌后群

2. 股肌　大腿肌位于股骨的周围，分为前、后和内侧三群。

（1）缝匠肌　是全身最长的肌，呈扁带状，起自髂前上棘，斜向内下方，止于胫骨上端的内侧面。其收缩时，可屈髋关节和膝关节，并可使屈曲的膝关节旋内。

（2）股四头肌　是全身体积最大的肌，有四个头，分别称为股直肌、股内侧肌、股外侧肌和股中间肌。股直肌位于大腿前面，起自髂前下棘；其余三头均起自股骨。四个头向下合并形成股四头肌腱，向下包绕髌骨，延续为髌韧带，止于胫骨粗隆。其收缩时伸膝关节，股直肌还有屈髋关节的作用（图2－60）。

3. 小腿肌　参与维持人体直立姿势和行走等，分为前、后和外侧三群。

后群的小腿三头肌位于浅层，浅表的两个头称为腓肠肌，位置较深的一个头称比目鱼肌，三个头合并后，在小腿的上部形成膨隆的小腿肚，向下延续为跟腱，止于跟骨结节，可以屈踝关节和膝关节（图2－61，图2－62）。

4. 足肌　可分为足背肌和足底肌。足背肌协助伸趾，足底肌协助屈趾和维持足弓。

六、全身体表标志

在人体表面，常有骨或肌的某些部分形成隆起或凹陷，可看到或摸到，称体表标志。临床上，常将这些标志作为确定深部器官的位置、判定血管和神经的走向以及针灸取穴和穿刺定位的依据。

（一）头颈部的体表标志

1. 枕外隆突　位于枕部向后最突出的隆起，其深面为窦汇。

图 2 - 60　股肌

图 2 - 61　小腿肌前群外侧群

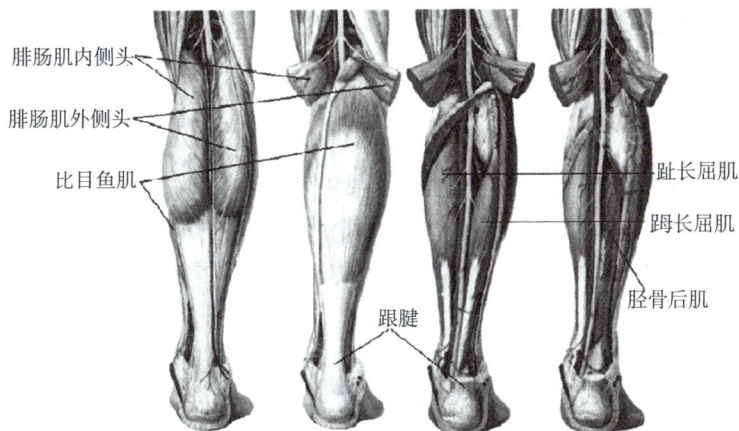

图 2 - 62　小腿肌后群

2. 颞骨乳突　位于耳廓后方，内部有乳突小房；其根部前缘的前内方有茎乳孔，面神经由此出颅。乳突深面的后半部为乙状窦沟。

3. 颧弓　上缘后端即耳廓前方可触知颞浅动脉的搏动；中点上方约 4cm 处为翼点，内有脑膜中动脉通过；下方一横指处，有腮腺管横过咬肌表面。

4. 眉弓　眶上缘稍上方的弧形隆起，内部是额窦。

5. 下颌角　为下颌支后缘与下颌体转折处，此处骨质较薄，容易骨折。

6. 第 7 颈椎棘突　头前俯时，在项下部正中最突出处，为确定椎骨棘突序数的标志之一。

7. 颈动脉结节　即第 6 颈椎横突前结节，位于胸锁乳突肌前缘深处，正对环状软骨平面。平环状软骨，在胸锁乳突肌前缘，以拇指向后压，可将颈总动脉压向颈动脉结节，阻断血流，以达到止血的目的。

8. 胸锁乳突肌　体表有颈外静脉下行，深面有颈内静脉下行。

（二）躯干的重要骨性标志

1. 颈静脉切迹　在胸骨柄的上缘，与第 2 胸椎体平齐。其上方为胸骨上窝。

2. 胸骨角　胸骨柄与胸骨体连接处向前的横行突起，自颈静脉切迹向下约两横指处，是重要的骨性标志。胸骨角的两侧接第 2 肋（软骨），为计数肋和肋间隙的重要标志。后面平对第 4 胸椎体下缘水平，也是气管杈、主动脉前端和后端、心脏上界、食管第二个狭窄以及胸导管左移处的水平；胸骨角平面是上、下纵隔的分界线。

3. 肋弓　触摸肝、脾的标志。

4. 剑突　胸骨下方的突出，位于两侧肋弓之间。剑突与左侧肋弓的交点处是心包穿刺的常用部位。

5. 肩胛骨上角　平对第 2 肋。

6. 肩胛骨下角　平对第 7 肋。

7. 骶角、骶管裂孔　沿骶正中嵴向下摸到骶管裂孔，在裂孔的两侧可摸到骶角，为骶管麻醉定位标志。

8. 腹股沟韧带　中点下方可触及股动脉搏动。

（三）上肢的主要标志

1. 三角肌　临床上经常选作肌内注射的部位。

2. 肱骨下端的内、外上髁和尺骨鹰嘴　三者在伸肘时，同在一条直线上；而屈肘时，三者连线呈一等腰三角形。

3. 肱二头肌　内侧缘有肱动脉通过。

4. 尺骨茎突、桡骨茎突　桡骨茎突比尺骨茎突低 1～1.5cm。

5. 豌豆骨　位于小鱼际的根部，腕部远侧皮纹内侧的突起，其外侧有尺神经深支到达手掌。

（四）下肢的主要标志

1. 髂嵴、髂结节　骨髓采样处，两侧髂嵴最高点连线经过第 4 腰椎棘突，腰椎穿刺据此定位。

2. 髂前上棘、髂后上棘　骨盆测量的标志。

3. 大转子　作测量骨盆之用，或以两者连线中点确定坐骨神经位置。

4. 胫骨粗隆　位于髌骨下缘四横指处，股四头肌腱止点。

5. 腓骨头　小腿上端外侧的隆起，稍下方是腓总神经通过之处。

6. 跟骨结节、内踝　二者连线的中点深方是胫后血管通过处。

7. 内踝、外踝　内踝前方有大隐静脉通过，外踝的后方有小隐静脉通过。

8. 小腿三头肌　小腿后方的隆起。

目标检测

一、选择题

（一）单项选择题

1. 构成肋弓的肋软骨是（　　）
   A. 第 5~8 肋　　　B. 第 6~9 肋　　　C. 第 8~10 肋　　　D. 第 8~12 肋

2. 与内踝形成关节的是（　　）
   A. 腓骨头　　　　B. 跟骨　　　　C. 距骨　　　　D. 骰骨

3. 体积最大的鼻旁窦是（　　）
   A. 额窦　　　　B. 蝶窦　　　　C. 筛窦　　　　D. 上颌窦

4. 骶管神经阻滞麻醉的部位和须摸认的体表标志是（　　）
   A. 骶前孔、骶骨岬　　　　　　　　B. 骶管裂孔、骶角
   C. 骶管、骶骨岬　　　　　　　　　D. 骶后孔、骶角

5. 运动幅度最大的骨连结是（　　）
   A. 第 4、5 腰椎间盘　　　　　　　B. 髋关节
   C. 肩关节　　　　　　　　　　　　D. 颞下颌关节

6. 黄韧带连于两个相邻的（　　）之间
   A. 椎弓根　　　　B. 椎弓板　　　　C. 棘突　　　　D. 椎体

7. 胸骨角平对（　　）
   A. 第 1 肋软骨　　　　　　　　　　B. 第 2 肋软骨
   C. 第 3 肋软骨　　　　　　　　　　D. 第 4 肋软骨

8. 肱骨体后面中部的斜行沟是（　　）
   A. 尺神经沟　　　B. 结节间沟　　　C. 桡神经沟　　　D. 横窦沟

9. 属于脑颅骨的是（　　）
   A. 下颌骨　　　　B. 颞骨　　　　C. 舌骨　　　　D. 上颌骨

10. 属于面颅骨的是（　　）
    A. 顶骨　　　　B. 下鼻甲　　　　C. 筛骨　　　　D. 颞骨

11. 具有乳突的骨是（　　）
    A. 顶骨　　　　B. 枕骨　　　　C. 颞骨　　　　D. 颧骨

12. 有关节盘的关节是（　　）
    A. 肘关节　　　　B. 髋关节　　　　C. 桡腕关节　　　　D. 肩关节

13. 属于长骨的是（　　）
    A. 跗骨　　　　B. 指骨　　　　C. 椎骨　　　　D. 肋骨

14. 属于短骨的是（　　）
    A. 跖骨　　　　B. 掌骨　　　　C. 距骨　　　　D. 椎骨

15. 属于扁骨的是 (　　)
　　A. 楔骨　　　　　B. 椎骨　　　　　C. 胸骨　　　　　D. 掌骨

16. 属于不规则骨的是 (　　)
　　A. 距骨　　　　　B. 三角骨　　　　C. 椎骨　　　　　D. 顶骨

17. 每块椎骨均具有 (　　)
　　A. 横突　　　　　　　　　　　　B. 横突肋凹
　　C. 横突孔　　　　　　　　　　　D. 末端分叉的棘突

18. 寰椎区别于其他颈椎的特点是 (　　)
　　A. 有横突孔　　　B. 无椎体　　　　C. 椎孔小　　　　D. 棘突分叉

19. 不属于躯干骨的是 (　　)
　　A. 椎骨　　　　　B. 尾骨　　　　　C. 胸骨　　　　　D. 锁骨

20. 有齿突的颈椎是 (　　)
　　A. 寰椎　　　　　B. 枢椎　　　　　C. 第 5 颈椎　　　D. 第 7 颈椎

21. 鉴别胸椎的主要根据是 (　　)
　　A. 棘突较长　　　　　　　　　　B. 棘突斜向后下方
　　C. 棘突末端不分叉　　　　　　　D. 有横突肋凹

22. 肩部最高的骨性标志是 (　　)
　　A. 锁骨　　　　　B. 喙突　　　　　C. 肩峰　　　　　D. 肱骨头

23. 肩胛骨的上角和下角分别平对 (　　)
　　A. 第 1 肋和第 6 肋　　　　　　　B. 第 2 肋和第 7 肋
　　C. 第 3 肋和第 8 肋　　　　　　　D. 第 4 肋和第 9 肋

24. 肱骨中段骨折最易损伤的神经是 (　　)
　　A. 肌皮神经　　　B. 正中神经　　　C. 尺神经　　　　D. 桡神经

25. 肩关节囊最薄弱的部位是 (　　)
　　A. 前壁　　　　　B. 后壁　　　　　C. 上壁　　　　　D. 下壁

26. 关节囊内有肌腱穿过的是 (　　)
　　A. 肘关节　　　　B. 膝关节　　　　C. 肩关节　　　　D. 髋关节

27. 膝关节的主要运动形式是 (　　)
　　A. 屈和伸　　　　B. 内收和外展　　C. 旋内和旋外　　D. 环转运动

28. 伸肘关节的肌为 (　　)
　　A. 肱三头肌　　　B. 肱二头肌　　　C. 三角肌　　　　D. 肱肌

29. 止于跟骨结节的肌是 (　　)
　　A. 胫骨后肌　　　　　　　　　　B. 腓骨长肌
　　C. 小腿三头肌　　　　　　　　　D. 趾长屈肌

30. 胸大肌可使臂 (　　)
　　A. 内收　　　　　B. 外展　　　　　C. 后伸　　　　　D. 旋外

31. 与胫骨、腓骨下端相连的骨是（　　）
    A. 跟骨　　　　　B. 距骨　　　　　C. 足舟骨　　　　　D. 骰骨

32. 骨损伤后能参与修复的结构是（　　）
    A. 骨质　　　　　B. 骨骺　　　　　C. 骨膜　　　　　D. 骨髓

33. 围成椎孔的是（　　）
    A. 上、下相邻的椎弓根　　　　　B. 椎弓根与椎弓板
    C. 椎体与椎弓根　　　　　D. 椎体与椎弓

34. 在体表摸不到的结构是（　　）
    A. 胸锁乳突肌　　B. 肱二头肌　　　C. 股二头肌　　　D. 膈肌

35. 人体最大、最复杂的关节是（　　）
    A. 肩关节　　　　B. 肘关节　　　　C. 髋关节　　　　D. 膝关节

36. 股骨易骨折的部位是（　　）
    A. 股骨颈　　　　B. 转子间线　　　C. 粗线　　　　　D. 股骨体

37. 股四头肌麻痹时，主要不能（　　）
    A. 伸大腿　　　　B. 内收大腿　　　C. 伸小腿　　　　D. 屈小腿

38. 属于臂肌后群的是（　　）
    A. 肱二头肌　　　B. 肱三头肌　　　C. 喙肱肌　　　　D. 肱肌

39. 全身体积最大的肌是（　　）
    A. 股二头肌　　　B. 股四头肌　　　C. 半腱肌　　　　D. 半膜肌

40. 参与大腿后伸的肌是（　　）
    A. 股四头肌　　　B. 缝匠肌　　　　C. 髂腰肌　　　　D. 臀大肌

41. 成人颅骨最容易骨折的部位是（　　）
    A. 前囟点　　　　B. 人字点　　　　C. 翼点　　　　　D. 乳突部

42. 关节的辅助装置是（　　）
    A. 关节面　　　　B. 关节窝　　　　C. 关节唇　　　　D. 关节软骨

43. 位于椎体和椎间盘的后面的韧带是（　　）
    A. 前纵韧带　　　　　　　　　B. 棘上韧带
    C. 后纵韧带　　　　　　　　　D. 黄韧带

44. 椎间孔位于（　　）
    A. 椎体和椎弓间　　　　　B. 相邻椎骨上、下关节突之间
    C. 相邻椎骨上、下切迹间　　D. 相邻椎弓板之间

45. 属于含气骨的是（　　）
    A. 顶骨　　　　　B. 额骨　　　　　C. 锁骨　　　　　D. 肱骨

46. 以下关于三角肌的说法中，正确的是（　　）
    A. 是臂部最大的肌肉　　　　　B. 止于肱骨大结节
    C. 使肩关节外展　　　　　　　D. 使肩关节内收

47. 以下关于膈的说法中，正确的是（　　）

    A. 收缩时，膈的顶部上升，助吸气　　　　B. 收缩时，膈的顶部下降，助呼气

    C. 舒张时，膈的顶部上升，助吸气　　　　D. 收缩时，膈的顶部下降，助吸气

48. 腰间盘髓核突出的常见方位是（　　）

    A. 左侧　　　　　　B. 右侧　　　　　　C. 前外侧　　　　　　D. 后外侧

（二）多项选择题

1. 下列属于成对的面颅骨是（　　）

    A. 上颌骨　　　　　B. 鼻骨　　　　　　C. 颧骨　　　　　　D. 腭骨

2. 大小骨盆的分界线包括（　　）

    A. 骶骨岬　　　　　B. 髂前上棘　　　　C. 弓状线　　　　　D. 髂结节

二、思考题

1. 关节的基本结构包括哪几部分？

2. 从侧方观察，脊柱有哪些生理性弯曲？

3. 膝关节囊内有哪些结构？其作用如何？

4. 面颅骨有哪些？

5. 膈上有哪些裂孔？各有什么结构通过？

6. 试描述椎骨的连结。

7. 胸骨角、肩胛下角、骶角、第7颈椎棘突和髂嵴各有何临床意义？

（孙宏亮）

书网融合……

📱微课　　　📄本章小结　　　📄自测题

第三章 消化系统

PPT

【学习目标】

1. **掌握** 消化系统的组成；口腔、胃、小肠的位置、形态、结构；肝的位置毗邻、形态、结构。

2. **熟悉** 胸部标志线和腹部分区；咽、食管、大肠的位置、形态、结构；胰的位置、形态、结构；腹膜与腹膜腔的概念等。

3. **了解** 消化管壁的结构；腹膜与脏器的关系；腹膜形成的结构。

案例分析

患者，男，54 岁，进餐后突发上腹部刀割样疼痛 3 小时入院。检查：全腹压痛，板状腹，肝浊音界明显缩小，肠鸣音消失，X 线显示膈下存在游离气体。血压 130/80mmHg，脉搏 110 次/分。既往有胃溃疡病史 20 年。诊断：胃溃疡、胃溃疡穿孔。

问题

1. 消化系统包括哪些器官？消化系统各器官的位置、形态、结构是怎样的？
2. 胃溃疡是怎样的疾病？胃溃疡穿孔的原因是什么？

要解答以上疑问，就要认真学习消化系统的基础知识，熟练掌握消化系统的组成，以及消化系统各器官的位置、形态、结构及主要功能，熟悉胃壁的结构、胃液的成分等知识，进而拓展性学习和探究胃溃疡的形成及胃溃疡穿孔的原因等，为后续相关临床课程的学习和临床工作实践奠定坚实基础。

第一节 概 述

正常人体在整个生命过程中，必须不断从外界摄取机体所需的各类营养物质，为自身细胞获取营养，为各项生命活动提供能量。本章将系统叙述消化系统的组成，消化管各段以及各消化腺的名称、形态、位置、结构和功能等内容。

一、消化系统的组成 微课1

消化系统由消化管和消化腺两部分组成（图 3-1）。

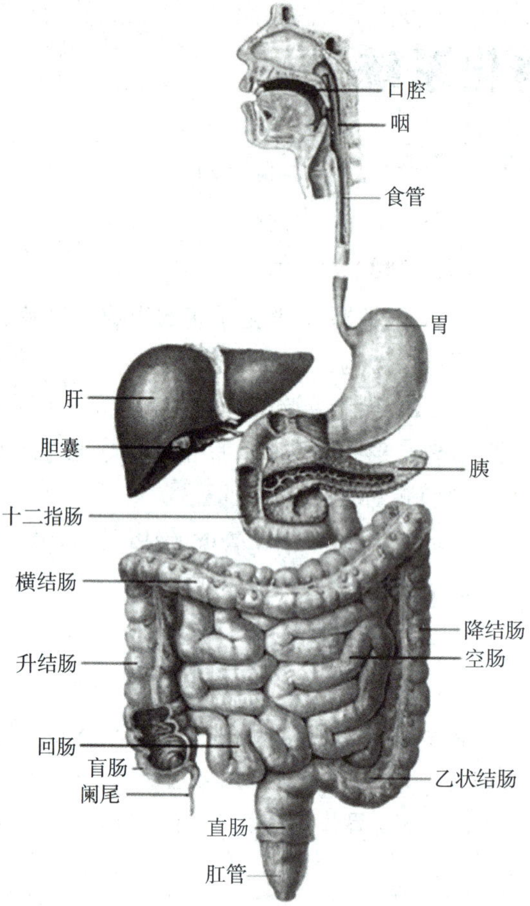

口腔
咽
食管
胃
肝
胆囊
胰
十二指肠
横结肠
降结肠
空肠
升结肠
回肠
乙状结肠
盲肠
阑尾
直肠
肛管

图 3 - 1　消化系统概况

　　消化管包括口腔、咽、食管、胃、小肠（十二指肠、空肠、回肠）和大肠（盲肠、阑尾、结肠、直肠、肛管）。临床上，通常把口腔至十二指肠的消化管称为上消化道，把空肠及空肠以下的消化管称为下消化道。

　　消化腺能分泌消化液，可分为大消化腺和小消化腺。大消化腺相对较大且独立存在，如肝、胰、大唾液腺（腮腺、舌下腺、下颌下腺）；小消化腺相对较小，分布于消化管壁内，如唇腺、颊腺、胃腺、肠腺等。

　　消化系统的主要功能是消化食物、吸收营养、排出食物残渣。

二、消化管壁的结构

　　除口腔与咽外，消化管壁由内向外通常分为黏膜、黏膜下层、肌层和外膜四层（图 3 - 2）。

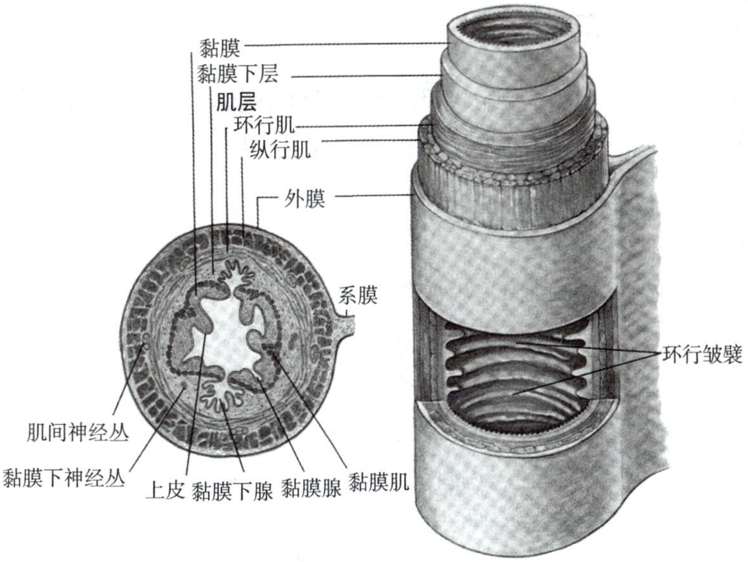

图 3 - 2　消化管壁结构模式图

(一) 黏膜

黏膜是消化管壁的最内层，自内向外由上皮、固有层和黏膜肌层三部分组成。

1. 上皮　是黏膜的最表层结构，覆盖在消化管腔的内表面。口腔、咽、食管和肛门的上皮为复层扁平上皮，主要具有保护功能。胃、小肠和大肠的上皮为单层柱状上皮，主要具消化、吸收功能。

2. 固有层　由结缔组织构成，含有小消化腺、血管、神经、淋巴管和淋巴组织等。

3. 黏膜肌层　由薄层平滑肌构成，可促进腺体分泌物的排出和血液、淋巴液的运行。

(二) 黏膜下层

黏膜下层由疏松结缔组织构成，含有丰富的血管、淋巴管和黏膜下神经丛等。消化管壁某些部位的黏膜和黏膜下层，可共同向消化管腔内突出，形成纵行或环行的黏膜皱襞。

(三) 肌层

消化管在口腔、咽、食管上段等部位的肌层以及肛门外括约肌为骨骼肌，其他部位为平滑肌。肌层通常分内、外两层，内层为环行，外层为纵行。在某些部位，环行肌层增厚形成括约肌。

(四) 外膜

外膜位于最外层，主要由结缔组织构成。咽、食管、直肠下部的外膜主要由薄层结缔组织构成，称纤维膜，具有连接固定作用；其他部分的外膜由结缔组织及表面所附的间皮共同构成，可分泌浆液，称浆膜，具有保护和减轻器官间摩擦的作用。

三、胸部标志线和腹部分区

消化系统的大部分器官在胸腔、腹腔内的位置比较恒定。为了能够从体表确定和描述内脏各器官的正常位置及体表投影，通常在胸、腹部体表设定若干标志线，将胸部和腹部划为若干分区。

（一）胸部标志线

1. 前正中线 通过身体前面正中所作的垂线。

2. 胸骨线 通过胸骨外侧缘最宽处所作的垂线。

3. 锁骨中线 通过锁骨中点所作的垂线。

4. 胸骨旁线 通过胸骨和锁骨中线之间连接中点所作的垂线。

5. 腋前线 通过腋窝前缘（即腋前襞）所作的垂线。

6. 腋中线 通过腋窝中点所作的垂线。

7. 腋后线 通过腋窝后缘（即腋后襞）所作的垂线。

8. 肩胛线 通过肩胛下角所作的垂线。

9. 后正中线 通过身体后面正中所作的垂线。

各胸部标志线的位置示意见图 3-3。

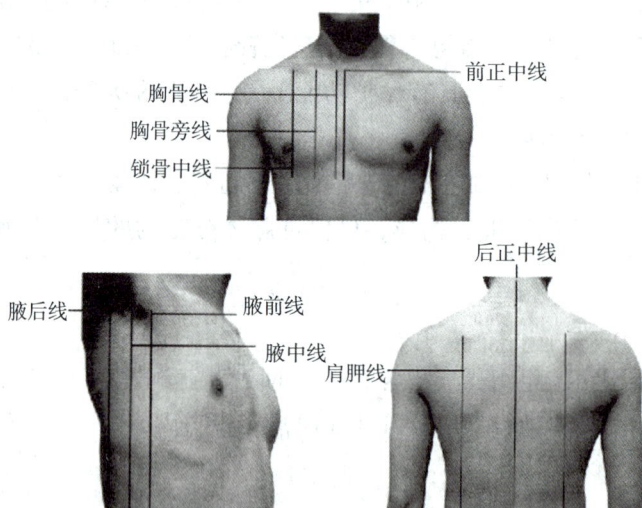

图 3-3 胸部标志线

（二）腹部分区

1. 四分区法 通常根据前正中线和通过脐的水平线，将腹部分为左上腹、右上腹、左下腹、右下腹 4 个区。

2. 九分区法 通常用 2 条横线和 2 条纵线将腹部分为 9 个区。2 条横线分别是左、右肋弓最低点的连线和左、右髂结节的连线；2 条纵线分别是通过左、右腹股沟韧带中点所作的垂线。9 个区分别为左季肋区、腹上区、右季肋区、左腹外侧区、脐区、右腹外侧区、左腹股沟区（左髂区）、腹下区（耻区）和右腹股沟区（右髂区）。位置示意见图3-4。

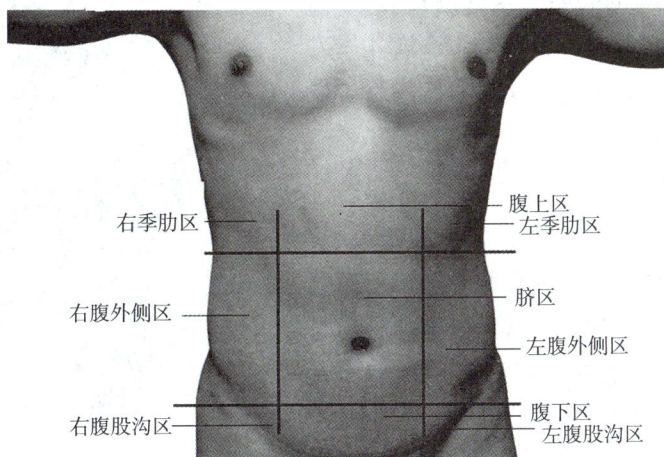

图3-4 腹部分区（九分法）

> **知识链接**
>
> ### 胃溃疡与胃溃疡穿孔
>
> **1. 胃溃疡** 从广义角度来说，胃溃疡属于消化性溃疡的一种。消化性溃疡是一种常见的消化道疾病，可发生于食管、胃或十二指肠，也可发生于胃-空肠吻合口附近或含有胃黏膜的梅克尔憩室内。胃溃疡和十二指肠溃疡最为常见，故一般所谓的消化性溃疡是指胃溃疡和十二指肠溃疡。既往认为，胃溃疡和十二指肠溃疡是由于胃酸和胃蛋白酶对黏膜自身消化破坏而形成的，事实上这只是消化性溃疡形成的主要原因之一，还有其他多种因素与消化性溃疡形成有关。如果能明确溃疡的部位在胃还是十二指肠，就可直接诊断为胃溃疡或十二指肠溃疡。
>
> **2. 胃溃疡穿孔** 是胃溃疡患者最严重的并发症之一。最常见的原因是：在胃溃疡的基础上，由食物、药物刺激及暴饮暴食等因素所引发，引起胃酸和胃蛋白酶分泌增加、胃容积增大，进而诱发胃溃疡处胃壁穿孔。患者突然发生剧烈腹痛，疼痛最初开始于上腹部或穿孔的部位，常呈刀割样持续性痛，疼痛可很快扩散至全腹部，出现明显的腹膜刺激征。

第二节 消化管

一、口腔

口腔是消化管的起始部，前经口裂通外界，后经咽峡与咽相续。前壁为上、下唇，两侧为颊，上壁为腭，下壁为口腔底（图 3 -5）。

口腔以上、下牙弓为界，分为前方外侧的口腔前庭和后方内侧的固有口腔两部分。上、下牙列咬合时，口腔前庭可经最末端磨牙后方的间隙与固有口腔相通，临床上急救插管、灌药可经此间隙进行。

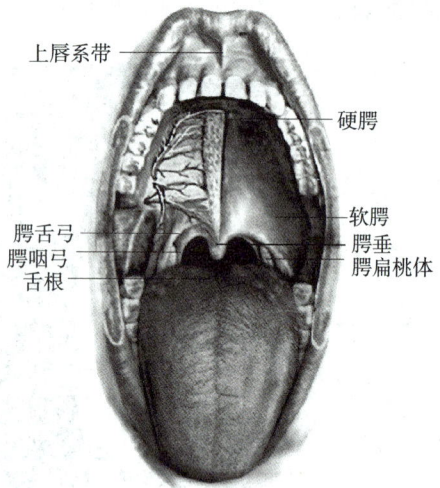

图 3 - 5　口腔与咽峡

（一）口唇和颊

口唇分为上唇和下唇，其裂隙称为口裂，左右结合处称为口角。从鼻翼两旁至口角两侧各有一浅沟，称鼻唇沟，上唇两侧借鼻唇沟与颊分界。上唇前面正中有一纵行浅沟，称人中。昏迷患者急救时，可在此处进行指压或针刺。上、下唇游离缘含有丰富的毛细血管，通常呈红色，当机体缺氧时，可呈现暗红色或紫色。颊位于口腔两侧，在平对上颌第二磨牙的颊黏膜处有腮腺管的开口。

（二）腭

腭分隔鼻腔和口腔，前 2/3 为硬腭，后 1/3 为软腭。软腭后部斜向后下，称腭帆。腭帆后缘游离，其中央有一向下的突起，称腭垂（悬雍垂）。腭垂两侧各有两条黏膜皱襞，前方的称腭舌弓，后方的称腭咽弓。腭垂、左右腭舌弓及舌根共同围成咽峡，既是口腔与咽的通道，也是口腔与咽的分界。

（三）舌

舌位于口腔底，具有咀嚼、搅拌、吞咽食物及感受味觉和辅助发音等功能，由舌肌和黏膜构成。

1. 舌的形态　舌分上、下两面，上面称舌背，其后部可见"∧"形的界沟，界沟将舌分为前 2/3 的舌体和后 1/3 的舌根，舌体的前端称舌尖。

2. 舌黏膜　呈淡红色，在舌背黏膜上有许多小突起，称舌乳头，按形状可分为三种。①丝状乳头：数量最多，丝绒状。②菌状乳头：呈鲜红色，散布于丝状乳头之间。③轮廓乳头：最大，排列在界沟前方，约 7 ~ 11 个。丝状乳头能感受一般感觉，其他舌乳头均含有味觉感受器，称味蕾，能感受甜、酸、苦、咸等味觉刺激。舌根部黏膜内，可见许多由淋巴组织构成的突起，称舌扁桃体（图 3 -6）。舌下面的黏膜在中线处有纵行皱襞连于口腔底，称舌系带。舌系带根部的两侧各有一圆形隆起，称舌下阜，舌下阜向后外侧延伸成舌下襞。

3. 舌肌　分为舌内肌和舌外肌，为骨骼肌。舌内肌构成舌的主体，依照肌束排列可分纵肌、横肌和垂直肌，收缩时可改变舌的外形。舌外肌起自舌外、止于舌内，收缩时可改变舌的位置，其中最重要的为颏舌肌，该肌左右各一，起自下颌骨颏棘，肌纤维呈扇形进入舌内，止于舌中线两侧（图3－7）。两侧颏舌肌同时收缩可使舌前伸，一侧收缩可使舌尖伸向对侧，如一侧颏舌肌瘫痪，伸舌时舌尖会偏向患侧。

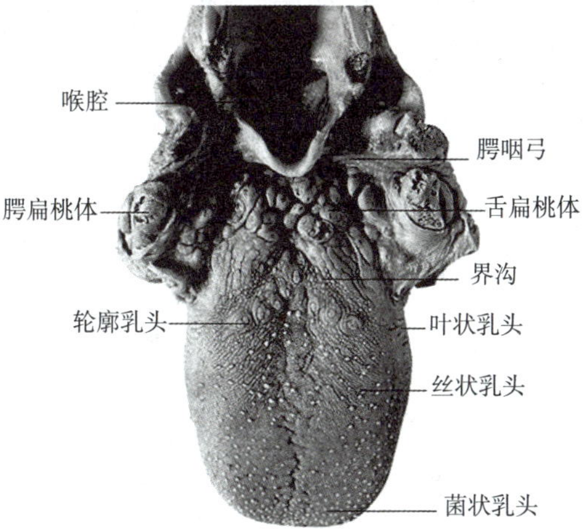

图3－6 舌

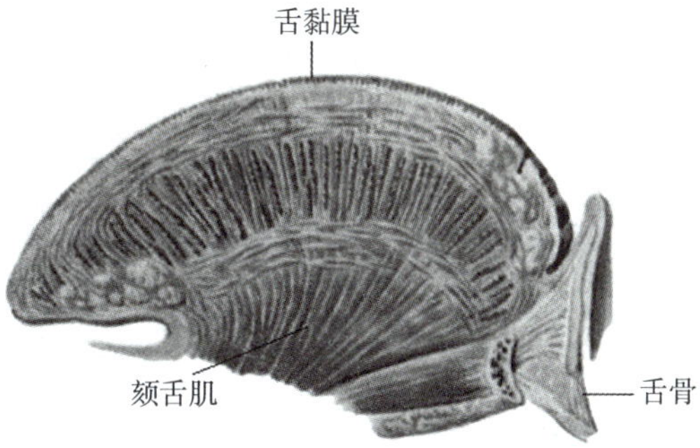

图3－7 舌肌

（四）牙 e 微课2

牙是人体最坚硬的器官，嵌于上颌骨、下颌骨的牙槽内。

1. 牙的形态和构造 每个牙依形态主要可分为牙冠、牙颈和牙根三部分。露于口腔的部分称牙冠，嵌于牙槽内的称牙根，牙冠与牙根交界部分称牙颈。牙内有髓腔，牙根的尖端有牙根尖孔的开口。

牙依照构造主要由牙质、釉质、牙骨质和牙髓构成。牙质构成牙的主体；釉质覆于牙冠的牙质表面；牙骨质包在牙颈和牙根的牙质表面；牙髓位于髓腔内，由神经、血管和结缔组织等构成（图3－8）。牙髓感染时，常可引起剧烈疼痛。

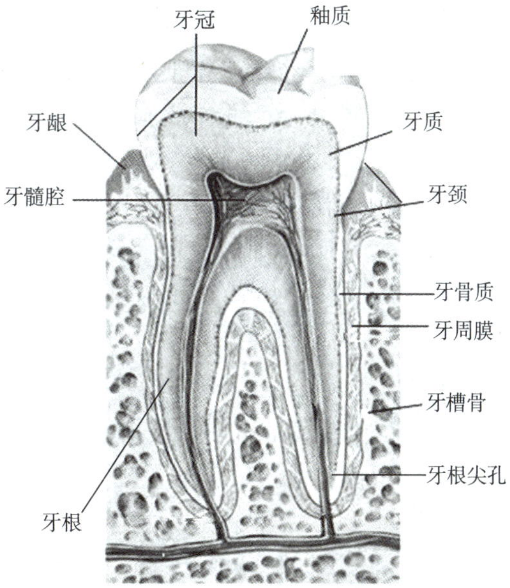

图3－8 牙的构造模式图

2. 牙的分类、萌出和排列 人在一生中先后长有两套牙，即乳牙和恒牙。根据形态和功能，乳牙分为切牙、尖牙和磨牙三类；恒牙分为切牙、尖牙、前磨牙和磨牙四类。乳牙一般在出生后6～7个月开始萌出，3岁左右出齐，共20个。6～7岁时，乳牙开始脱落，恒牙中的第一磨牙首先长出，12～13岁逐步出齐。第三磨牙萌出最晚，又称为迟牙或智齿，常在成年后才长出，有的终生不出，故恒牙萌出总数可为28～32

个。牙的萌出和脱落（乳牙）时间见表 3-1。

表 3-1　牙的萌出和脱落（乳牙）时间

乳牙			恒牙	
名称	萌出时间	脱落时间	名称	萌出时间
乳中切牙	6～8 个月	6 岁	中切牙	6～8 岁
乳侧切牙	6～10 个月	8 岁	侧切牙	7～9 岁
乳尖牙	16～20 个月	12 岁	尖牙	9～12 岁
第一乳磨牙	12～16 个月	10 岁	第一前磨牙	10～12 岁
第二乳磨牙	20～30 个月	11～12 岁	第二前磨牙	10～12 岁
			第一磨牙	6～7 岁
			第二磨牙	11～13 岁
			第三磨牙	18～28 岁

　　临床上为了记录牙的位置，常以被检者的方位为准，张口以"十"记号将牙齿依"上下左右"方位均对称的情形，划分为左上、左下、右上、右下四个区域，依次区分记录左上颌、左下颌、右上颌、右下颌各牙的牙位，临床称"牙式"。乳牙常以罗马数字 Ⅰ～Ⅴ 记录，从各区乳中切牙（计数为"Ⅰ"）开始计数并依次序向外侧递加，如"⊣Ⅳ"表示左上颌第一乳磨牙（图 3-9）。恒牙常以阿拉伯数字 1～8 记录，从各区中切牙（计数为"1"）开始计数并依次序向外侧递加，如"4⊢"表示右上颌第一前磨牙（图 3-10）。

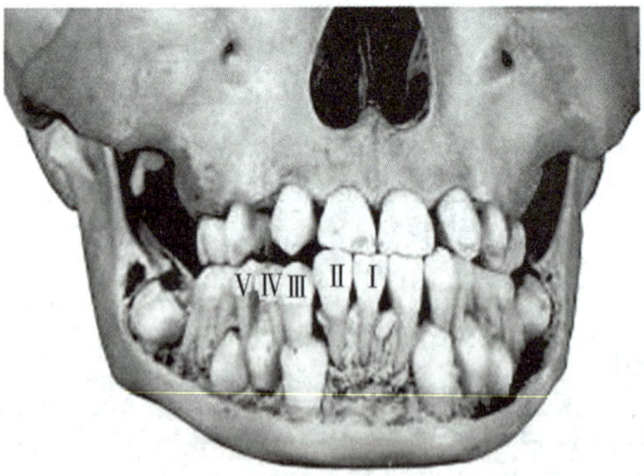

图 3-9　乳牙的名称及排列

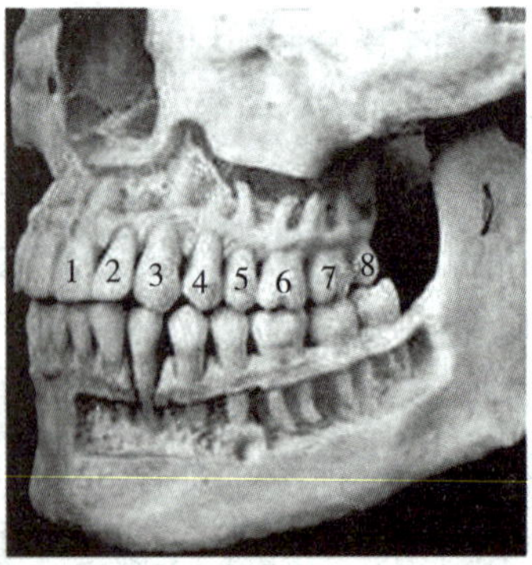

图 3-10　恒牙的名称及排列

　　3. 牙周组织　由牙周膜、牙槽骨和牙龈三部分构成，对牙起保护、固定和支持的作用。牙周膜是介于牙根和牙槽骨之间的致密结缔组织。牙龈是口腔黏膜的一部分，血管丰富，包被牙颈，并与牙槽骨的骨膜紧密相连。牙周组织感染，可导致牙松动。

龋　齿

龋齿，俗称虫牙、蛀牙等，是一种由口腔中多种因素复合作用所导致的牙齿硬组织进行性病损，主要表现为无机质脱矿和有机质分解，随病程发展，经历从病损处色泽改变到形成实质性病损的持续演变过程。人群发病率高，分布广，是口腔主要的常见病，也是人类最普遍的疾病之一，世界卫生组织（WHO）将其与肿瘤和心血管疾病并列为人类三大重点防治疾病。

（五）口腔腺

口腔腺也称为唾液腺，有分泌唾液、清洁口腔和消化食物等功能。小唾液腺数目较多，如唇腺、颊腺、腭腺等。大唾液腺主要有腮腺、下颌下腺和舌下腺三对。

1. 腮腺　体积最大，呈不规则的三角形，位于耳廓的前下方，上达颧弓，下至下颌角。腮腺管在腮腺前缘发出，于颧弓下方一横指处，越过咬肌表面，穿颊肌，开口于与上颌第二磨牙相对应的颊黏膜处。

2. 下颌下腺　呈卵圆形，位于下颌骨体内面，其导管开口于舌下阜。

3. 舌下腺　体积最小，位于口腔底舌下襞深面。导管分大、小两种，大管有1条，开口于舌下阜；小管约10余条，开口于舌下襞（图3-11）。

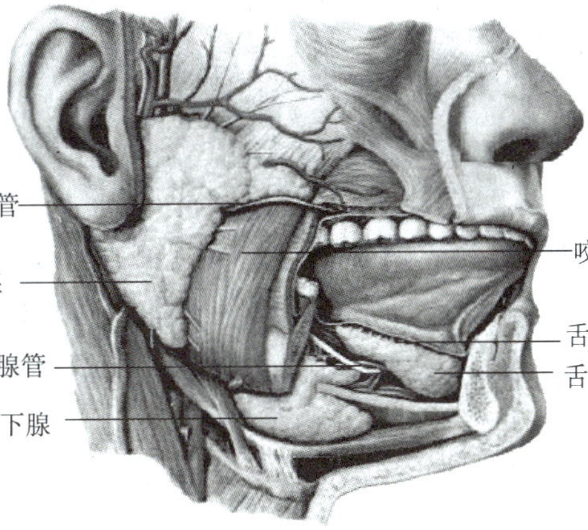

图 3-11　口腔腺

二、咽

咽为前后略扁的漏斗形肌性管道，位于颈椎的前方，上起颅底，下至第6颈椎下缘续于食管。咽的前壁不完整，分别与鼻腔、口腔和喉腔相通，咽是呼吸道和消化道的共同通道。咽以软腭和会厌上缘平面为界，分为鼻咽、口咽和喉咽三部分（图3-12）。

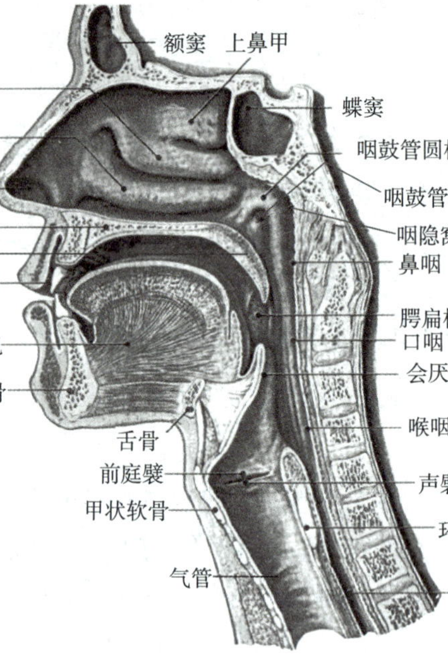

图 3 – 12 咽

（一）鼻咽部

位于鼻腔的后方，颅底与软腭之间，向前经鼻后孔与鼻腔相通。鼻咽后上壁黏膜下有淋巴组织，称咽扁桃体。鼻咽侧壁上有咽鼓管咽口，借咽鼓管通中耳鼓室。咽部感染时，细菌可经咽鼓管传播到中耳，引起中耳炎。咽鼓管咽口的前方、上方和后方有明显的隆起，称咽鼓管圆枕，其后上方与咽后壁之间有一凹陷，称咽隐窝，是鼻咽癌的好发部位。

（二）口咽部

位于口腔的后方，软腭与会厌上缘之间，向前经咽峡通口腔。口咽侧壁上，腭舌弓与腭咽弓之间的凹窝，称扁桃体窝，容纳腭扁桃体。腭扁桃体由淋巴组织构成，具有防御功能。腭扁桃体的外侧面及前、后面均被结缔组织形成的扁桃体囊包绕。腭扁桃体感染时常有红肿疼痛，并伴有脓液形成。

咽扁桃体、腭扁桃体和舌扁桃体等共同围成的结构，称咽淋巴环，是呼吸道和消化道的重要防御结构。

（三）喉咽部

位于喉的后方，会厌上缘至第 6 颈椎体下缘之间。喉咽向下连食管，向前经喉口通喉腔。喉口两侧各有一凹陷，称梨状隐窝，是异物（如鱼刺等）容易滞留的部位（图 3 – 13）。

咽壁的肌层为骨骼肌，包括咽缩肌和咽提肌。咽缩肌主要由斜行的咽上、中、下缩肌构成，各咽缩肌由上而下依次重叠排列，咽提肌插入咽上、中缩肌之间。吞咽时，舌和软腭上举，咽后壁向前突出，封闭鼻咽通路，同时封闭喉口，呼吸暂时停止，防止食物进入喉内；咽提肌收缩可使咽、喉上提，食管上口张开，以协助吞咽和封闭喉口；各咽缩肌由上而下依次收缩，将食团推入食管。

三、食管

（一）食管的位置和分部

食管为前后略扁的肌性管道，上端在第6颈椎体下缘起于咽，下行穿膈的食管裂孔，至第11胸椎左侧连于胃，全长约25cm。按其行程，可分为颈段、胸段和腹段三段。

1. 食管颈段 较短，约5cm，位于起始端至胸骨颈静脉切迹平面之间。

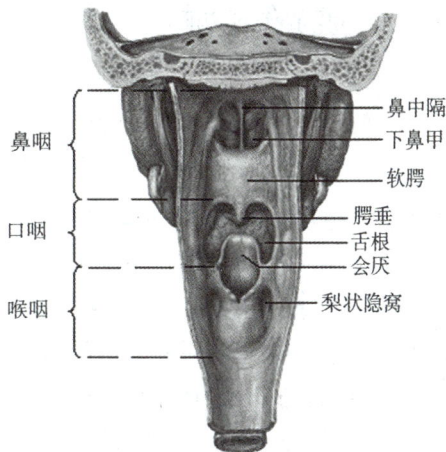

图3-13 咽腔（后面观）

2. 食管胸段 较长，18~20cm，位于颈静脉切迹平面至食管裂孔之间。

3. 食管腹段 最短，1~2cm，位于食管裂孔至胃贲门之间。

（二）食管的狭窄

食管全长有三个生理性狭窄。第一狭窄位于食管的起始处，距中切牙约15cm；第二狭窄位于食管与左主支气管交叉处，距中切牙约25cm；第三狭窄位于食管穿膈的食管裂孔处，距中切牙约40cm。这些狭窄处是异物滞留和食管癌好发的部位。进行食管内插管术时，要注意这三个狭窄，根据食管镜插入的距离可推测器械已到达的部位（图3-14）。

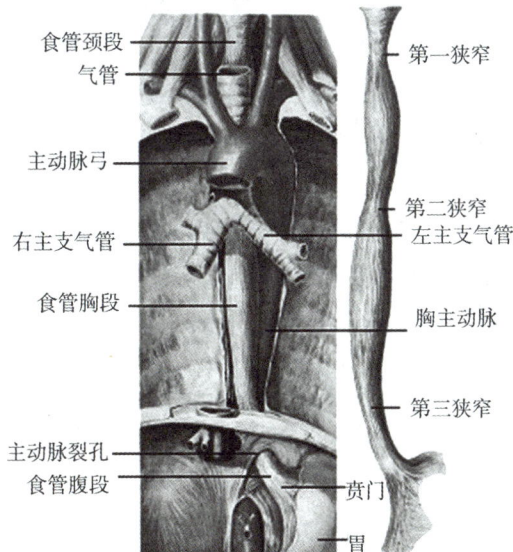

图3-14 食管

四、胃

胃是消化管中最膨大的部分，上接食管，下续十二指肠，具有受纳食物、分泌胃液和进行初步消化的功能。

（一）胃的形态和分部

1. 胃的形态　受体位、体型、年龄和充盈状态等多种因素影响。胃在完全空虚时略呈管状，高度充盈时可呈球囊形。胃有前、后两壁，大、小两弯，入、出两口。胃前壁朝向前上方，后壁朝向后下方。胃小弯凹向右上方，其最低折转处称为角切迹；胃大弯凸向左下方。胃的入口称贲门，连接食管；胃的出口称幽门，下续十二指肠。

幽门表面常有缩窄的环行沟，此处可触及由胃壁环行肌增厚形成的幽门括约肌。在活体中，幽门前方还可看到清晰的幽门前静脉，是手术时确认幽门位置的重要标志。

2. 胃的分部　分为四部：贲门部、胃底部、胃体部和幽门部。靠近贲门的部分，称贲门部；贲门平面向左上方膨出的部分，称胃底部；胃底部与角切迹之间的部分，称胃体部；角切迹与幽门之间的部分，称幽门部，临床上常称之为胃窦；在幽门部大弯侧有一不明显的浅沟，称中间沟，此沟将幽门部分为右侧呈长管状的幽门管和左侧较为扩大的幽门窦（图 3-15）。胃溃疡和胃癌多好发于胃的幽门窦近胃小弯处。

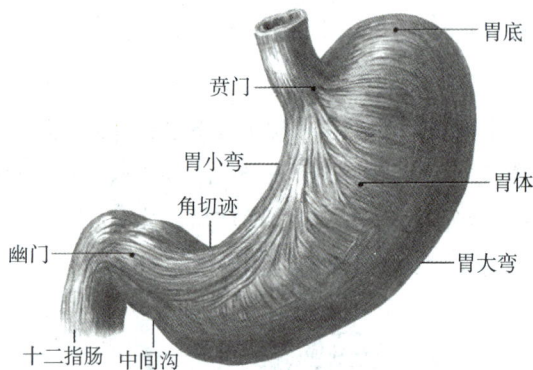

图 3-15　胃及胃壁

（二）胃的位置和毗邻

胃在中等充盈状态下，大部分位于左季肋区，小部分位于腹上区，贲门位于第 11 胸椎体左侧，幽门位于第 1 腰椎体右侧。

胃前壁右侧邻肝左叶，左侧邻膈和左肋弓，中部在剑突下直接与腹前壁相贴，是临床触诊胃的部位。胃后壁与胰、横结肠、左肾上腺和左肾相邻，胃底与膈和脾相邻。

> **⇄ 知识链接**
>
> ### 插胃管术注意事项
>
> 插胃管术是一项临床常用操作技术，在操作过程中应注意食管的三个生理性狭窄，动作要轻柔，以免损伤食管黏膜。由于咽是呼吸气体和吞咽食物的共同通道，若插管过程中患者出现呛咳、呼吸困难、发绀等情况，提示插管误入气管，应立即拔管，休息片刻，待患者基本体征及情绪稳定后，再重新插胃管。

五、小肠

小肠是消化管中最长的一段，上起幽门，下连盲肠，成人中全长 5～7m，分为十二指肠、空肠和回肠三部分，是消化食物、吸收营养的主要场所。

（一）十二指肠

十二指肠介于幽门与空肠之间，成人中长约 25cm，呈"C"形环绕胰头，分为上部、降部、水平部和升部四部（图 3－16）。

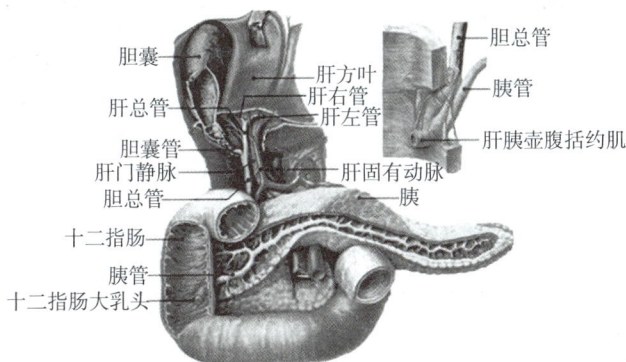

图 3－16　胰和十二指肠

1. 上部　起自幽门，行向右后至肝门下方急转向下移行为降部。其起始处的肠腔较大，肠壁较薄，黏膜光滑，无环状襞，X 线钡餐检查呈球状，故称十二指肠球，是十二指肠溃疡的好发部位。

2. 降部　沿第 1～3 腰椎右侧下降，至第 3 腰椎水平弯向左侧续于水平部。降部后内侧壁上有十二指肠纵襞，纵襞下端的突起称十二指肠大乳头，是胆总管和胰管的共同开口处。十二指肠大乳头稍上方有时可见十二指肠小乳头，是副胰管的开口处。

3. 水平部　又称下部，横行向左至第 3 腰椎左侧续于升部。

4. 升部　自第 3 腰椎左侧上升至第 2 腰椎左侧，急转向前下方，形成十二指肠空肠曲，移行为空肠。十二指肠空肠曲被十二指肠悬肌固定于腹后壁。

十二指肠悬肌和包绕它的腹膜皱襞构成十二指肠悬韧带，向上连至膈右脚，在临床上被称为 Treitz 韧带，是手术中确认空肠起始部的重要标志（图 3－17）。

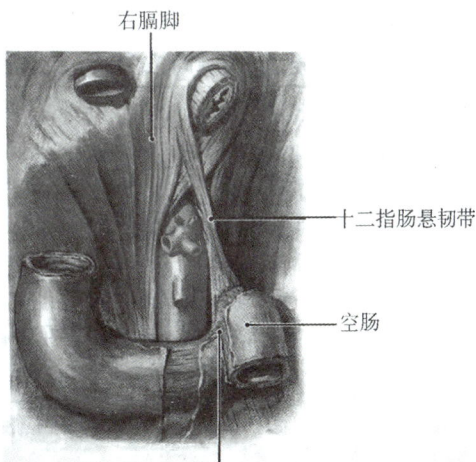

图 3－17　十二指肠悬韧带

（二）空肠和回肠

空肠和回肠迂回盘曲在腹腔的中、下部，相互延续形成肠袢，全部被腹膜包被，借肠系膜连于腹后壁，活动度较大。两者无明显界限，但主要特征有所不同（图 3 - 18，表 3 - 2）。

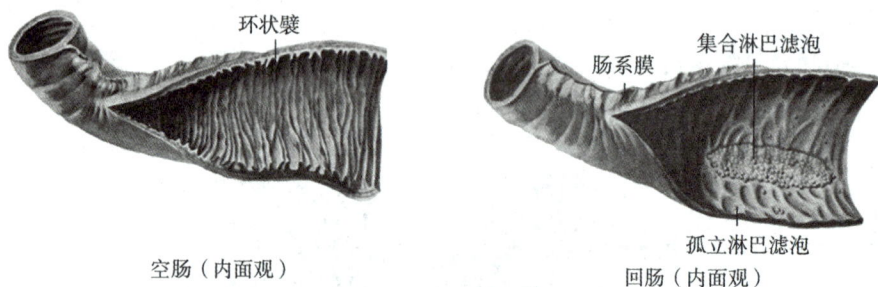

图 3 - 18　空肠和回肠的结构

表 3 - 2　空肠和回肠的主要特征比较

	空肠	回肠
位置	左上腹部	右下腹部
长度	近侧 2/5	远侧 3/5
管腔	较粗	较细
管壁	较厚	较薄
颜色	较红	较淡
环状襞	密集	稀疏
淋巴滤泡	孤立淋巴滤泡	集合淋巴滤泡、孤立淋巴滤泡
血管弓	数量少，1~2 级弓	数量多，3~4 级弓

六、大肠

大肠全长约 1.5m，围绕于空肠、回肠的周围，分为盲肠、阑尾、结肠、直肠和肛管五部分。盲肠和结肠表面具有结肠带、结肠袋和肠脂垂三种特征性结构。结肠带有三条，由肠壁的纵行平滑肌增厚而成，沿肠的纵轴排列，三条结肠带均汇集于阑尾根部；结肠袋是因结肠带短于肠管，使肠管皱缩而形成的囊状突起；肠脂垂为沿结肠带上附着的许多脂肪突起。这三个形态特点是手术中区别大肠和小肠的重要标志（图 3 - 19）。

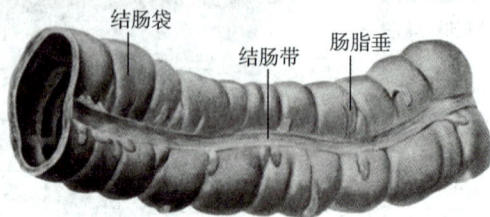

图 3 - 19　结肠的结构特征

(一) 盲肠

盲肠长6~8cm，位于右髂窝内，是大肠的起始部。下端为盲端，左接回肠，向上与升结肠相续。回肠入口处，有上、下两片唇状皱襞，称回盲瓣。盲肠末端后内侧壁有阑尾的开口（图3-20）。回盲瓣既可控制小肠内容物进入盲肠的速度，使食物在小肠内充分消化吸收，又可防止大肠内容物逆流到回肠。

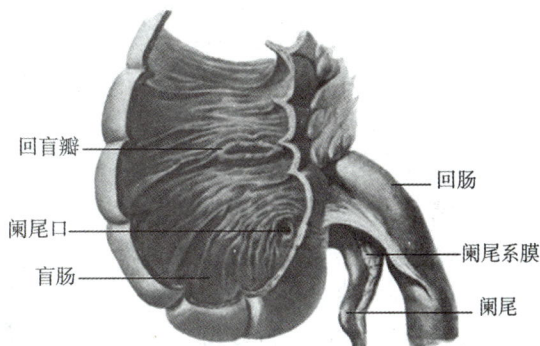

图3-20 回盲部

(二) 阑尾

阑尾为一蚓状盲管，长6~8cm，根部连于盲肠后内侧壁。阑尾末端的位置变化很大，研究表明，阑尾以回肠前位、盆位和盲肠后位居多，其次是回肠后位和盲肠下位（图3-21）。

阑尾根部的体表投影通常在脐与右髂前上棘连线的中、外1/3交点处，称麦氏点（McBurney point）。急性阑尾炎时，麦氏点有明显压痛，甚至出现反跳痛。

由于三条结肠带汇集于阑尾根部，临床上进行阑尾切除手术时，可沿结肠带向下追寻，即结肠带是寻找阑尾的重要标志。

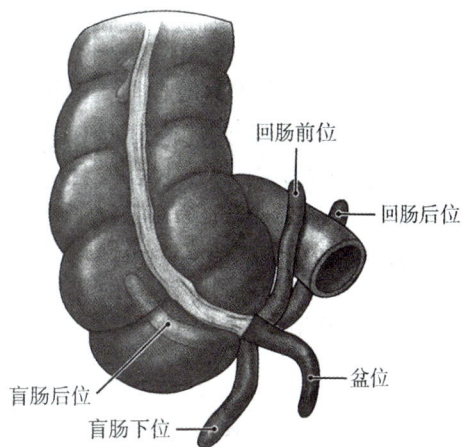

图3-21 阑尾的位置

⇄ 知识链接

急性阑尾炎与阑尾易感的解剖学因素

1. 急性阑尾炎 多见于青壮年，早期出现上腹痛并可伴有恶心、呕吐及发热等症状，数小时后出现转移性右下腹固定疼痛，麦氏点处可有明显压痛，甚至出现反跳痛及腹肌紧张等表现。应注意其与相似症状的其他急腹症之间的鉴别诊断。

2. 阑尾易于感染的解剖学因素 ①阑尾入口狭小，肠腔狭窄，异物进入后不容易排出。②系膜短，阑尾常呈弧形或卷曲状，壁内含有大量淋巴组织，腔内存在大量细菌。③阑尾游离端可活动，在肠道运动失调时，可能发生变位、弯曲，影响管腔通畅。④阑尾腔内容易形成粪石而引起阻塞，阑尾黏膜分泌的黏液积聚而引起腔内压力增大，壁内血运障碍，引发炎症或使炎症加剧。

（三）结肠

结肠介于盲肠与直肠之间，分为升结肠、横结肠、降结肠和乙状结肠四部分。

1. 升结肠　起自盲肠，沿腹后壁上升至肝右叶下方，转向左形成结肠右曲（或称肝曲），移行为横结肠。

2. 横结肠　起自结肠右曲，向左横行至脾的脏面（即内面）下份处，转折向下形成结肠左曲（或称脾曲），移行为降结肠。横结肠借横结肠系膜连于腹后壁，活动性较大。

3. 降结肠　起自结肠左曲，沿腹后壁下行，至左髂嵴处移行为乙状结肠。

4. 乙状结肠　起自降结肠，呈"乙"字形弯曲进入盆腔，至第3骶椎平面，移行为直肠。乙状结肠借乙状结肠系膜连于盆腔侧壁，活动性较大，因其系膜过长，常易发生肠扭转（图3-22）。

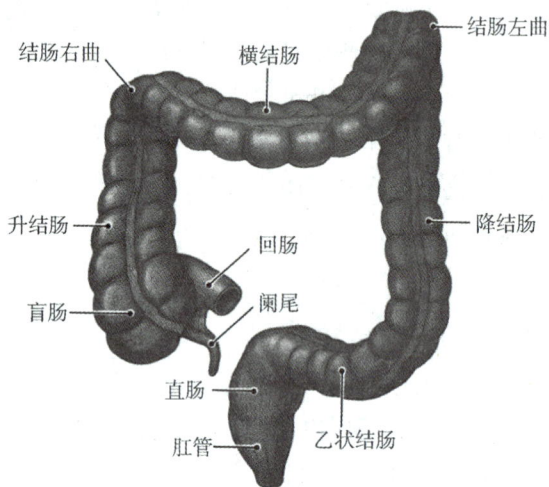

图3-22　大肠

（四）直肠

1. 直肠的形态和结构　直肠长10～14cm，位于小骨盆腔的后部。上端在第3骶椎前方续接乙状结肠，沿骶骨、尾骨前面下行穿过盆膈，移行为肛管。直肠并不直，在矢状面上有两个弯曲，即骶曲和会阴曲。骶曲是直肠在骶骨前面下降形成的凸向后的弯曲；会阴曲是直肠绕过尾骨尖形成的凸向前的弯曲。直肠下段的肠腔膨大，称直肠壶腹，此处腔内有2～3个由黏膜和环行肌构成的直肠横襞，其中最大且位置较恒定的直肠横襞位于直肠右前壁，距肛门约7cm。直肠横襞常作为直肠镜检查的定位标志，进行直肠镜或乙状结肠镜检查时，必须注意这些弯曲和横襞。

2. 直肠的毗邻　男、女直肠的毗邻不同。男性直肠的前方有直肠膀胱陷凹、膀胱、前列腺、输精管壶腹、精囊和输尿管末端；女性直肠的前方有直肠子宫陷凹、子宫颈以及阴道后穹和阴道后壁。直肠指诊可触到这些器官。男、女直肠两侧和后面的毗邻是一致的，均为骶骨下部和尾骨、坐骨肛门窝、尾骨肌、肛提肌、梨状肌以及盆腔的血管和神经等。

（五）肛管

1. 肛管的形态和结构　肛管长3～4cm，末端终于肛门。肛管内有6～10条纵行的黏膜皱襞，称肛柱。相邻肛柱下端连有半月状的黏膜皱襞，称肛瓣。肛瓣与肛柱下端共同围成的小隐窝，称肛窦。粪屑易滞留于肛窦内，如发生感染可引起肛窦炎。

肛瓣边缘与肛柱下端共同连成锯齿状的环形线，称齿状线（或肛皮线），是肛管黏膜和皮肤的分界线，齿状线以上的肛管内表面为黏膜，齿状线以下的肛管内表面为皮肤。齿状线下方有宽约1cm的环形区域，称肛梳（或痔环），肛梳下缘（距肛门约1.5cm）有一环形浅沟，称白线或Hilton线（活体指检时可触及），为肛门内、外括约肌的分界处。肛管的黏膜下和皮下有丰富的静脉丛，久坐压迫及其他病理情况下，易发生静脉丛淤血曲张，称痔。齿状线以上的称内痔，以下的称外痔；若齿状线上、下同时出现，称混合痔。由于齿状线以上的部位受内脏神经支配，齿状线以下的部位受躯体神经支配，故内痔不感疼痛，而外痔则疼痛明显。

2. 肛管周围的括约肌 肛管周围有肛门内、外括约肌环绕。肛门内括约肌为平滑肌，由肠壁的环行肌增厚构成，有协助排便的作用。肛门外括约肌为骨骼肌，位于肛门内括约肌周围，具有括约肛门的作用，可控制排便，若手术时损伤，将造成大便失禁（图3-23）。

3. 肛管直肠环 由肛门外括约肌、耻骨直肠肌、肛门内括约肌以及直肠纵行肌的下部在直肠和肛管移行处周围共同形成强大的肌性环。此环对控制排便有重要作用，手术时若不慎损伤该环，可造成大便失禁。

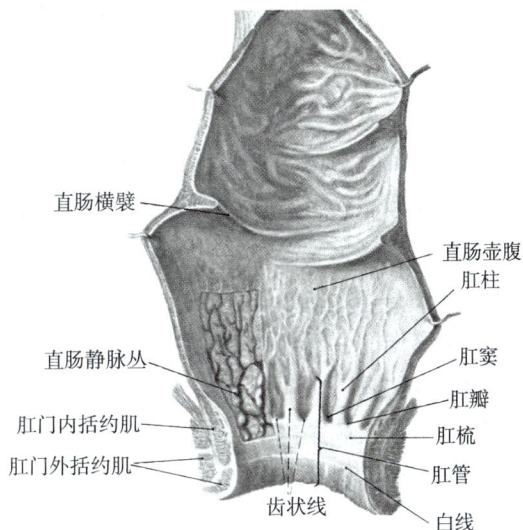

图3-23 直肠和肛管（内面观）

> ### 知识链接
>
> #### 直肠指检
>
> 直肠指检是检查直肠肛管疾病的一种简便有效的方法，对直肠癌的早期发现也具有非常重要的意义。检查者右手戴乳胶手套或右手食指戴指套，涂上润滑剂，用右手食指前端指腹轻压按揉肛门片刻，使患者适应，再稍用力下压，动作轻柔，将手指由浅入深伸入肛管。注意肛管括约肌的松紧度，肛管白线是否完整，肛管、直肠壁及其周围有无触痛、肿块或波动感，肛管狭窄程度与范围，直肠外包块与盆腔壁或盆腔内器官的关系。必要时，检查者可用左手配合触诊，以进一步了解细节情况。

第三节　消化腺

消化腺包括大唾液腺、肝、胰以及位于消化管壁内的小腺体。其主要功能是分泌消化液，参与对食物的消化。大唾液腺及消化管壁内的小腺体在前节已进行讲述，本节只讲述肝和胰。

一、肝

肝是人体第一大消化腺，也是人体最大的腺体，呈红褐色，质软而脆，成人肝重约1500g。肝主要有分泌胆汁、参与物质代谢、合成并储存糖原、解毒和防御等功能。

（一）肝的形态和分叶

肝呈楔形，可分为前缘、后缘两缘，上面、下面两面。前缘锐利；后缘钝圆，内有2~3条肝静脉注入下腔静脉。肝上面隆凸，与膈相贴，又称膈面，被呈矢状位的镰状韧带分为左、右两叶，膈面后部没有腹膜被覆的部分称肝裸区。肝下面凹凸不平，邻接腹腔器官，又称脏面。

肝的脏面有一近似"H"形的沟，即左纵沟、右纵沟和横沟。左纵沟的前部有肝圆韧带；左纵沟的后部有静脉韧带。右纵沟的前部为胆囊窝，容纳胆囊；右纵沟的后部为腔静脉沟，有下腔静脉经过。横沟又称肝门，是肝固有动脉、肝门静脉、肝管、神经和淋巴管出入肝的部位。这些结构被结缔组织包绕，称肝蒂。

肝的脏面借"H"形沟分为四叶。右纵沟的右侧为右叶，左纵沟的左侧为左叶；左、右纵沟之间，在横沟前方的为方叶，在横沟后方的为尾状叶（图3-24，图3-25）。

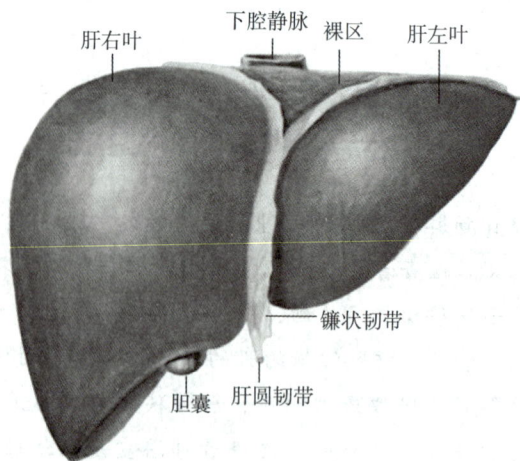

图3-24　肝（前面观）

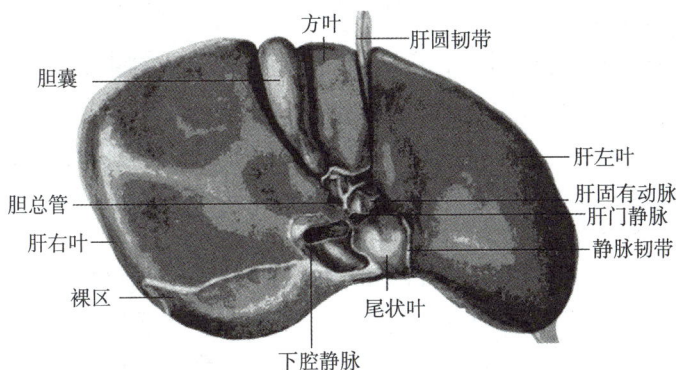

图 3 – 25 肝（下面观）

（二）肝的位置和毗邻

肝大部分位于右季肋区和腹上区，小部分位于左季肋区。肝的上界与膈穹隆一致，其右侧最高点在右锁骨中线与第 5 肋的交点处，左侧最高点在左锁骨中线与第 5 肋间隙的交点处。成人肝的下界，右侧与右肋弓一致，腹上区可达剑突下 3 ～ 5cm。7 岁以下的小儿，肝下界可超出右肋弓下缘 2cm 以内。肝的位置可随呼吸运动而上下移动。

肝的脏面在右叶从前向后分别邻接结肠右曲、十二指肠上部、右肾和右肾上腺；左叶下面与胃前壁相邻。

⇄ **知识链接**

脂肪肝与酒精性肝硬化

1. **脂肪肝** 是指由于各种原因引起的肝细胞内脂肪堆积过多的病变，是一种常见的肝脏病理改变，而非一种独立的疾病。在我国，脂肪肝已成为仅次于病毒性肝炎的第二大肝病，发病率呈现继续升高态势，且发病年龄日趋年轻化。正常人的肝组织含有少量的脂肪，如甘油三酯、磷脂、糖脂和胆固醇等，其重量约为肝重量的 3% ～5% 。如果肝内脂肪蓄积太多，超过肝重量的 5%，或在组织学上肝细胞 50% 以上有脂肪变性时，就可称为脂肪肝。轻度脂肪肝一般无明显临床症状；中、重度脂肪肝有类似慢性肝炎的表现，可有食欲不振、疲倦乏力、恶心、呕吐、肝区或右上腹隐痛等。

2. **酒精性肝硬化** 肝脏犹如人体的加工厂，人体各种营养物质的转化、合成都在肝脏内完成，各种毒素也要经过肝脏来解毒。少量喝酒，酒经过肝脏解毒代谢后，变成无毒的物质排出体外。如果长期过量饮酒，酒精的代谢产物乙醛对肝细胞的毒性非常大，可致肝细胞变性、坏死以及纤维组织增生等损害，进而可发展为肝硬化。

（三）肝外胆道系统

肝外胆道系统是指肝门以外的胆道系统，包括胆囊和输胆管道（肝左、右管，肝总管和胆总管），主要有储存、浓缩和输送胆汁的功能。

1. 胆囊　位于肝下面的胆囊窝内，上面借结缔组织与肝相连，容积为 40～60ml，具有储存和浓缩胆汁的功能。胆囊呈梨形，分为胆囊底、胆囊体、胆囊颈和胆囊管四部分。

胆囊底露出于肝下缘，并与腹前壁相贴，其体表投影在右锁骨中线与右肋弓相交处稍下方，在吸气过程中，胆囊随着膈肌的下移而下移。鉴别胆囊病变时，可按压此处并嘱患者深吸气，如出现明显压痛，临床上称墨菲征（Murphy 征）阳性，多提示胆囊有病变。

胆囊内面衬有黏膜，胆囊颈和胆囊管的黏膜形成螺旋状皱襞，称螺旋襞，可控制胆汁的进出。胆囊颈弯曲且细，其起始部膨大，形成囊腔，胆囊结石多停留于此囊中。胆囊管长 2.5～4cm，呈锐角与肝总管汇合为胆总管。

2. 肝管与肝总管　肝内毛细胆管逐渐汇合成肝左管和肝右管，出肝门后即汇合成肝总管，肝总管与胆囊管汇合成胆总管。

3. 胆总管　胆总管起自肝总管与胆囊管的汇合处，向下与胰管汇合，长 4～8cm。胆总管在肝十二指肠韧带内下降，经十二指肠上部的后方，至胰头与十二指肠降部之间与胰管汇合，共同斜穿十二指肠降部的后内侧壁，两者汇合处形成略膨大的肝胰壶腹（Vater 壶腹），开口于十二指肠大乳头。肝胰壶腹周围有增厚的环行平滑肌环绕，称肝胰壶腹括约肌（Oddi 括约肌），可控制胆汁和胰液的排出。胆总管和胰管末段的周围也均有少量平滑肌环绕。

肝胰壶腹括约肌一般情况下保持收缩状态，肝细胞分泌的胆汁经肝左、右管和肝总管、胆囊管进入胆囊储存和浓缩。进食后，在神经体液因素的调节下，胆囊收缩和肝胰壶腹括约肌舒张，使胆囊内的胆汁经胆囊管、胆总管排入十二指肠，参与消化食物。胆道可因结石、蛔虫或肿瘤等造成阻塞，使胆汁排出受阻，并发胆囊炎或阻塞性黄疸等（图 3-26）。

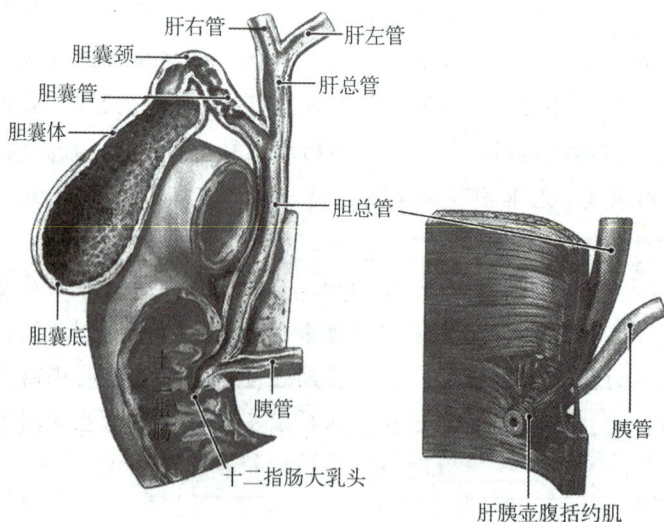

图 3-26　肝外胆道系统

4. 胆汁的分泌和排出途径　如下。　📱微课3

肝细胞分泌→胆汁→肝内胆管→肝左、右管→肝总管→胆总管→肝胰壶腹→十二
指肠大乳头→十二指肠　　　　　　　　　　↓　　↗

　　　　　　　　　　　　　　　　　　胆囊管

　　　　　　　　　　　　　　　　　　↓　↑

　　　　　　　　　　　　　　　　　　胆囊

二、胰

胰是人体第二大消化腺，由外分泌部和内分泌部组成。

（一）胰的形态和位置

胰呈长棱柱形，质软，色灰红，位置较深，在第1、2腰椎水平横贴于腹后壁。

（二）胰的分部和毗邻

胰分为胰头、胰体和胰尾三部分，各部间无明显界限（图3-16）。胰头较膨大，位于第2腰椎的右前方，被十二指肠环绕，胰头后方与胆总管、肝门静脉和下腔静脉相邻。胰头癌患者可由于压迫胆总管而出现阻塞性黄疸，压迫肝门静脉，影响血液回流，出现腹水、脾肿大等症状。胰体为胰的中部，构成胰的大部分，胰体前面借网膜囊与胃相邻，胃后壁的溃疡穿孔或癌肿常易与胰粘连；胰体后面与下腔静脉、腹主动脉、左肾上腺和左肾相邻。胰尾较细，伸向脾门。

（三）胰管

胰实质内有贯穿胰全长的胰管，它与胆总管汇合成肝胰壶腹，开口于十二指肠大乳头，胰液经此进入十二指肠。在胰头上部，常有一条副胰管行于胰管的上方，副胰管开口于十二指肠小乳头。

（四）胰的功能

胰腺的外分泌部分泌胰液，有分解消化蛋白质、糖类和脂肪的作用。胰的内分泌部即胰岛，是散布于胰实质内的许多小细胞团，主要分泌胰岛素，可调节血糖的代谢。

⇄ **知识链接**

急性胰腺炎和急性胆囊炎

　　1. 急性胰腺炎　是一种常见疾病，是由于胰酶消化胰腺自身及其周围组织所引起的炎症性疾病，临床症状轻重不一。轻者有胰腺水肿，表现为腹痛、恶心、呕吐等；重者胰腺发生坏死或出血，可出现休克和腹膜炎，病情凶险，死亡率高。

　　2. 急性胆囊炎　是由于胆囊管阻塞和细菌侵袭而引起的胆囊炎症，其典型临床特征为右上腹阵发性绞痛，伴有明显的触痛和腹肌强直。多数病人常合并有胆囊结石，称结石性胆囊炎；未合并胆囊结石的，称非结石性胆囊炎。

第四节 腹 膜

一、腹膜与腹膜腔的概念

腹膜是指覆盖在腹、盆腔内表面和腹、盆腔脏器外表面的一层相互移行的浆膜，薄而光滑，呈半透明状。根据分布部位的不同，衬在腹壁、盆壁内面及膈下面的腹膜，称壁腹膜；被覆在腹腔和盆腔脏器外表面的腹膜，称脏腹膜。壁腹膜与脏腹膜相互移行所围成的潜在性腔隙，称腹膜腔，内含少量浆液。男性腹膜腔是密闭的，女性腹膜腔可通过输卵管、子宫、阴道与外界相通（图 3 - 27）。腹膜具有分泌、吸收、支持、保护、修复等功能。

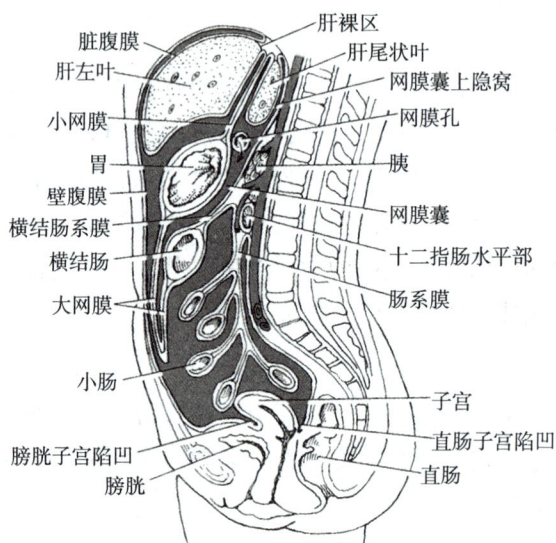

图 3 - 27 腹膜的配布（女性腹腔正中矢状面）

二、腹膜与脏器的关系

腹、盆腔的脏器依据脏腹膜覆盖的多少，可分为三类，即腹膜内位器官、腹膜间位器官、腹膜外位器官。

（一）腹膜内位器官

腹膜内位器官表面全部被脏腹膜包裹，活动度较大。如胃、十二指肠上部、空肠、回肠、盲肠、阑尾、横结肠、乙状结肠、脾、卵巢和输卵管等（简记如下：乙、脾、十、胃、盲、阑、横；还有空、回、输、卵）。

（二）腹膜间位器官

腹膜间位器官表面大部分被脏腹膜包裹，活动度小。如肝、胆囊、升结肠、降结肠、直肠上部、膀胱和子宫等（简记如下：肝、胆、升、降、直、子、膀）。

（三）腹膜外位器官

腹膜外位器官表面仅有一面或一小部分被脏腹膜覆盖，位置固定，几乎不能活动。如十二指肠降部和水平部、胰、肾、肾上腺、输尿管和直肠中下部等（简记如下：除腹膜内位、间位器官之外的腹腔脏器）。

腹膜与脏器的关系见图3-28。

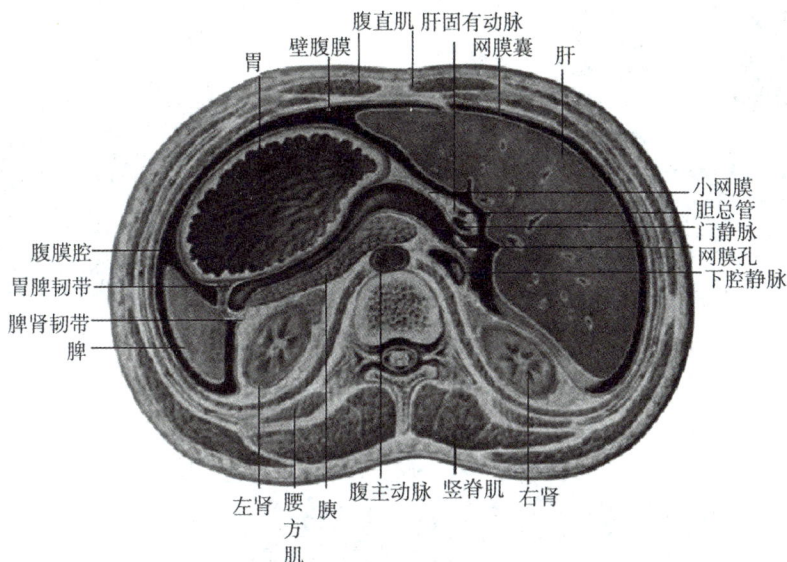

图3-28 腹腔水平切面模式图

三、腹膜形成的结构

腹膜在器官与器官之间以及器官与腹壁、盆壁之间相互移行，形成了韧带、系膜、网膜、陷凹等腹膜结构（图3-29）。这些结构对器官有连接和固定作用，也是血管和神经出入器官的途径。

（一）网膜

网膜包括小网膜和大网膜（图3-30）。

1. 小网膜 是指连于肝门与胃小弯和十二指肠上部之间的双层腹膜结构。左侧部分连于肝门和胃小弯之间，为肝胃韧带；右侧部分连于肝门和十二指肠上部之间，为肝十二指肠韧带，其内有肝固有动脉、胆总管和肝门静脉等结构通过。小网膜右缘游离，后方为网膜孔，经此孔可通网膜囊。网膜囊是指胃和小网膜后方的腹膜间隙，又名小腹膜腔，是腹膜腔的一部分。

2. 大网膜 是指连于胃大弯与横结肠之间的四层腹膜结构，呈围裙状悬挂在横结肠和空肠、回肠的前方。由小网膜下行的两层腹膜覆盖胃的前后壁，自胃大弯和十二指肠起始部下降，形成大网膜的前两层，下降至脐平面稍下方，然后折返向上，形成大网膜的后两层。大网膜内含有丰富的脂肪、血管、淋巴管和巨噬细胞等，有重要的防御功能。小儿的大网膜较短，发生阑尾炎穿孔或下腹部炎症时，病灶不易被大网膜包裹限制，炎症容易扩散，故易形成弥漫性腹膜炎（图3－31）。

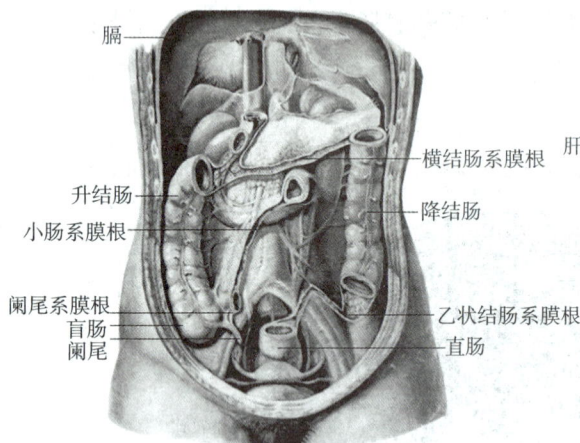

图3－29　腹后壁腹膜的配布模式图

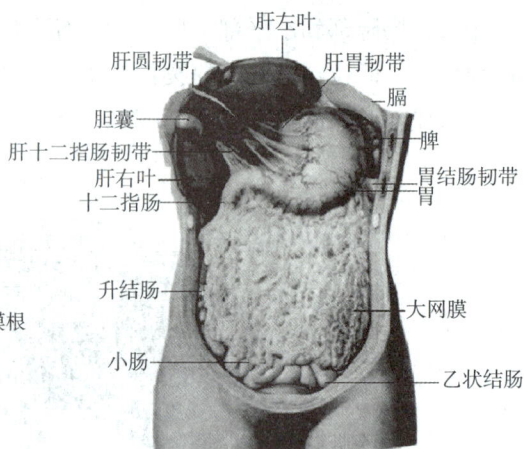

图3－30　网膜

图3－31　网膜囊

（二）系膜

系膜是指将器官连于腹后壁的双层腹膜结构，内有脂肪、血管、神经、淋巴管等。如小肠系膜、乙状结肠系膜和阑尾系膜等（图3－32）。小肠系膜长，因此空肠、回肠的活动性较大，有利于食物在肠腔内充分消化和吸收，但也是引发肠扭转的结构性因素之一。

图 3 - 32　系膜

（三）韧带

韧带是指壁腹膜移行于脏腹膜或连于器官与器官之间或器官与腹壁、盆壁之间的双层腹膜结构，对器官有一定悬吊、固定作用。如肝镰状韧带、肝冠状韧带、胃脾韧带、脾肾韧带等。

（四）腹膜陷凹

腹膜陷凹是指腹膜在盆腔器官之间移行反折所形成的腹膜腔内的凹陷。男性在膀胱和直肠之间有直肠膀胱陷凹（图 3 - 33）。女性在膀胱和子宫之间有膀胱子宫陷凹，在直肠和子宫之间有直肠子宫陷凹。人体处于直立或坐位时，这些陷凹是腹膜腔的最低位置，故腹膜腔内有积液时，常首先聚集于此处。上述陷凹是穿刺引流和取液常选择的部位，男性可经直肠穿刺，女性可经阴道后穹隆穿刺，有利于临床及早明确诊断。

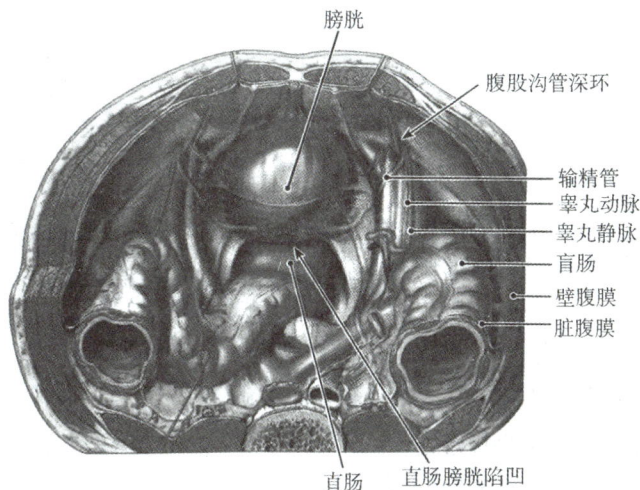

图 3 - 33　盆腔腹膜配布模式图（男性盆腔上面观）

知识链接

腹膜相关临床应用

通常，上腹部腹膜的吸收能力强于下腹部腹膜，故腹部炎症或手术后患者多采取半卧位，以利于炎性分泌物流向下腹部，减少和延缓腹膜对毒素的吸收。当腹腔脏器有炎症时，腹膜可包绕、粘连病灶，限制炎症蔓延，故手术时可根据大网膜移动的位置探查病变的部位。

目标检测

一、选择题

（一）单项选择题

1. 消化管全长最膨大的部位是（　　　）

    A. 口腔　　　　　　B. 食管　　　　　　C. 胃　　　　　　D. 大肠

2. 上消化道的最末端是（　　　）

    A. 咽　　　　　　　B. 胃　　　　　　　C. 十二指肠　　　D. 盲肠

3. 正常人体乳牙出齐共（　　　）颗

    A. 16　　　　　　　B. 20　　　　　　　C. 28　　　　　　D. 32

4. 正常人体恒牙出齐最多为（　　　）颗

    A. 16　　　　　　　B. 20　　　　　　　C. 28　　　　　　D. 32

5. 腮腺管开口于（　　　）

    A. 平对上颌第二磨牙的颊黏膜处

    B. 平对上颌中切牙的颊黏膜处

    C. 舌下襞

    D. 舌下阜

6. 人体最坚硬的器官是（　　　）

    A. 颅骨　　　　　　B. 胸骨　　　　　　C. 牙　　　　　　D. 椎骨

7. 正常人体乳牙出齐的时间大约是（　　　）

    A. 1 岁　　　　　　B. 2 岁　　　　　　C. 3 岁　　　　　D. 5 岁

8. 以下关于食管的描述中，错误的是（　　　）

    A. 全长通常有 3 个狭窄

    B. 第一狭窄在食管的起始处

    C. 第二狭窄距离中切牙约 15cm

    D. 第三狭窄在穿膈肌的裂孔处

9. 十二指肠大乳头位于十二指肠的（　　）

　　A. 上部　　　　　B. 降部　　　　　　C. 水平部　　　　　D. 升部

10. 胆汁由（　　）分泌

　　A. 肝细胞　　　B. 胆小管　　　　　C. 肝总管　　　　　D. 胆总管

11. 消化食物和吸收营养的主要场所是（　　）

　　A. 口腔　　　　　B. 胃　　　　　　　C. 大肠　　　　　　D. 小肠

12. 成人小肠全长约为（　　）

　　A. 1~2m　　　　B. 2~3m　　　　　C. 4~5m　　　　　D. 5~7m

13. 结肠带共有（　　）条

　　A. 1　　　　　　B. 2　　　　　　　C. 3　　　　　　　D. 4

14. 麦氏点是指（　　）的体表投影点

　　A. 十二指肠大乳头　　　　　　　　B. 回盲瓣

　　C. 肝胰壶腹　　　　　　　　　　　D. 阑尾根部

15. 肛管内面黏膜与皮肤的分界标志是（　　）

　　A. 肛柱　　　　　B. 肛瓣　　　　　　C. 白线　　　　　　D. 齿状线

16. 以下属于腹膜内位器官的是（　　）

　　A. 胃　　　　　　B. 胆囊　　　　　　C. 肾　　　　　　　D. 肝

17. 以下属于腹膜间位器官的是（　　）

　　A. 胃　　　　　　B. 胆囊　　　　　　C. 胰　　　　　　　D. 盲肠

18. 以下属于腹膜外位器官的是（　　）

　　A. 胃　　　　　　B. 胆囊　　　　　　C. 胰　　　　　　　D. 肝

19. 人体最大的消化腺是（　　）

　　A. 胃　　　　　　B. 胆囊　　　　　　C. 肝　　　　　　　D. 胰

20. 墨菲征（Murphy 征）阳性，常提示（　　）有病变

　　A. 胆囊　　　　　　　　　　　　　　B. 肝脏

　　C. 胰　　　　　　　　　　　　　　　D. 阑尾

21. 以下关于腹膜腔的叙述中，正确的是（　　）

　　A. 男性腹膜腔是密闭的　　　　　　B. 女性腹膜腔是密闭的

　　C. 男性腹膜腔是开放的　　　　　　D. 以上都不对

22. 正常男性处于站立位时，腹膜腔的最低位置是（　　）

　　A. 直肠子宫凹陷　　　　　　　　　B. 直肠膀胱凹陷

　　C. 膀胱子宫凹陷　　　　　　　　　D. 肋膈隐窝

（二）多项选择题

1. 以下属于小肠组成部分的是（　　）

　　A. 空肠　　　　　B. 回肠　　　　　　C. 结肠

　　D. 盲肠　　　　　E. 十二指肠

2. 以下属于大肠组成部分的是（　　　　）

    A. 空肠　　　　　　B. 回肠　　　　　　C. 结肠

    D. 盲肠　　　　　　E. 十二指肠

3. 以下属于大唾液腺的是（　　　　）

    A. 唇腺　　　　　　B. 腮腺　　　　　　C. 颊腺

    D. 舌下腺　　　　　E. 下颌下腺

4. 以下关于牙的叙述中，正确的是（　　　　）

    A. 是人体最坚硬的器官　　　　　　　　B. 有乳牙和恒牙之分

    C. 先出恒牙，再出乳牙　　　　　　　　D. 先出乳牙，再出恒牙

    E. 乳牙一般在出生后 6～7 个月开始萌出

5. 以下关于小肠的叙述中，正确的是（　　　　）

    A. 是消化管中最长的部分

    B. 是消化食物、吸收营养的主要场所

    C. 成人的小肠全长约 5～7m

    D. 上续胃幽门，下连接盲肠

    E. 胆汁从十二指肠排入肠腔

6. 腹膜形成的结构包括（　　　　）

    A. 小网膜　　　　　B. 大网膜　　　　　C. 系膜

    D. 韧带　　　　　　E. 腹膜陷凹

二、思考题

1. 请写出食管全长三个狭窄依次所在的具体位置及其与中切牙之间的距离。

2. 简述胆汁的产生及排出途径。

3. 简述阑尾的位置及阑尾根部在体表的投影。

4. 人体日常摄入的食物依次经过了消化系统的哪些器官结构？最终食物中的营养物质和食物残渣去了哪里？

（王　宇）

书网融合……

微课1　　　　微课2　　　　微课3　　　　本章小结　　　　自测题

第四章 呼吸系统

【学习目标】

1. **掌握** 呼吸道的组成；气管和支气管的结构特点；左、右主支气管的区别；肺的位置、形态；胸膜与胸膜腔的概念；纵隔的位置和分部。

2. **熟悉** 鼻甲、鼻道、鼻中隔的位置；喉的位置，主要喉软骨的名称，喉黏膜的主要形态结构和喉腔分部；肺的微细结构，肺的血管。

3. **了解** 胸膜下界、肺下界的体表投影。

案例分析

患者，男，20岁，学生。酗酒后遭雨淋，于当天晚上突然起病，寒战、高热、呼吸困难、胸痛，继而咳嗽，咳铁锈色痰，其家属急送当地医院就诊。听诊，左肺下叶有大量湿性啰音；触诊语颤增强；血常规：WBC 17×10^9/L；X线检查：左肺下叶有大片致密阴影。入院经抗生素治疗，病情好转，各种症状逐渐消失；X线检查：左肺下叶的大片致密阴影面积缩小 2/3。诊断：由肺炎链球菌引起的大叶性肺炎。

问题

细菌通过哪些途径到达肺部？

要解释细菌通过哪些途径到达肺，就必须了解呼吸系统的组成。学习了呼吸系统由呼吸道和肺构成，而呼吸道分为上呼吸道和下呼吸道之后，才能知道细菌会从鼻一直扩散传播到喉，再到气管、支气管，最后到肺。想要知道更多呼吸系统的知识，为以后的临床工作服务，就赶快学习呼吸系统相关内容吧！

呼吸系统由呼吸道和肺组成（图4-1）。呼吸道是气体进出的通道，肺是气体交换的部位。呼吸系

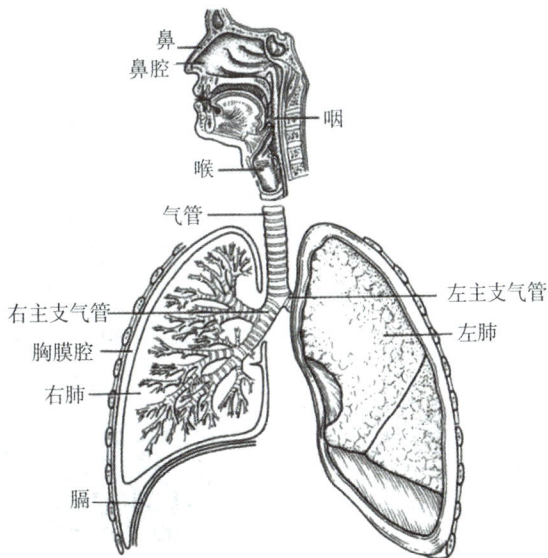

图 4-1 呼吸系统的组成

统的功能是进行气体交换，即吸入氧气、排出二氧化碳，此外还有发声、嗅觉等作用。

第一节　呼吸道

呼吸道是输送气体的管道，包括鼻、咽、喉、气管和左、右主支气管等组成。临床上，通常将鼻、咽、喉称为上呼吸道，将气管及各级支气管称为下呼吸道。

一、鼻

鼻是呼吸道的起始部，又是嗅觉器官。鼻可分为外鼻、鼻腔和鼻旁窦三部分。

（一）外鼻

外鼻由鼻骨和鼻软骨作支架，外覆皮肤和少量皮下组织，内覆黏膜而成。外鼻与额相连的狭窄部分称为鼻根，向下延续为鼻背，末端向前方突起称鼻尖，鼻尖两侧弧形膨大称鼻翼。呼吸困难的患者可有鼻翼扇动的症状，小儿发生时症状更为明显。

⇄ **知识链接**

危险三角

鼻根至两侧口角间的三角形区域被称为危险三角。这是因为，此处的面静脉缺少静脉瓣，且与颅内海绵窦相交通，当此处的感染处理不当时，病菌可经上述途径感染颅内。

（二）鼻腔

鼻腔由骨和软骨围成，内面衬以黏膜和皮肤构成。鼻腔被鼻中隔分为左右两腔，鼻中隔由犁骨、筛骨和鼻中隔软骨构成支架，表面被覆黏膜，向前通外界处称鼻孔，向后经鼻后孔与鼻咽相通（图4-2）。每侧鼻腔又可分为鼻前庭和固有鼻腔，两者以鼻阈为界。

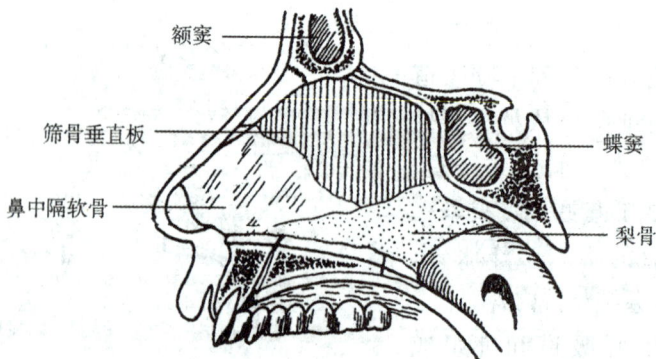

图4-2　鼻中隔

1. 鼻前庭 位于鼻腔的前下部，相当于鼻翼所遮盖部分，内面衬以皮肤，生有鼻毛，有过滤和净化空气的作用。

2. 固有鼻腔 位于鼻腔的后上部，是鼻腔的主要部分。固有鼻腔是在骨性鼻腔的基础上内衬黏膜而形成。外侧壁自上而下有上鼻甲、中鼻甲和下鼻甲，每个鼻甲下方各有一裂隙，分别称为上鼻道、中鼻道和下鼻道。在上鼻甲的后上方与蝶骨体之间有一凹陷，称蝶筛隐窝。下鼻道前端有鼻泪管的开口，上鼻道和中鼻道内有鼻旁窦的开口（图4-3）。

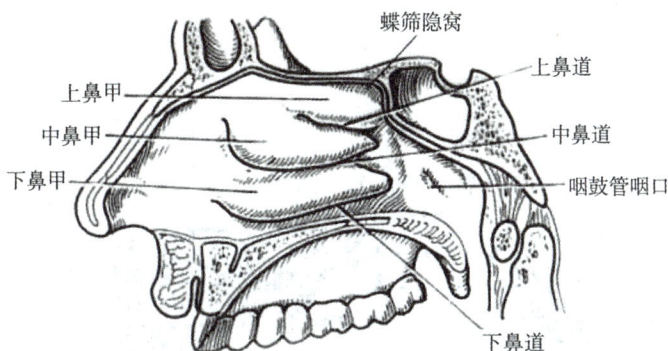

图 4-3 鼻腔外侧壁

固有鼻腔的黏膜按生理功能分为嗅区和呼吸区。上鼻甲及其对应的鼻中隔及二者上方鼻腔顶部黏膜，内含嗅细胞，能感受气味的刺激，有嗅觉功能，称嗅区。其余部分的黏膜为呼吸区，内含较多的血管和腺体，对通过的气体有温暖、湿润和净化作用。鼻中隔两侧前下部的黏膜血管丰富，位置浅表，是鼻出血的好发部位，外伤或干燥刺激均易引起出血，临床上称易出血区。

（三）鼻旁窦

鼻旁窦是指鼻腔周围颅骨内含气的空腔，开口于鼻腔。鼻旁窦内衬黏膜，并与鼻腔黏膜相延续。鼻旁窦共四对，左右分布对称，包括上颌窦、额窦、筛窦和蝶窦（图4-4）。蝶窦开口于蝶筛隐窝；筛窦分为前群、中群和后群，筛窦后群开口于上鼻道；额窦、上颌窦以及筛窦前群、中群均开口于中鼻道（图4-5）。鼻旁窦对发音产生共鸣的作用，还可温暖、湿润空气。

鼻旁窦的黏膜在窦口处与固有鼻腔的黏膜相互连续，因此，鼻腔的炎症可蔓延至鼻旁窦，引起鼻窦炎。上颌窦是上颌骨体内的锥形空腔，形状与上颌骨体基本一致。上颌窦有5个壁，分别为前壁、后外壁、内侧壁、上壁及底壁。底壁往往与第二前磨牙及第一、二磨牙根部借一层薄骨相隔，故牙根的病变可侵入窦内，引起窦内病变。上颌窦与牙齿的毗邻关系是四对鼻旁窦中最近的一对，也是其中最大的一对，由于其窦口的位置高于窦底，当患炎症时，分泌物不易流出，故上颌窦的慢性炎症较多见。

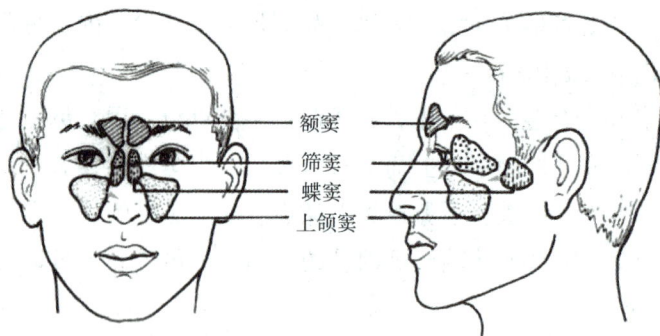

图 4-4　鼻旁窦的体表投影

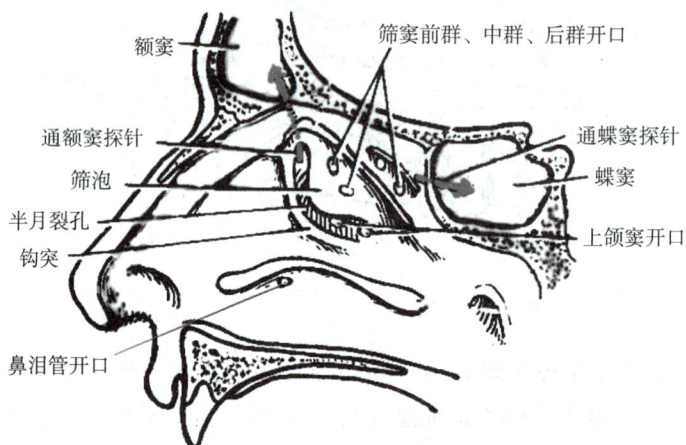

图 4-5　鼻旁窦的开口

知识链接

鼻子的趣闻

生长在我们面部正中的鼻子，是呼吸器官的大门，是新鲜空气的入口和废气的出口。它还是嗅觉器官。在鼻腔黏膜之中，大约有 $5cm^2$ 专司嗅觉的嗅黏膜，分布于鼻中隔上 1/3 和上鼻甲区。平静呼吸时，一般空气很少到达这个区域，但是挥发性物质却会迅速弥散而到达该区，使人迅速觉察。人的嗅觉虽不及其他动物，但仍然具有非常强的敏感性，人可以觉察出每升空气仅含 0.00004mg 人造麝香的浓度。任何一个没有受过训练的人都至少能识别 2000 种气味，而这方面的专家能识别 1 万种气味。

鼻子还是一种表情器官和心理活动的晴雨表。当您高兴大笑时，两侧鼻翼会上扬；当您紧张恐惧时，鼻翼便会膨胀；当您呼吸困难时，鼻翼会扇动；当您失意不悦时，鼻翼则会缩小；当您十分傲慢或是表示轻蔑时，鼻尖和鼻翼都会翘起来。

二、喉

喉既是呼吸的通道，又是发声的器官。

（一）喉的位置

喉位于颈前部正中，成年人的喉位于第 3 ~ 6 颈椎体之间。喉上接咽，下连气管，可随吞咽或发声而上下移动，前方有皮肤、颈筋膜、舌骨下肌群等，后面与喉咽相邻。喉的两侧有颈部大血管、神经，并和甲状腺相邻。女性的喉略高于男性，小儿的喉略高于成人。

（二）喉的组成

喉主要由喉软骨、喉肌和黏膜等组成。

1. 喉软骨及其连结　喉软骨主要有甲状软骨、环状软骨、会厌软骨和杓状软骨。

（1）甲状软骨　位于舌骨的下方，是最大的喉软骨，构成喉的前壁和侧壁。甲状软骨前缘相互愈合呈四边形，前上部向前突出称喉结，在成人男性中尤为明显。喉结上方呈"V"形切迹，称上切迹。甲状软骨上缘向上伸出一对上角，向下伸出一对下角。甲状软骨上缘借甲状舌骨膜与上方的舌骨相连，借环甲正中韧带与下方的环状软骨相接。甲状软骨下角与环状软骨构成环甲关节。

> **⇄ 知识链接**
>
> ### 弹性圆锥
>
> 　　弹性圆锥是圆锥形的弹性纤维膜，起自甲状软骨前角后面，呈扇形行向后下止于杓状软骨声带突和环状软骨上缘。弹性圆锥前部较厚，紧张于甲状软骨下缘与环状软骨弓上缘之间，称环甲正中韧带。当急性喉阻塞来不及进行气管切开时，可在此处行穿刺或切开，建立暂时的通气道，以抢救患者生命。

（2）环状软骨　位于甲状软骨的下方，是呼吸道唯一完整的软骨环，由环状软骨弓和环状软骨板构成，下方借软组织与气管相连。环状软骨前窄后宽，后方平对第 6 颈椎，是颈部重要的体表标志。

（3）会厌软骨　上端宽而游离，下端狭细呈树叶状，下端附于甲状软骨内面。会厌软骨外覆黏膜构成会厌，具有弹性。吞咽时，喉上提，会厌可盖住喉口，防止食物误入喉腔；呼吸时，会厌打开，空气进入喉腔。

（4）杓状软骨　成对出现，左、右各一，略呈三棱锥体形，位于环状软骨板上缘两侧。尖向上，底朝下，与环状软骨构成环杓关节。每侧杓状软骨与甲状软骨之间均有一条声韧带相连，声韧带是声襞的结构基础（图 4 - 6）。

2. 喉腔及喉黏膜　喉腔是由喉软骨等围成的腔隙，内面衬以黏膜而成。喉腔的入口称喉口。喉腔中部的两侧壁上，有上、下两对呈前后方向的黏膜皱襞。上方的一对

图 4 - 6　喉软骨及其连接

称前庭襞，两侧前庭襞之间的裂隙称前庭裂；下方的一对称声襞，由喉黏膜覆盖声带形成，两侧声襞之间的裂隙称声门裂。声门裂是喉腔最狭窄的部位，气流通过声门裂时，振动声带而发声。

喉腔借前庭襞和声襞可分为三部分：前庭裂以上的部分，为喉前庭；前庭裂与声门裂之间的部分，为喉中间腔，向两侧延伸的隐窝为喉室；声门裂以下的部分为声门下腔（图 4 - 7）。其中，声门下腔的黏膜下组织较疏松，炎症时易引起喉水肿，尤以婴幼儿更易发生急性喉水肿而致喉腔阻塞，产生呼吸困难，严重时可窒息死亡。

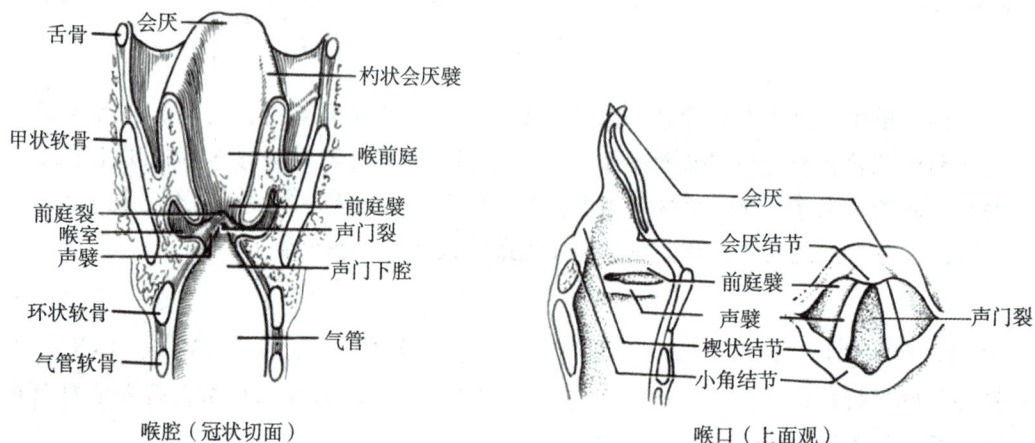

图 4 - 7　喉腔

3. 喉肌　为数块细小的骨骼肌，附着于喉软骨，具有紧张或松弛声带、缩小或开大声门裂以及缩小喉口的功能。

三、气管与主支气管 📱微课

气管与主支气管是连于喉与肺之间的通气管道，由"C"字形的气管软骨及连接各软骨之间的平滑肌和结缔组织构成，其后方的缺口由平滑肌和结缔组织封闭。

（一）气管

气管由 14～17 个气管软骨环构成，上接环状软骨下缘，向下进入胸腔，平胸骨角平面分为左、右主支气管，分叉处称为气管杈。在气管杈的内面，有一矢状位向上的半月状嵴，称气管隆嵴，略偏向左侧，是支气管镜检查时判断气管分叉的重要标志。

气管以胸骨角的颈静脉切迹为界，可分为颈部和胸部。气管颈部位于颈前部正中，较短而表浅，易于触及。气管颈部前方除有皮肤、舌骨下肌群等覆盖外，在第 2～4 气管软骨的前方还有甲状腺峡横过，两侧还有颈部的大血管和甲状腺的左、右侧叶；气管胸部较长，位于胸腔内。环状软骨可作为向下检查气管软骨环的标志。临床上遇到急性喉梗阻时，常选第 3～4 或 4～5 气管软骨环处进行气管切开术。

（二）主支气管

主支气管为左、右各一，从气管发出后，行向下外，分别经左、右肺门进入左、右肺。左主支气管细而长，平均长 4～5cm，走行较水平；右主支气管粗而短，平均长 2～3cm，走行较陡直，因此，经气管坠入的异物易进入右主支气管（图 4-8）。

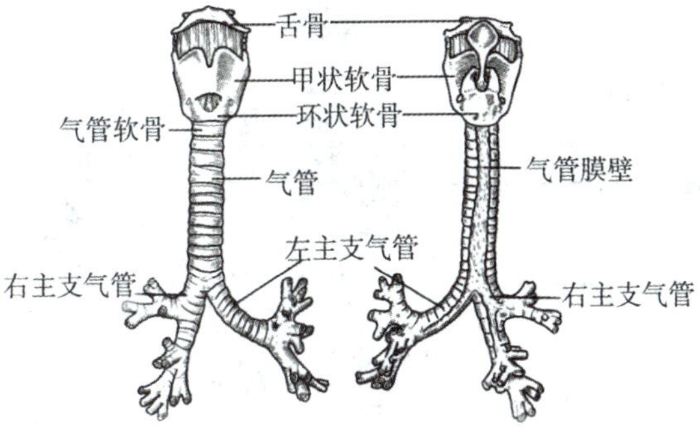

图 4-8 气管与主支气管

（三）气管与主支气管的微细结构

气管与主支气管的管壁由内向外依次由黏膜、黏膜下层和外膜构成。

1. 黏膜 由上皮和固有层构成。上皮为假复层纤毛柱状上皮，内含大量的杯状细胞。固有层为结缔组织，富含弹性纤维，并有小血管、气管腺的导管等。

2. 黏膜下层 由疏松结缔组织构成，内有血管、淋巴管、神经和混合腺。

3. 外膜 主要由 "C" 形透明软骨和结缔组织构成。

第二节　肺

一、肺的位置和形态

肺左、右各一，位于胸腔内，纵隔两侧，膈的上方。正常肺的质地柔软，呈海绵状，富有弹性。婴幼儿的肺呈淡红色，随年龄的增长，因吸入空气中的尘埃沉积增多，肺的颜色逐渐变为深灰色或蓝黑色。

两肺外形不同，左肺稍狭长，右肺略粗短。肺呈半圆锥形，具有一尖、一底、两面、三缘。肺的上端钝圆，经胸廓上口突入颈根部，在锁骨中内1/3交界处向上伸至锁骨上方达2.5cm，称肺尖；肺的下面与膈相邻而向上呈半月形凹陷，称肺底或膈面；肺的前、后、外侧面圆隆，与肋和肋间隙相邻，称肋面；肺的内侧面与纵隔相邻，称纵隔面，其中央有一椭圆形凹陷，称肺门；肺门是主支气管、血管、淋巴管和神经等出入肺的部位，它们被结缔组织包绕，构成肺根；肺的前缘和下缘较薄而锐利，左肺前缘下部有一弧形凹陷，称心切迹，切迹下方有一突起，称左肺小舌；后缘钝圆，与脊柱的两侧相贴。

肺借叶间裂分叶，左肺的叶间裂为斜裂，由后上斜向前下，将左肺分为上、下二叶；右肺的叶间裂包括斜裂和水平裂，将右肺分为上、中、下三叶（图4-9，图4-10）。

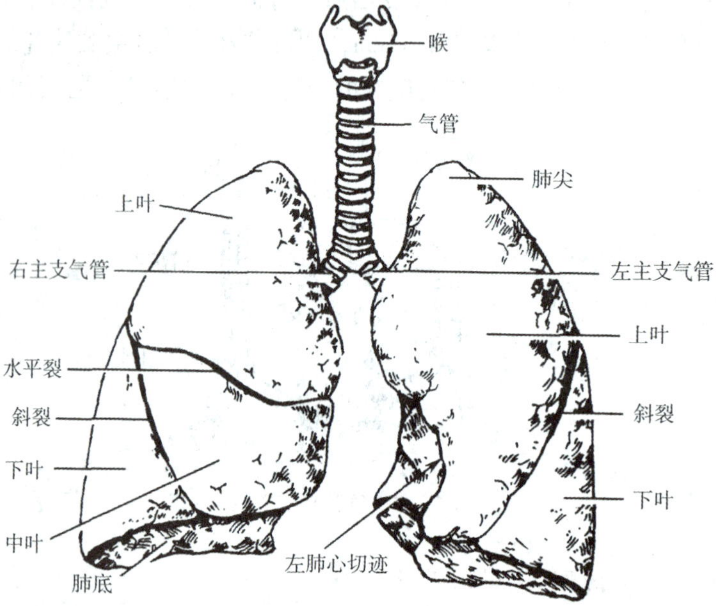

图4-9　肺的形态与分叶

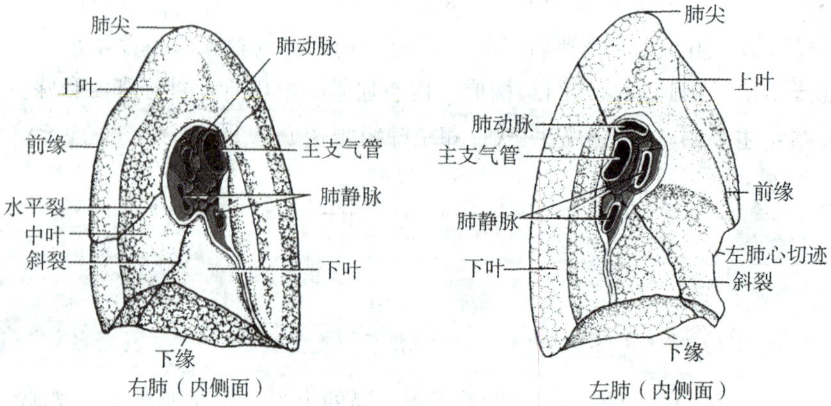

右肺（内侧面）　　　左肺（内侧面）

图4-10　左肺、右肺内侧面

⇄ 知识链接

胎儿肺的特点及医学鉴定意义

众所周知，胎儿在羊水中不会溺亡。这是因为，胎儿靠母体的胎盘及脐带获得所需的氧气和营养物质，排出代谢产物。胎儿的肺和未曾呼吸过的新生儿肺，质实而重，未执行呼吸功能，不含空气，比重大于1，入水则沉。出生后，肺执行其呼吸功能，质软而轻，呈海绵状，富有弹性，内含空气，比重小于1，故浮水不沉。这一点在法医学鉴定中非常有实用价值，可以帮助正确判断胎儿死亡时间。

二、肺段支气管和支气管肺段

(一) 肺段支气管

左、右主支气管进入肺门后各发出分支，左主支气管分为上、下两支，右主支气管分为上、中、下三支，分别进入相应的肺叶，称肺叶支气管。肺叶支气管再分支，即为肺段支气管。全部各级支气管在肺叶内如此反复分支形成树状，称支气管树。

(二) 支气管肺段

支气管肺段，简称肺段，是每一肺段支气管及其分支分布区的全部肺组织的总称。肺段呈锥体状，尖朝向肺门，底朝向肺的表面。通常，左、右肺各有 10 个肺段（图 4 - 11）。

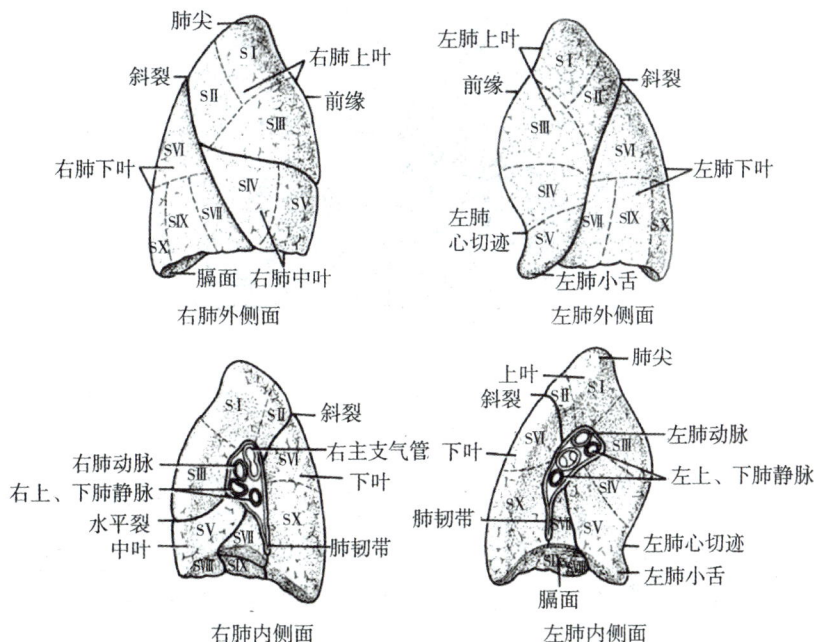

图 4 - 11 肺段示意图

每个支气管肺段有一个肺段支气管分布，相邻支气管肺段以疏松结缔组织相隔。支气管肺段由于结构和功能相对独立，临床上可作为病变的定位诊断或以肺段为单位进行肺段切除术。

三、肺的微细结构

肺的表面覆盖着一层浆膜。肺组织可分为肺实质和肺间质。肺实质由肺内各级支气管及其相连的肺泡组成。肺间质为肺内的结缔组织、血管、淋巴管和神经等。根据功能的不同，肺实质分为导气部和呼吸部。

（一）导气部

导气部只能输送气体，不能进行气体交换，包括肺叶支气管、肺段支气管、小支气管、细支气管和终末细支气管等。肺叶支气管入肺后分为肺段支气管，肺段支气管的分支称为小支气管，又逐级分支，管径越来越细，管径小于1mm者，为细支气管。随着管腔变细、管壁变薄，导气部各级支气管壁的结构也发生规律性改变，到终末细支气管，上皮由假复层纤毛柱状上皮变成单层纤毛柱状上皮或单层柱状上皮，腺体、杯状细胞与软骨均消失，平滑肌形成完整的环行肌。因此，终末细支气管有调节进入肺泡内气体流量的作用。该处的平滑肌痉挛时，可使管径变细，进出肺的气量减少，导致呼吸困难，临床上称支气管哮喘。每条细支气管及其分支和所属的肺泡共同构成一个肺小叶（图4－12）。肺小叶是肺形态与功能的最基本单位。临床常见疾病小叶性肺炎，就是指发生在一个或几个肺小叶范围内的炎症。

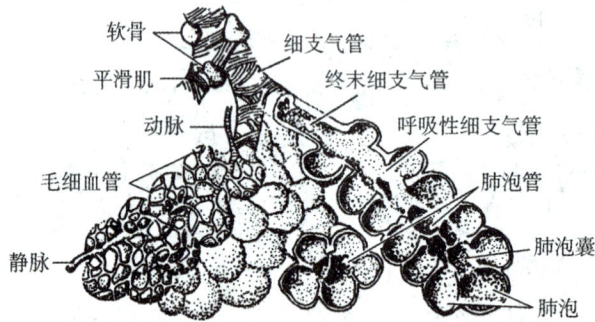

图4－12　肺小叶立体结构模式图

> **知识链接**
>
> **大叶性肺炎和小叶性肺炎**
>
> 1. **大叶性肺炎**　是指发生在一个或几个肺大叶范围内的炎症。
> 2. **小叶性肺炎**　是指发生在一个或几个肺小叶范围内的炎症。

（二）呼吸部

肺呼吸部包括呼吸性细支气管、肺泡管、肺泡囊和肺泡等，具有气体交换的功能。

1. 呼吸性细支气管　是终末细支气管的分支，管壁上有少量肺泡开口，可以进行气体交换。

2. 肺泡管　是呼吸性细支气管的分支，管壁上有大量的肺泡，自身管壁结构很少，切面上呈结节状膨大。

3. 肺泡囊　是几个肺泡共同开口处，连接于肺泡管的末端。

4. 肺泡　呈多面囊泡状，开口于肺泡囊、肺泡管或呼吸性细支气管，每侧肺约有3~4亿个，是气体交换的主要场所。肺泡壁非常薄，由肺泡上皮构成，上皮为单层上皮，可分为两种类型：一类是Ⅰ型肺泡细胞，呈扁平状，构成气体交换的广大面积，是肺泡上皮的主要细胞；另一类是Ⅱ型肺泡细胞，呈立方状或圆形，镶嵌在Ⅰ型肺泡细胞之间，能分泌表面活性物质（磷脂类），具有降低肺泡的表面张力、维持肺泡形态稳定、稳定肺泡容积、防止呼气终末时肺泡塌陷的作用。

肺泡与肺泡之间的薄层结缔组织称肺泡隔，内有丰富的毛细血管、大量弹性纤维和肺泡巨噬细胞。肺泡隔毛细血管与肺泡上皮紧密相贴，因此，肺泡中的气体与毛细血管中的血液之间隔膜很薄。肺泡与毛细血管中的血液进行气体交换，需经过肺泡表面液体层、Ⅰ型肺泡细胞及基膜、薄层结缔组织、毛细血管基膜和内皮，这6层结构称为血-气屏障，又称呼吸膜（图4-13）。弹性纤维使肺泡具有良好的弹性回缩力，可助扩张的肺泡在呼气时自然回缩，若肺泡的弹性纤维受到破坏，呼气会明显延长。肺泡巨噬细胞体积较大，能做变形运动，可吞噬病菌和异物，吞噬了灰尘的肺泡巨噬细胞称为尘细胞。

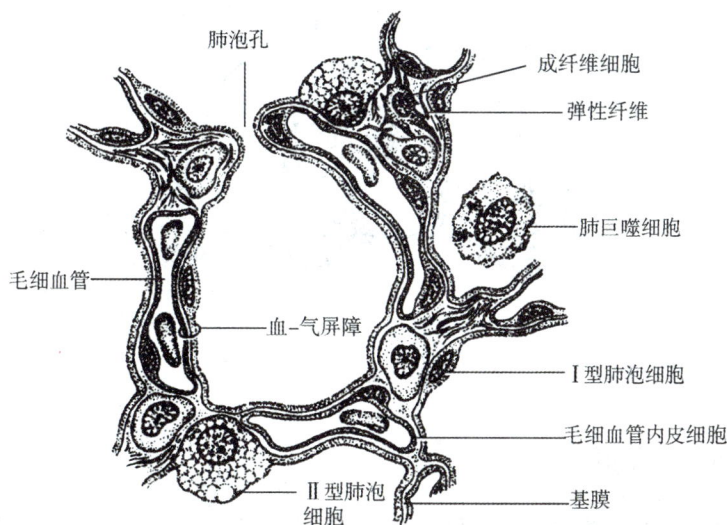

图 4 - 13　呼吸膜示意图

四、肺的血管

肺有两套血管。一套是肺的功能性血管，完成气体交换，由肺动脉和肺静脉组成；

另一套是肺的营养性血管，包括支气管动脉和支气管静脉。

第三节　胸膜与纵隔

一、胸膜与胸膜腔

胸膜是由间皮和薄层结缔组织构成的浆膜，分为互相移行的脏胸膜和壁胸膜。脏胸膜紧贴肺表面并伸入肺的裂隙；壁胸膜分为肋胸膜、膈胸膜、纵隔胸膜和胸膜顶，分别衬覆于胸壁内面、膈上面、纵隔两侧面和肺尖的上部。胸膜顶是肋胸膜和纵隔胸膜向上的延续，突至胸廓上口平面以上到颈根部，在锁骨内侧 1/3 处高出 2～3cm，与肺尖表面的脏胸膜相邻。在颈根部行各种操作（如针灸或臂丛神经麻醉）时，应避免穿破胸膜顶，以防止发生气胸。气胸可致胸内负压减少甚至消失，造成肺塌陷，严重影响呼吸功能，甚至可能危及生命。

脏、壁胸膜在肺根处相互移行，二者之间形成一个潜在的密闭腔隙，称胸膜腔。胸膜腔左、右各一，互不相通，腔内呈负压，仅含有少量浆液，可保持胸膜表面的润滑，减少呼吸时胸膜间的摩擦。胸膜腔在肋胸膜与膈胸膜返折处，形成较深的半环形间隙，称肋膈隐窝。肋膈隐窝左、右各一，是胸膜腔的最低部位（图4－14）。深吸气时，肺的下缘也不能伸入其内。胸膜腔积液时，液体首先积聚于肋膈隐窝，临床上通常在肩胛线第7~9肋间隙，以及腋中线第5~7肋间隙的下位肋骨的上缘行胸腔穿刺。

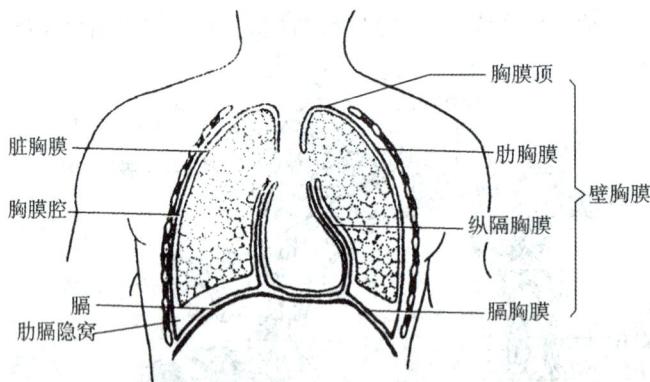

图4－14　胸膜与胸膜腔示意图

二、肺和胸膜的体表投影

1. 肺的体表投影　两肺前缘的投影均起自锁骨内侧段上方2～3cm处的肺尖，向内下方斜行，经胸锁关节的后面至胸骨角的中点处左右侧靠拢。右肺前缘由此几乎垂直下行，至第6胸肋关节处移行于右肺下缘；左肺前缘略直下行至第4胸肋关节水平，沿肺的心切迹向外下作弧形弯曲，至第6肋软骨中点处移行于左肺下缘。

两肺下缘的投影大致相同，在锁骨中线处与第 6 肋相交，在腋中线处与第 8 肋相交，在肩胛线处与第 10 肋相交，再向内于第 11 胸椎棘突外侧 2cm 左右向上与后缘相移行。

2. 胸膜的体表投影　两侧胸膜顶及胸膜前界的投影，与两肺尖和肺前缘的投影基本一致。两侧胸膜下界的投影，比两肺下缘的投影约低两个肋的高度；右侧起自第 6 胸肋关节，左侧起自第 6 肋软骨，两侧均向外下行，在锁骨中线处与第 8 肋相交，在腋中线处与第 10 肋相交，在肩胛线处与第 11 肋相交，最终止于第 12 胸椎高度（图 4 - 15）。

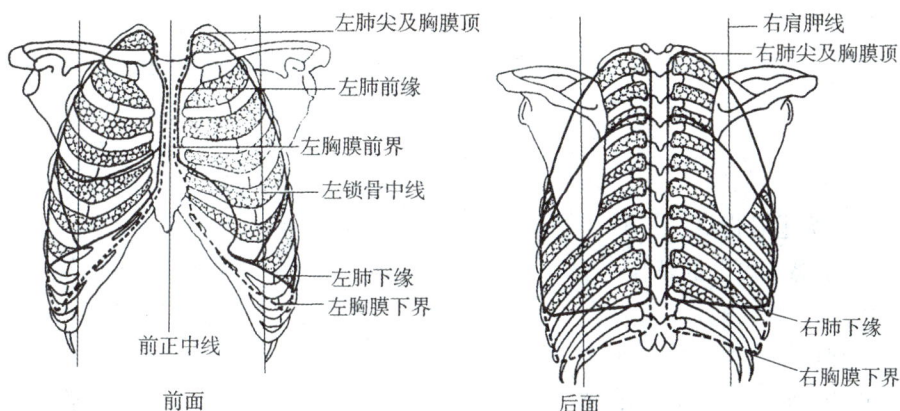

图 4 - 15　肺和胸膜的体表投影

三、纵隔

纵隔是指两侧纵隔胸膜之间所有器官、结构和组织的总称。纵隔稍偏左，上窄下宽，前短后长。纵隔前界为胸骨，后界为脊柱的胸段，两侧为纵隔胸膜，上界为胸廓上口，下界为膈。

纵隔以胸骨角平面为界，分为上纵隔和下纵隔。下纵隔又以心包为界，分为前纵隔、中纵隔、后纵隔。心包和胸骨之间为前纵隔；心包与脊椎胸段之间为后纵隔，主要有食管、胸主动脉、奇静脉、迷走神经、交感干和胸导管等；前、后纵隔之间为中纵隔，主要有心、心包以及连于心的大血管等（图 4 - 16）。

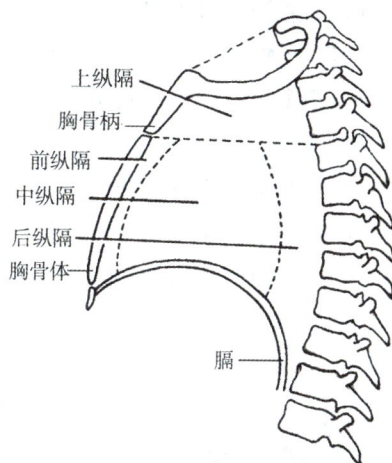

图 4 - 16　纵隔的分部

⇄ **知识链接**

心包区与心内注射

由于左、右胸膜前反折线上下两端相互分开，胸骨后面形成两个三角形间隙：胸腺区和心包区。其中，心包区显露心和心包。临床上，常在第4~5肋间隙胸骨左缘进行心内注射，以避免损伤肺和胸膜。

目标检测

一、选择题

（一）单项选择题

1. 上呼吸道是指（ ）
   - A. 中鼻道以上的鼻腔
   - B. 口、鼻和咽
   - C. 鼻、咽和喉
   - D. 主支气管以上的呼吸道

2. 下列属于下呼吸道的是（ ）
   - A. 口腔
   - B. 鼻
   - C. 咽
   - D. 气管

3. 以下关于鼻旁窦的说法中，正确的是（ ）
   - A. 包括额窦、上颌窦、筛窦、下颌窦
   - B. 窦内无黏膜
   - C. 额窦开口于上鼻道
   - D. 上颌窦开口于中鼻道

4. 开口于中鼻道的鼻旁窦为（ ）
   - A. 额窦、上颌窦、蝶窦
   - B. 额窦、蝶窦
   - C. 上颌窦、筛窦后群
   - D. 上颌窦、额窦及筛窦前群、中群

5. 各鼻旁窦中，积液最不易引流的是（ ）
   - A. 额窦
   - B. 上颌窦
   - C. 蝶窦
   - D. 筛窦前中群

6. 以下关于上颌窦的说法中，正确的是（ ）
   - A. 是鼻旁窦中最大的一对
   - B. 开口于上鼻道
   - C. 窦口低，分泌物易排出
   - D. 窦底与下颌磨牙相邻

7. 与牙齿毗邻最近的鼻旁窦是（ ）
   - A. 额窦
   - B. 上颌窦
   - C. 蝶窦
   - D. 筛窦前群、中群

8. 成对的喉软骨是 ( )

    A. 甲状软骨   B. 会厌软骨   C. 环状软骨   D. 杓状软骨

9. 最大的喉软骨是 ( )

    A. 甲状软骨   B. 环状软骨   C. 会厌软骨   D. 杓状软骨

10. 喉腔最狭窄的部位是 ( )

    A. 喉口   B. 喉中间腔   C. 声门裂   D. 前庭裂

11. 以下关于气管的说法中，错误的是 ( )

    A. 颈部较短，胸部较长

    B. 气管杈的位置平胸骨角高度

    C. 颈段的前方有甲状腺峡

    D. 由 14～16 个完整的软骨环连成

12. 气管杈位于 ( )

    A. 第 6 颈椎体平面   B. 胸骨角平面

    C. 第 6 胸椎体平面   D. 第 7 胸椎体平面

13. 右主支气管的特点是 ( )

    A. 细而长   B. 走向较倾斜

    C. 粗而短   D. 异物不易坠入

14. 以下关于右主支气管的说法中，错误的是 ( )

    A. 走行较垂直   B. 比左主支气管短

    C. 比左主支气管稍细   D. 气管异物多坠入右主支气管

（二）多项选择题

1. 开口于中鼻道的结构有 ( )

    A. 额窦   B. 上颌窦   C. 筛窦后群

    D. 筛窦前、中群   E. 蝶窦

2. 左主支气管的特点是 ( )

    A. 较粗   B. 较细   C. 较长

    D. 较短   E. 较横平

3. 右主支气管特点的是 ( )

    A. 管径较细   B. 长 2～3cm   C. 走向较横平

    D. 长度较短   E. 容易坠入异物

4. 以下关于肺的说法中，正确的是 ( )

    A. 内侧面中部凹陷即肺门

    B. 前缘和下缘锐利，后缘钝圆

    C. 左肺有 2 叶

    D. 右肺有 3 叶

    E. 下界在腋中线平第 8 肋

5. 肺根内含有（　　　）

    A. 气管　　　　　　　B. 主支气管　　　　　C. 肺血管

    D. 淋巴管　　　　　　E. 神经

6. 壁胸膜包括（　　　）

    A. 胸膜顶　　　　　　B. 肋胸膜　　　　　　C. 膈胸膜

    D. 纵隔胸膜　　　　　E. 肺胸膜

7. 以下关于纵隔的说法中，正确的是（　　　）

    A. 由两侧纵隔胸膜之间的器官和组织构成

    B. 以胸骨角平面为界，分为上、下纵隔

    C. 下纵隔分为前、中、后纵隔

    D. 心位于上纵隔内

    E. 只由结缔组织构成

8. 位于后纵隔的结构有（　　　）

    A. 食管　　　　　　　B. 迷走神经　　　　　C. 膈神经

    D. 胸导管　　　　　　E. 胸主动脉

二、思考题

1. 气管内的异物易落入哪侧支气管？为什么？

2. 简述肺导气部管壁结构变化的特点。

3. 空气从鼻到肺泡经过了哪些结构？

（蒋小妹）

书网融合……

 微课　　　　 本章小结　　　　 自测题

第五章 泌尿系统

【学习目标】

1. **掌握** 肾的形态和位置；肾的微细结构；女性尿道的结构特点和位置。

2. **熟悉** 肾的剖面结构；输尿管的结构；膀胱的形态和位置。

3. **了解** 肾的被膜结构；肾的血液循环特点。

案例分析

患者，女，28 岁，刚结婚不久，从外地旅游回来，因"泡沫尿、周身水肿 7 天"入院。入院前 7 天，无明显诱因解小便时发现尿有大量泡沫，持续很久不能散去，伴周身水肿，以腰骶部及双下肢为著，呈凹陷性水肿，伴尿量减少、发热、腰痛等症状。护理体检：体温 38.5℃，脉搏 82 次/分，呼吸 22 次/分，血压 130/80mmHg；慢性病容，神清，精神较差，心肺听诊未闻及明显异常。实验室检查：尿蛋白定性 ＋＋＋＋，血浆白蛋白 27g/L，血浆总胆固醇 6.5mmol/L。

问题

该患者为什么会出现尿中大量泡沫以及水肿，伴尿量减少、发热、腰痛等症状？

泌尿系统是人体排泄系统重要的一部分。人体每天有很多代谢产物需要依靠尿液才能排出。我们每天摄入的水分经消化系统吸收入血后，要经过哪些结构才能形成尿液呢？又是如何排出体外的呢？我们一起来寻找答案吧。

泌尿系统由肾、输尿管、膀胱和尿道组成。其主要功能是排出人体代谢过程中产生的废物、多余的水分等，从而参与维持人体内环境的相对稳定。肾生成尿液，输尿管输送尿液至膀胱暂时贮存，当膀胱中尿液贮存到一定程度时，经尿道排出体外（图 5－1）。

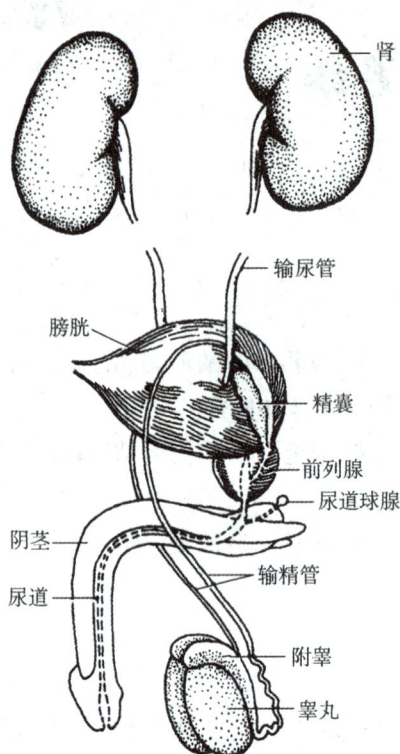

图 5-1 男性泌尿系统、生殖系统概观

第一节 肾

一、肾的形态和位置

肾为实质性器官，形似蚕豆，左右各一。肾表面光滑，呈红褐色，质柔软。肾分为上、下两端，前、后两面及内侧、外侧两缘。肾的上端宽而薄，下端窄而厚。外侧缘隆凸；内侧缘中部凹陷，称肾门，是肾的血管、神经、淋巴管和肾盂等出入的部位。出入肾门的结构被结缔组织包裹，称肾蒂。肾门向肾实质内凹陷形成一个较大的腔，称肾窦，其内有肾小盏、肾大盏、肾盂、肾血管和脂肪等。

成年人的两肾紧贴于腹后壁，位于脊柱的两侧，呈"八"字形排列，是腹膜外位器官。受肝的影响，右肾较左肾约低半个椎体。左肾上端约平第 12 胸椎体上缘，下端约平第 3 腰椎体上缘；第 12 肋斜过左肾后面的中部。第 12 肋斜过右肾后面的上部。成人的肾门约平第 1 腰椎体。肾门在背部的体表投影位于竖脊肌外侧缘与第 12 肋所形成的夹角内，临床上称肾区（图 5-2）。肾病患者叩击或触压此区可引起疼痛。

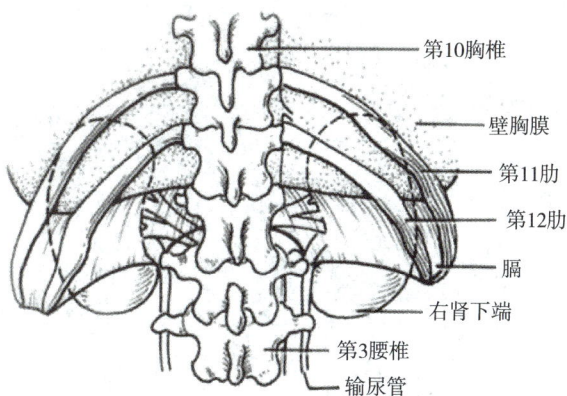

第10胸椎

壁胸膜

第11肋

第12肋

膈

右肾下端

第3腰椎

输尿管

图 5 - 2　肾的位置后面观

⇄ **知识链接**

肾的畸形与异常

肾在发育过程中，可出现畸形或位置与数量异常。

1. 马蹄肾　两侧肾的下端互相连接呈马蹄铁形，发生率为 1% ~ 3%。易引起肾盂积水、感染和结石。

2. 多囊肾　胚胎时肾小管与集合管不交通，致使肾小管分泌物排出困难，引起肾小管膨大成囊状。随着囊肿的增大，肾组织会逐渐萎缩、坏死，最终导致肾功能衰竭。

3. 单肾　一侧发育不全或缺如，国人以右侧为多。先天性单肾发生率约为 0.5%。

4. 低位肾　一侧者多见，多因胚胎期肾上升受影响所致。因输尿管短而变形，常易引起肾盂积水、感染或结石。

二、肾的剖面结构 🅔 微课

　　肾实质分为表层的肾皮质和深层的肾髓质两部分。肾皮质富含血管，在新鲜标本中为红褐色，伸入肾髓质内的部分称肾柱。肾髓质色淡红，由 15 ~ 20 个肾锥体构成。肾锥体由许多密集排列的集合小管构成。肾锥体呈圆锥形，底朝向皮质；尖端钝圆，朝向肾窦，称肾乳头。肾乳头顶端有许多开口，称乳头孔，终尿经此孔流入肾小盏。肾小盏呈漏斗状包绕肾乳头。2 ~ 3 个肾小盏汇合成一个肾大盏。2 ~ 3 个肾大盏汇合成肾盂。肾盂出肾门后向下弯行，逐渐变细，移行为输尿管（图 5 - 3）。

图 5 - 3　右肾的冠状切面

三、肾的被膜

肾表面包有三层被膜，由内向外依次为纤维囊、脂肪囊和肾筋膜。

1. 纤维囊　是包裹于肾实质表面的薄层致密的结缔组织膜，正常时易剥离。

2. 脂肪囊　又称肾床，是位于纤维囊外周的脂肪组织层，对肾起弹性垫样的保护作用。临床上做肾囊封闭，就是将药物注入此囊。

3. 肾筋膜　位于脂肪囊外周，分前、后两层包裹肾和肾上腺，并向深面发出许多结缔组织小束穿过脂肪囊连于纤维囊，对肾起固定作用（图 5 - 4）。

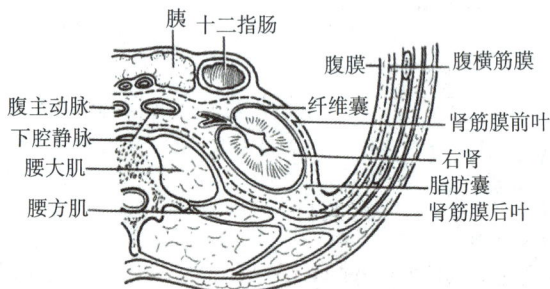

图 5 - 4　肾的被膜（平第 1 腰椎，水平切面）

肾正常位置的维持，除靠肾的被膜外，还有赖于肾的血管、腹膜、腹内压及邻近器官的支持和承托。当上述因素不健全时，可引起肾下垂或游走肾。

四、肾的微细结构

肾实质含有大量的泌尿小管，其间有由少量的结缔组织、血管、淋巴管和神经等构成的肾间质。泌尿小管是形成尿的结构，包括肾单位和集合管两部分（图 5 - 5）。

$$
泌尿小管 \begin{cases}
肾单位 \begin{cases}
肾小体 \begin{cases} 血管球 \\ 肾小囊 \end{cases} \\
肾小管 \begin{cases} 近端小管 \begin{cases} 曲部 \\ 直部 \end{cases} \\ 细段 —— 髓袢 \\ 远端小管 \begin{cases} 直部 \\ 曲部 \end{cases} \end{cases}
\end{cases} \\
集合管
\end{cases}
$$

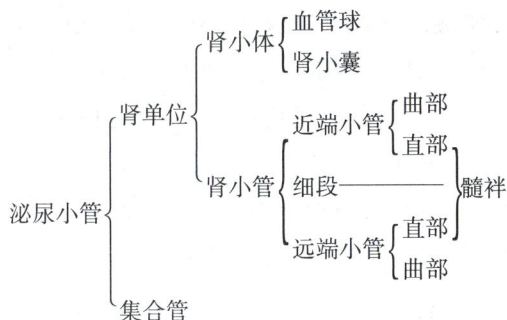

图 5 - 5　泌尿小管组成

（一）肾单位

肾单位是肾的结构和功能的基本单位，由肾小体和肾小管组成。每侧肾约有100 万 ~ 140 万个肾单位。

1. 肾小体　位于肾皮质内，呈球形，由血管球与肾小囊组成。

（1）血管球　又称肾小球，是肾小体内入球微动脉与出球微动脉之间的一团盘曲成球状的毛细血管。其管壁极薄，由一层有孔内皮细胞和基膜构成。

（2）肾小囊　是肾小管起始部膨大并凹陷而成的杯状双层囊，包裹着血管球。肾小囊分壁、脏两层。壁层为单层扁平上皮；脏层由贴附在毛细血管基膜外面的足细胞构成。两层之间的腔隙为肾小囊腔。足细胞伸出几个较大的初级突起，初级突起又伸出许多指状的次级突起，相邻次级突起相互镶嵌，形成栅栏状结构紧包在毛细血管外面。次级突起间的裂隙，称裂孔。裂孔上覆盖一层极薄的裂孔膜。

血液流经血管球，滤出形成原尿时，必须通过有孔毛细血管内皮、基膜和裂孔膜，这三层结构称为滤过膜，又称滤过屏障。若滤过屏障受损，血液中某些大分子物质甚至血细胞都可漏入肾小囊腔内，形成蛋白尿或血尿。

2. 肾小管　管壁由单层上皮围成，与肾小囊壁层相续。根据肾小管的形态结构、分布位置和功能，由近端向远端依次分为近端小管、细段和远端小管三部分。

（1）近端小管　是肾小管中最粗、最长的一段，分为曲部和直部。其曲部简称近曲小管；直部近侧端与曲部相续，远侧端管径突然变细移行为细段。

（2）细段　管径细，参与构成髓袢。

（3）远端小管　较近端小管细，分为直部和曲部。其直部近侧端与细段相续，远侧端与曲部相连。近端小管直部、细段和远端小管直部共同构成 U 形结构，称髓袢或肾单位袢。远端小管曲部简称远曲小管。

（二）集合管

集合管续接远端小管曲部，自肾皮质行向肾髓质，到达髓质深部后，陆续与其他集合管汇合，最后形成管径较粗的乳头管，开口于肾乳头。

（三）球旁复合体

球旁复合体也称肾小球旁器，主要由球旁细胞和致密斑等组成。

1. 球旁细胞 在入球微动脉近血管球处，由入球微动脉管壁的平滑肌分化而成。球旁细胞能分泌肾素，可使血管平滑肌收缩，致血压升高。

2. 致密斑 位于远曲小管与球旁细胞邻接处，是远曲小管管壁的上皮细胞变化形成的椭圆形细胞密集区。致密斑是钠离子感受器，能感受远端小管内滤液中钠离子浓度的变化。当滤液中钠离子浓度降低时，致密斑将信息传递给球旁细胞，促进球旁细胞合成和释放肾素，增强远端小管对钠离子的重吸收，从而使血钠浓度升高。

五、肾的血液循环特点

肾血液循环的作用，一是营养肾组织，二是参与尿的生成。因此，肾血液循环具有自身的特点。①肾动脉直接起于腹主动脉，血管粗短，流速快且流量大。②入球微动脉粗短，出球微动脉细长，因此，血管球内压力较高，有利于肾小体的滤过作用。③肾血液循环中，动脉两次形成毛细血管网，第一次是入球微动脉形成血管球，有利于原尿生成；第二次是出球微动脉在肾小管周围形成毛细血管网，有利于肾小管对原尿的重吸收。

第二节 输尿管道

一、输尿管

输尿管为一对细长的肌性管道，属腹膜外位器官，起于肾盂，终于膀胱，长约20～30cm（图5-6）。

输尿管全长可分为腹部、盆部和壁内部三部分。腹部最长，位于起始部与越过髂血管处之间；盆部为越过髂血管处至穿入膀胱壁之前的部分；壁内部是位于膀胱壁内的一段，最后经输尿管口开口于膀胱内面。

输尿管全程有三处狭窄：①输尿管起始处；②输尿管跨越髂血管处；③斜穿膀胱壁处。这些狭窄是结石易嵌留的部位。

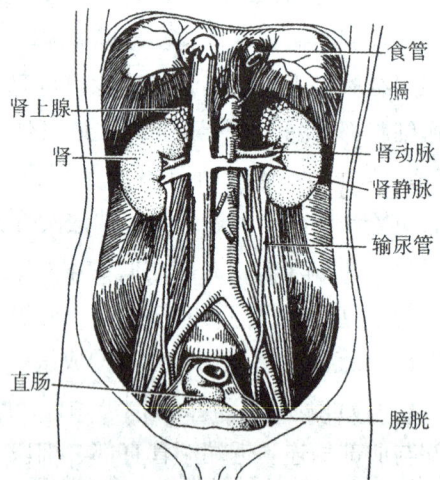

图5-6 肾和输尿管的位置

标注：食管、膈、肾上腺、肾、肾动脉、肾静脉、输尿管、直肠、膀胱

二、膀胱

膀胱是一个肌性囊状的贮尿器官，其形状大小、位置及壁的厚度随尿液充盈程度而异。正常成人的膀胱容量一般为350～500ml，最大可达800ml。新生儿的膀胱容量约为成人的1/10，女性的膀胱容量小于男性，老年人因膀胱肌张力下降而膀胱容量增大。

（一）形态、位置和毗邻

1. 形态　膀胱充盈时，略呈卵圆形；膀胱空虚时，呈三棱锥体形，分为尖、底、体、颈四部分。其尖朝向前上方，称膀胱尖；底近似三角形，朝向后下方，称膀胱底；膀胱底与膀胱尖之间的部分称为膀胱体；膀胱的最下部称为膀胱颈。颈的下端有尿道内口与尿道相接（图5-7）。

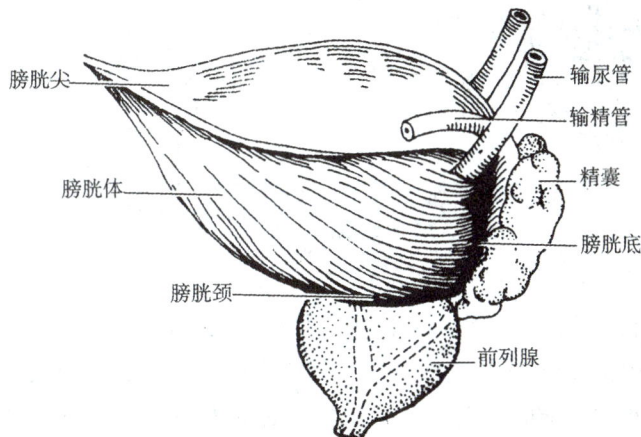

图5-7　男性膀胱侧面观

2. 位置　新生儿的膀胱大部分位于腹腔内，随着年龄的增长而逐渐下降。老年人因盆底肌松弛，膀胱位置较低。成人的膀胱位于盆腔内，耻骨联合的后方。膀胱空虚时，膀胱尖一般不超过耻骨联合上缘；膀胱充盈时，膀胱尖上升至耻骨联合以上，此时由于腹前壁向膀胱返折的腹膜也随之上移，膀胱的前下壁直接与腹前壁相贴（图5-8）。因此，膀胱充盈时在耻骨联合上缘进行膀胱穿刺，穿刺针可不经腹膜腔而直接进入膀胱，避免损伤腹膜。

膀胱空虚时的位置　　　　　　　　　　膀胱充盈时的位置

图5-8　膀胱的位置

3. 毗邻　膀胱底在男性与输精管末端、精囊腺及直肠相邻，在女性与子宫颈和阴道相邻。膀胱颈在男性与前列腺相接，在女性与尿生殖膈相邻（图5-9，图5-10）。

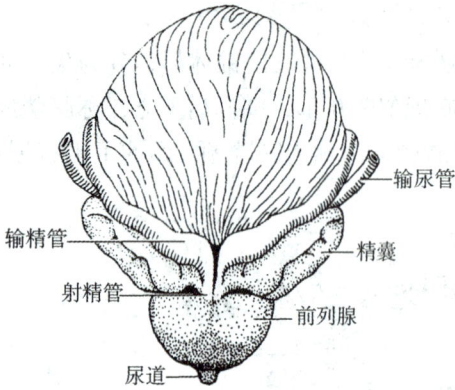

图 5-9　男性膀胱后面的毗邻

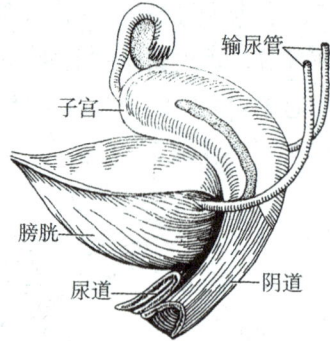

图 5-10　女性膀胱后面的毗邻

（二）膀胱壁的结构

膀胱壁的结构分三层，由内向外依次为黏膜、肌层和外膜。

1. 黏膜　黏膜层的上皮是变移上皮。膀胱空虚时，黏膜由于肌层的收缩而形成许多皱襞；膀胱充盈时，皱襞逐渐消失。在膀胱底的内面，位于两输尿管口与尿道内口之间的三角形区域，无论膀胱充盈或空虚，黏膜均光滑无皱襞，称膀胱三角，是肿瘤、结核和炎症的好发部位。两输尿管口之间的横行皱襞，称输尿管间襞，在膀胱镜下显示为一条白色区域，是寻找输尿管口的重要标志。

2. 肌层　肌层由内纵行、中环行、外纵行三层平滑肌构成，这三层肌束相互交错，共同构成逼尿肌。

3. 外膜　在膀胱的大部分位置为纤维膜，其他部分为浆膜（图 5-11）。

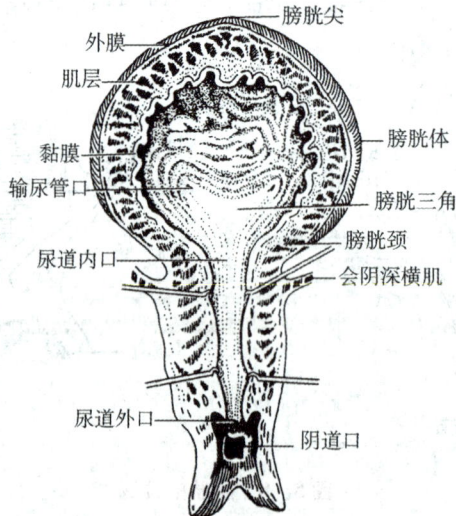

图 5-11　女性膀胱和尿道的冠状切面

三、尿道

尿道分为男性尿道和女性尿道。男性尿道相关内容见第六章第一节"男性生殖系统"。

女性尿道起于膀胱内口，穿过尿生殖膈，以尿道外口开口于阴道前庭，全长 3~5cm，直径约 0.6cm，仅有排尿功能。穿过尿生殖膈时，周围有尿道阴道括约肌环绕，可控制排尿。女性尿道短、宽、直，并且容易扩张，故易引起逆行尿路感染（图 5-11）。

⇄ 知识链接

女性泌尿系统感染

据了解，每年约有 61% 的成年女性患上泌尿系统感染。原因包括：女性尿道短，仅约 3~5cm，细菌易上行侵入膀胱；尿道口大，并且距阴道、肛门也较近，因此尿路上皮细胞对细菌的黏附性及敏感性比男性高；每月一次的月经也是细菌良好的培养基，如不注意外阴清洁，细菌很容易滋生；尿道过短者，也易诱发炎症。此外，在妊娠期、幼女（未满 14 周岁）或绝经后，由于雌激素变化及 pH 改变等，也易引发感染。再加上女性外阴部汗腺特别丰富，很容易使外阴局部长时间潮湿，细菌乘虚而入。

1. 膀胱炎　占尿路感染的 60% 以上，分为急性单纯性膀胱炎和反复发作性膀胱炎。主要表现为尿频、尿急、尿痛、排尿不适、下腹部疼痛等，部分患者迅速出现排尿困难。尿液常混浊，并有异味，约 30% 可出现血尿。一般无全身感染症状，少数患者出现腰痛发热，但体温常不超过 38.0℃。如患者有突出的全身表现，体温超过 38.0℃，应考虑上尿路感染。致病菌多为大肠埃希菌，占 75% 以上。

2. 急性肾盂肾炎　可发生于各年龄段，育龄女性最多见。临床表现与感染程度有关，通常起病较急。

（1）全身症状　发热、寒战、头痛、全身酸痛、恶心、呕吐等，体温多在 38.0℃ 以上，多为弛张热，也可呈稽留热或间歇热。部分患者出现革兰阴性杆菌败血症。

（2）泌尿系统症状　尿频、尿急、尿痛、排尿困难、下腹部疼痛、腰痛等。腰痛程度不一，多为钝痛或酸痛。部分患者膀胱刺激症状不典型或缺如。

（3）体格检查　除发热、心动过速和全身肌肉压痛外，还可出现一侧或两侧肋脊角或输尿管点压痛和（或）肾区叩击痛。

目标检测

一、选择题

（一）单项选择题

1. 下列属于肾皮质的结构是（ ）
    A. 肾小盏　　　　　B. 肾盂　　　　　C. 肾乳头　　　　　D. 肾柱
2. 下列不属于肾小管的结构（ ）
    A. 肾小囊　　　　　　　　　　B. 近端小管曲部
    C. 髓袢　　　　　　　　　　　D. 远端小管曲部
3. 女性尿道长约（ ）
    A. 3～5cm　　　B. 6～8cm　　　C. 1～2cm　　　D. 9～10cm
4. 肾的结构和功能的基本单位是（ ）
    A. 肾小球　　　　　B. 肾小囊　　　　C. 肾小管　　　　D. 肾单位
5. 膀胱肿瘤、结核、炎症的好发部位是（ ）
    A. 尿道外口　　　B. 输尿管间襞　　　C. 膀胱三角　　　D. 尿道内口
6. 构成肾小囊脏层的细胞是（ ）
    A. 扁平细胞　　　B. 足细胞　　　　C. 单核细胞　　　D. 球旁细胞
7. 分泌肾素的结构是（ ）
    A. 球旁细胞　　　B. 致密斑　　　　C. 近曲小管　　　D. 远曲小管
8. 膀胱充盈时，沿耻骨联合上缘进行膀胱穿刺，不需要经过的结构是（ ）
    A. 皮肤和皮下组织　　　　　　B. 腹膜和腹膜腔
    C. 腹肌　　　　　　　　　　　D. 膀胱壁
9. 肾髓质锥体的数目是（ ）
    A. 10～12个　　　　　　　　B. 8～10个
    C. 15～20个　　　　　　　　D. 20～25个
10. 以下关于输尿管的描述中，正确的是（ ）
    A. 起于肾大盏　　　　　　　　B. 分为腹、盆两部分
    C. 有两个狭窄　　　　　　　　D. 终于膀胱

（二）多项选择题

1. 女性尿道的特点为（ ）
    A. 宽　　　　　B. 短　　　　　C. 直
    D. 窄　　　　　E. 长
2. 滤过屏障包括（ ）
    A. 单层扁平上皮　　　B. 足细胞　　　C. 有孔毛细血管内皮
    D. 基膜　　　　　　　E. 裂孔膜

3. 以下关于肾的位置的描述中，正确的是（　　　）

    A. 左肾上端平 T_{11} 上缘　　　　　　　B. 左肾上端平 T_{11} 下缘

    C. 右肾上端平 T_{11} 下缘　　　　　　　D. 右肾上端平 T_{12} 下缘

    E. 肾门平 L_1 平面

4. 临床上常见的肾的异常形态包括（　　　）

    A. 马蹄肾　　　　　B. 多囊肾　　　　　C. 双肾盂及双输尿管

    D. 单肾　　　　　　E. 低位肾

5. 下列属于肾的固定装置的有（　　　）

    A. 肾的被膜　　　　B. 肾血管　　　　　C. 腹内压

    D. 输尿管　　　　　E. 肾毗邻的器官

二、思考题

1. 简述尿液的产生及排出途径。

2. 为何临床上逆行性尿路感染多见于女性？

（王晓君）

书网融合……

    微课　　　　　　　本章小结　　　　　　自测题

第六章 生殖系统

PPT

【学习目标】

1. **掌握** 男性尿道的分部、狭窄、弯曲。
2. **熟悉** 睾丸、卵巢的位置、形态、结构；男性、女性生殖管道的形态、位置；乳房的位置、形态、构造；会阴的概念、分区。
3. **了解** 男女外生殖器。

生殖系统包括男性生殖系统和女性生殖系统，具有产生生殖细胞、繁殖新个体和分泌性激素等功能。男性和女性生殖系统的所属器官，按部位都可分为内生殖器和外生殖器两部分。内生殖器位于体内，包括产生生殖细胞并分泌激素的生殖腺，输送生殖细胞的管道及附属腺；外生殖器露于体表。

第一节 男性生殖系统

案例分析

患者，男，71岁。尿频，尿急，排尿困难多年。昨晚因饮酒后受凉，排尿困难1天入院。体格检查：体温36.7℃，脉搏85次/分，下腹胀痛，全腹柔软。叩诊膀胱区呈浊音，外生殖器外观无明显异常。导尿后，直肠指诊发现前列腺增大，底部能触及，前列腺沟消失，表面光滑，质地中度硬而有弹性。B超检查：前列腺增大，膀胱内未见结石。

问题

1. 患者为何会出现排尿困难及尿潴留？
2. 结合解剖学知识说明：给患者导尿时应注意些什么？

男性的内生殖器包括睾丸、附睾、输精管、射精管、精囊、前列腺和尿道球腺。外生殖器为阴囊和阴茎（图6-1）。

图 6 - 1　男性生殖系统

一、内生殖器

（一）睾丸

睾丸为男性生殖腺，具有产生男性生殖细胞和分泌男性激素的功能。

1. 睾丸的位置和形态　位于阴囊内，左、右各一，呈扁椭圆形，分前、后两缘，上、下两端和内、外侧面。睾丸前缘和下端游离，后缘与附睾和输精管睾丸部相接触，上端被附睾头遮盖。睾丸除后缘外都被覆有鞘膜，鞘膜分脏、壁两层，脏层紧贴睾丸和附睾表面，壁层贴附于阴囊内面。脏、壁两层在睾丸的后缘处相互移行，形成一个潜在性的密闭腔隙，称鞘膜腔（图 6 - 2）。腔内有少量浆液，有润滑作用。

2. 睾丸的结构　睾丸表面有一层坚厚的纤维膜，称白膜。白膜在睾丸后缘增厚并凸入睾丸内形成睾丸纵隔。睾丸纵隔发出睾丸小隔，伸入睾丸实质，将睾丸实质分成 100～200 个睾丸小叶。每个睾丸小叶内含 1～4 条精曲小管和位于小管之间的睾丸间质。精曲小管汇合成精直小管，精直小管进入睾丸纵隔，相互吻合形成睾丸网。由睾丸网发出 10～15 条睾丸输出小管，经睾丸后缘上部进入附睾，汇合成附睾管（图 6 - 3）。

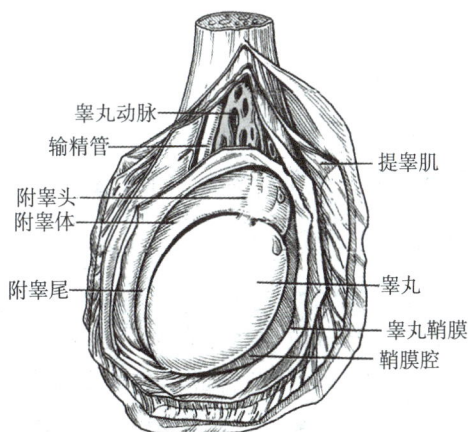

图 6 - 2　睾丸与附睾

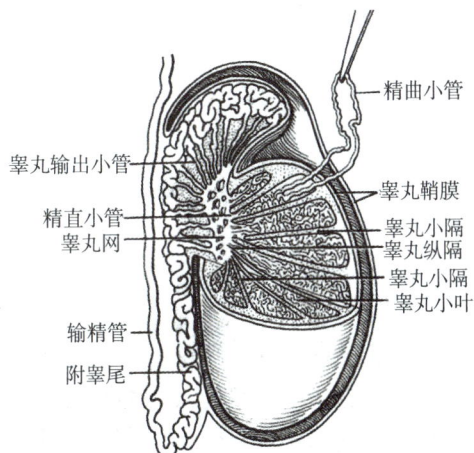

图 6 - 3　睾丸的内部结构

（1）精曲小管　是产生精子的部位，其管壁由生精上皮构成。生精上皮由生精细胞和支持细胞组成。①生精细胞：为一系列发育分化程度不同的细胞，包括精原细胞、初级精母细胞、次级精母细胞，精子细胞和精子。精原细胞较小，紧贴基膜，核圆，染色较深。自青春期开始，在垂体促性腺激素的作用下，精原细胞不断分裂增殖，其中部分精原细胞经历初级精母细胞、次级精母细胞等发育阶段，形成精子细胞。精子细胞经过一系列变化发育成精子。精子形似蝌蚪，分为头部和尾部。头部主要由精子的细胞核浓缩而成，参与受精；尾部细长，可以运动。生精细胞易受乙醇、放射线和阴囊的温度增高等理化因素的影响，导致精子畸形或功能障碍。②支持细胞：对生精细胞具有营养、支持和保护作用。

（2）睾丸间质　是精曲小管之间的疏松结缔组织，含有间质细胞。间质细胞呈圆形或多边形，单个或成群分布，其主要功能是分泌雄激素（睾酮）。雄激素能促进精子发生、男性生殖器官发育和激发男性第二性征的形成（图6-4，图6-5）。

图6-4　精曲小管的微细结构

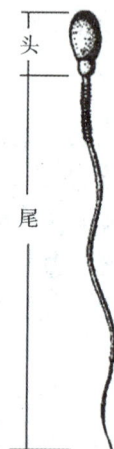

图6-5　精子的形态

⇄ **知识链接**

隐睾症

睾丸于胚胎第3个月降至髂窝，第7个月降至腹股沟管深环处，第8～9个月达腹股沟管浅环，出生前后进入阴囊。若出生后3～5个月内睾丸仍未降至阴囊内（位于腹腔、腹股沟管内或阴囊上部），称隐睾症。新生男婴均应检查有无隐睾。

（二）附睾

附睾紧贴睾丸的上端及后缘，可分为附睾头、附睾体和附睾尾三部分（图6-2）。睾丸输出小管进入附睾后，弯曲盘绕形成膨大的附睾头，末端汇合成一条附睾管。附睾管迂曲盘回而成附睾体和尾，附睾尾返折弯向上移行为输精管（图6-3）。

附睾除贮存精子外，还分泌液体供其营养，促其成熟。附睾是结核病的好发部位。

（三）输精管和射精管

1. 输精管 是附睾管的直接延续，长约50cm，全程可分为四部。①睾丸部：位于睾丸后缘及附睾内侧。②精索部：此段输精管位置表浅，输精管结扎术常在此部进行。③腹股沟部：位于腹股沟管内。④盆部：沿盆侧壁向后下至膀胱后面。输精管末端膨大成输精管壶腹，壶腹的下端变细，与精囊的排泄管汇合成射精管。

2. 射精管 由输精管末端和精囊的排泄管汇合而成，长约2cm，穿入前列腺底，向下斜穿前列腺实质，开口于尿道的前列腺部。

精索为柔软的圆索状结构，从腹环穿经腹股沟管，出皮下环后延至睾丸上端。精索内主要有输精管、睾丸血管、输精管血管、神经、淋巴管等，外包被膜。

（四）附属腺

附属腺包括精囊、前列腺和尿道球腺（图6-6）。

1. 精囊 为一对梭形囊状腺体，位于膀胱底后面及输精管壶腹的外侧。精囊的排泄管与输精管末端合成射精管。精囊分泌黄色黏稠的液体，为组成精液的主要成分。

2. 前列腺 前列腺为一不成对的实质性器官，位于膀胱颈与尿生殖膈之间，中央有尿道穿过。前列腺呈前后略扁的栗子形。上端宽大，为前列腺底，邻接膀胱颈；下端尖细，为前列腺尖，紧贴尿生殖膈。两者之间的部分为前列腺体（图6-7）。体后面的正中线上有一纵行浅沟，称前列腺沟。直肠指诊时，可摸到前列腺及其后面的前列腺沟。

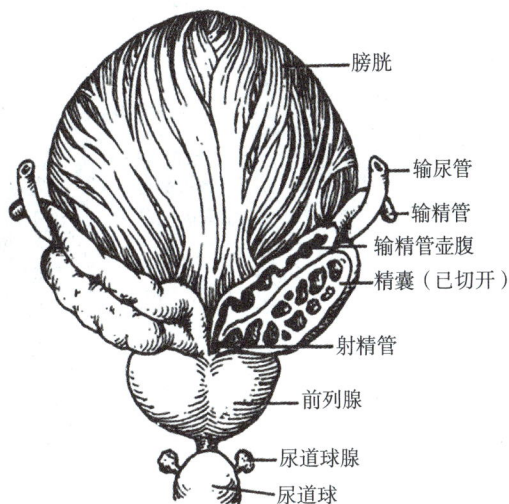

图6-6 精囊、前列腺和尿道球腺

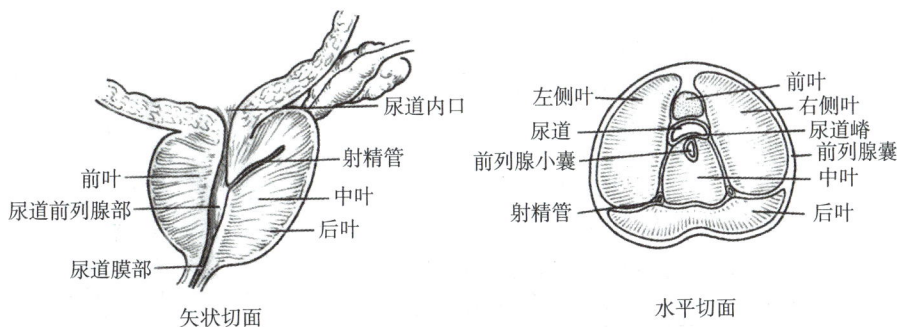

矢状切面

水平切面

图6-7 前列腺的剖面结构

前列腺由腺组织、平滑肌和结缔组织构成，中年以后腺部逐渐退化，结缔组织增生，至老年时，常形成前列腺肥大。

3. 尿道球腺 是一对豌豆大的球形腺体，位于会阴深横肌内，开口于尿道球部。尿道球腺的分泌物参与精液的组成，有利于精子的活动。

精液由输精管道各部及附属腺特别是前列腺和精囊的分泌物组成，内含精子。精液呈乳白色，弱碱性，适于精子的生存和活动。正常成年男性一次射精约 2～5ml，含精子 3 亿～5 亿个。

二、外生殖器

（一）阴囊

阴囊为一皮肤囊袋，位于阴茎的后下方，容纳睾丸、附睾和输精管的起始部。阴囊皮肤薄而柔软，富有伸展性。皮肤深面为一层肉膜（浅筋膜），内含平滑肌纤维（图6-8）。平滑肌的舒缩可调节阴囊内温度为略低于体温，以适于精子的发育。

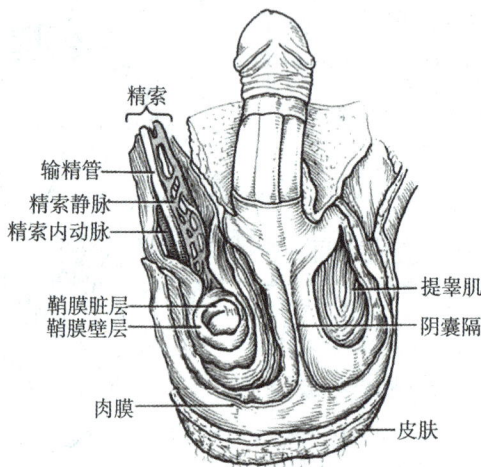

图 6-8 阴囊和精索

（二）阴茎

1. 阴茎的形态 阴茎可分为头、体和根三部分。阴茎根固定于耻骨弓；阴茎体悬垂于耻骨联合前下方；阴茎头游离，其尖端有矢状位的尿道外口。

2. 阴茎的构造 阴茎由海绵体、阴茎筋膜和皮肤等构成。海绵体包括 2 条阴茎海绵体和 1 条尿道海绵体。阴茎海绵体位于背侧，构成阴茎的主体。尿道海绵体位于腹侧，内有尿道通过。在阴茎的前端，皮肤形成双层游离的环行皱襞，称阴茎包皮。在阴茎头腹侧正中线上，包皮与尿道外口相连的皮肤皱襞，称包皮系带，行包皮环切术时，如损伤此系带，会导致受术者阴茎勃起困难（图 6-9，图 6-10，图 6-11）。

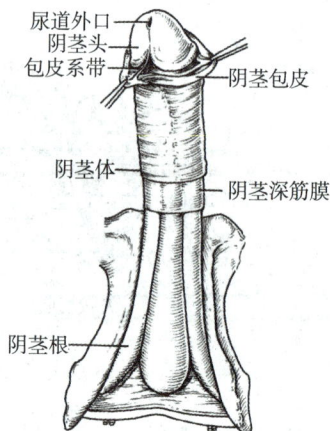

图 6-9 阴茎

图 6-10　阴茎的横断面

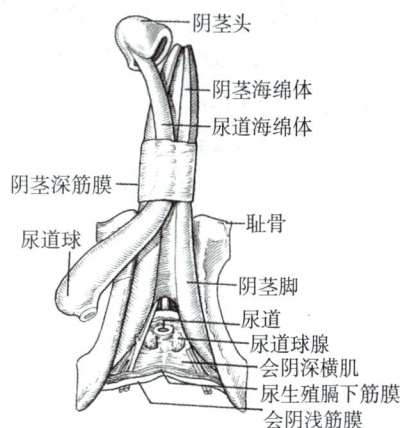

图 6-11　阴茎的海绵体

🔁 知识链接

包皮过长或包茎

　　儿童时，包皮较长，包绕整个阴茎头。随着年龄的增长，阴茎头发育增大，包皮逐渐后缩，包皮口扩大，阴茎头裸露。如到成年时，阴茎头仍被包皮包绕，但能上翻而露出阴茎头者，称包皮过长；包皮口过小，难以上翻显露出阴茎头者，则称包茎。包皮过长或包茎常影响排尿，包皮腔内易存留污物，污物的长期刺激可能是发生阴茎癌的诱因之一，应行包皮环切术，以露出阴茎头。包皮切除范围达冠状沟处为宜，一定要保留阴茎系带，以免阴茎勃起时阴茎头向下屈曲和疼痛。

三、男性尿道 📱微课

　　男性尿道兼有排尿和排精的功能。其起自膀胱的尿道内口，止于阴茎头的尿道外口，成人尿道长 16～22cm，管径平均 5～7mm。男性尿道可分为前列腺部、膜部和海绵体部三部分。

　　1. 前列腺部　为尿道穿经前列腺的部分，长约3cm。管径粗，其后壁上有细小的射精管及多个前列腺排泄管的开口。

　　2. 膜部　为尿道穿经尿生殖膈的部分，此段短而窄；长约1.5cm，其周围有尿道括约肌环绕，此肌可随意收缩，控制排尿。膜部是尿道较固定的部分，骨盆骨折时易受损伤。

　　3. 海绵体部　为尿道穿经尿道海绵体的部分，长约 12～17cm。其起始处较膨大，称尿道球部，有尿道球腺的开口（图6-12）。

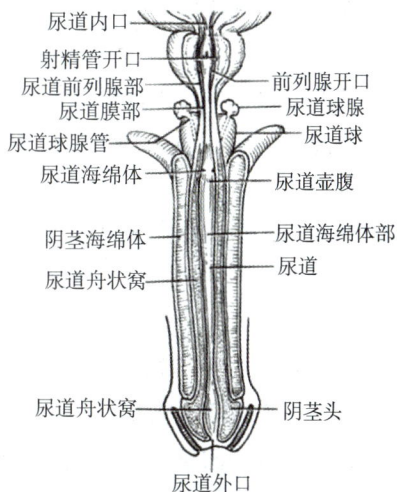

图 6-12　男性尿道正中矢状切面

尿道在行径中，有三处狭窄和两个弯曲。三处狭窄分别位于尿道内口、尿道膜部和尿道外口，以外口最窄。尿道结石常易嵌顿在这些狭窄部位。两个弯曲是凸向下后方的耻骨下弯和凸向上前方的耻骨前弯。耻骨下弯是恒定的，位于耻骨联合的下方。耻骨前弯位于耻骨联合前下方，阴茎根与阴茎体之间，阴茎勃起或将阴茎向上提起时，此弯曲消失。临床上行膀胱镜检查或导尿时，应注意这些解剖特点。

第二节　女性生殖系统

案例分析

患者，女，32 岁，已婚，平时月经规律，现停经 5 周，2 小时前恶心、呕吐，左下腹疼痛伴肛门坠胀感及阴道出血入院。体格检查：体温 37.4℃，脉搏 95 次/分，血压 85/62mmHg，急性痛楚面容，腹肌紧张，左下腹压痛，反跳痛。妇科检查：宫颈举痛，子宫稍大，左侧附件增厚，压痛。妊娠实验阳性。B 超显示宫内无孕囊，左侧附件区有混合性包块。初步诊断为宫外孕。

问题

简述输卵管的位置、分部及各部的临床意义。

女性生殖系统包括内生殖器和外生殖器。内生殖器由生殖腺（卵巢）、输送管道（输卵管、子宫和阴道）以及附属腺（前庭大腺）组成。外生殖器即女阴。

一、内生殖器

（一）卵巢

卵巢为女性生殖腺，具有产生卵细胞、分泌女性激素的功能。

1. 卵巢的位置和形态　卵巢左、右各一，位于子宫两侧、骨盆腔侧壁、髂总动脉分叉处的卵巢窝内。卵巢是腹膜内位器官。卵巢呈扁卵圆形，略呈灰红色，可分为内、外侧两面，前、后两缘和上、下两端。前缘中部为卵巢门，有血管、淋巴管和神经出入（图 6 - 13）。

卵巢的大小和形状随年龄而有差异：幼女的卵巢较小，表面光滑；性成熟期卵巢最大，之后由于多次排卵，卵巢表面出现瘢痕，显得凹凸不平；绝经期前后逐渐变小萎缩。

2. 卵巢的微细结构　卵巢表面覆盖有一层浆膜；浆膜深面为一层致密结缔组织，称白膜。卵巢实质分为皮质与髓质。皮质较厚，位于卵巢周边，含有不同发育阶段的卵泡；髓质位于卵巢中央，主要由疏松结缔组织构成。

（1）卵泡的发育与成熟　①原始卵泡：出生时即有的卵泡，位于皮质浅层，体积小，数量多，由中央的一个初级卵母细胞和围绕其周围的一层扁平的卵泡细胞构成。

图 6 - 13　女性骨盆正中矢状切面

卵泡细胞外有一层较薄的基膜。②生长卵泡：自青春期开始，在垂体促性腺激素的作用下，部分原始卵泡开始生长发育，卵泡细胞分裂增生，由一层变为多层；卵母细胞逐渐增大，并在其表面出现一层厚度均匀的嗜酸性膜，称透明带。随着卵泡细胞的不断增殖，卵泡细胞之间出现一些含液体的小腔，腔内液体称为卵泡液，卵泡继续发育，这些小腔相互融合，最终成为一个半月形的卵泡腔。在卵泡腔的形成过程中，靠近卵母细胞的卵泡细胞逐渐变为柱状，围绕透明带呈放射状排列，称放射冠；其他的卵泡细胞主要构成了卵泡壁。随着卵泡的发育，卵泡周围的结缔组织也逐渐发生变化，形成富含细胞和血管的卵泡膜（图 6 - 14）。③成熟卵泡：是卵泡发育的最后阶段。生长卵泡经过 10 ~ 14 天，发育为成熟卵泡。此时，卵泡液剧增，卵泡体积显著增大，直径可达 2 cm，向卵巢表面突起。排卵前 36 ~ 48 小时，初级卵母细胞已完成第一次成熟分裂，产生一个大的次级卵母细胞和一个很小的细胞，后者称为第一级体（图 6 - 15）。

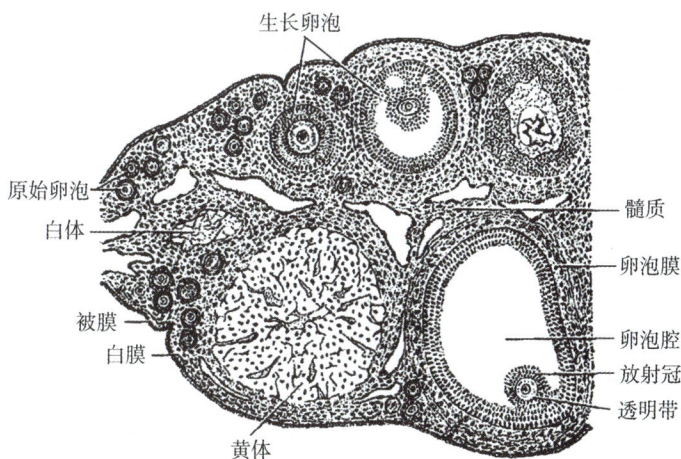

图 6 - 14　卵巢的微细结构

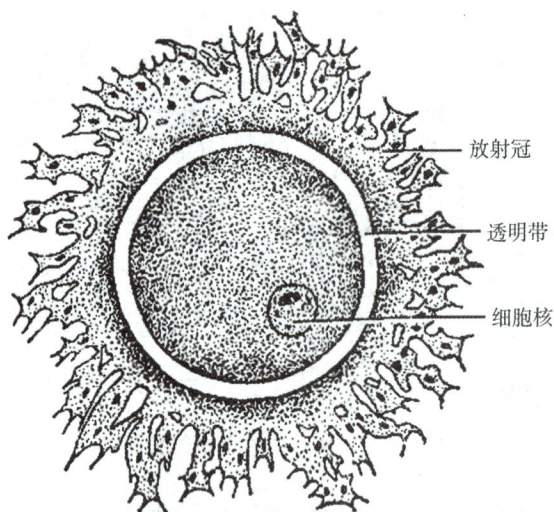

图 6-15 次级卵母细胞

（2）排卵　由于卵泡液迅速增多，卵泡腔内压力增大，卵泡向卵巢表面突出，卵泡壁愈来愈薄，最后破裂，次级卵母细胞及其周围的透明带、放射冠随同卵泡液一起脱离卵巢、排入腹膜腔的过程，称排卵。排卵一般发生在月经周期的第 14 天左右，通常左右卵巢交替排卵。

（3）黄体的形成与退化　成熟卵泡排卵后，残留在卵巢内的卵泡壁塌陷，卵泡膜和血管也随之陷入，在垂体分泌的黄体生成素的作用下，逐渐发育成为一个体积较大而又富有毛细血管的内分泌细胞团，新鲜时呈黄色，故称黄体。黄体分泌孕激素和雌激素。孕激素有促进子宫内膜增生、子宫分泌、乳腺发育和抑制平滑肌收缩等功能。

黄体维持时间的长短，取决于排出的卵是否受精。若排出的卵未受精，黄体仅维持 14 天左右即开始退化，这种黄体称为月经黄体。若排出的卵已受精，在胎盘分泌的人绒毛膜促性腺激素的作用下，黄体继续发育增大，可维持 6 个月左右，这种黄体称为妊娠黄体。黄体退化后，被增生的结缔组织取代，形成白体。

（二）输卵管

输卵管为一对输送卵子的弯曲管道，左、右各一，连于子宫底两侧，子宫阔韧带上缘内。输卵管内侧端以输卵管子宫口与子宫腔相通，外侧端以输卵管腹腔口开口于腹膜腔。输卵管全长 10～14cm。临床上将卵巢、输卵管和子宫周围的韧带合称为子宫附件。输卵管由内侧向外侧依次分为四部。①输卵管子宫部：为贯穿子宫壁的一段，以输卵管子宫口通子宫腔。②输卵管峡：为接近子宫外侧角的一段，细而直。输卵管结扎术常在此进行。③输卵管壶腹：约占输卵管全长的 2/3，粗而弯曲，血管丰富。卵细胞通常在此与精子结合形成受精卵。④输卵管漏斗：为输卵管外侧端呈漏斗状膨大的部分，其末端的开口称为输卵管腹腔口，口的周缘有许多指状突起，称输卵管伞，是手术时识别输卵管的标志。

输卵管的管壁由黏膜、肌层和外膜组成。黏膜上皮为单层柱状上皮，上皮细胞多数有纤毛，纤毛有节律地向子宫方向摆动，有助于卵细胞向子宫腔移动。

（三）子宫

子宫是壁厚腔小的肌性器官，是孕育胎儿、产生月经的场所。

1. 子宫形态和分部 成年未孕子宫呈前后略扁的倒置梨形，可分为底、体、颈三部分。子宫底为两侧输卵管子宫口连线上方的圆凸部分，子宫底向下移行为子宫体，再向下续于圆柱体状的子宫颈。子宫颈分为突入阴道的子宫颈阴道部和阴道以上的子宫颈阴道上部。子宫颈为炎症和肿瘤的好发部位。子宫体和子宫颈交界处略为狭窄的部分，称子宫峡。在未妊娠期，子宫峡不明显，长仅1cm；妊娠末期，此部可长达7～11cm，故产科常在此处进行剖宫术。

子宫的内腔分上、下两部分。上部在子宫体内，呈三角形裂隙，称子宫腔。下部在子宫颈内，呈梭形，称子宫颈管；其上口通子宫腔，下口通阴道，称子宫口。未产妇子宫口光滑呈圆形，经产妇子宫口为横裂状（图6-16）。

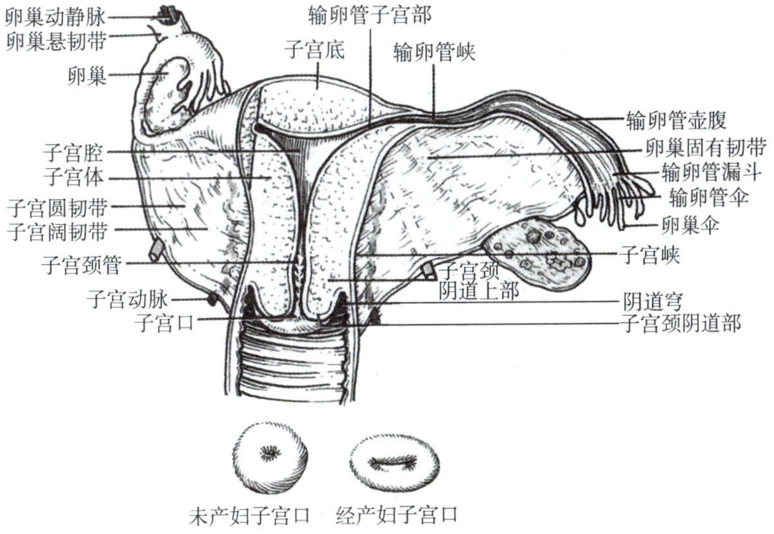

图6-16 女性内生殖器

2. 子宫位置和固定装置 子宫位于盆腔内，介于膀胱与直肠之间，下端突下阴道，两侧连有输卵管和子宫阔韧带。膀胱空虚时，正常子宫呈前倾前屈位。前倾是指子宫长轴与阴道长轴之间形成的夹角。前屈是指子宫体与子宫颈之间形成的夹角（图6-17）。

子宫借韧带、阴道、尿生殖膈和盆底肌等维持其正常位置。子宫的韧带包括如下。

（1）子宫阔韧带 自子宫两侧缘延伸至骨盆侧壁；为宽阔的双层腹膜皱襞，两层间包有输卵管、卵巢、子宫圆韧带、血管、神经等。该韧带可限制子宫向两侧移动。

（2）子宫圆韧带 呈圆索状，由平滑肌和结缔组织构成；起自子宫与输卵管连接处的下方，先随子宫阔韧带行至盆腔侧壁，然后经腹股沟管止于大阴唇皮下。该韧带可维持子宫呈前倾位。

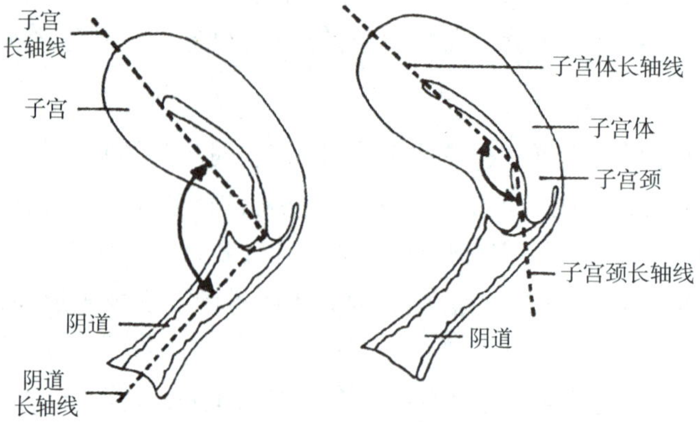

图 6-17　子宫前倾前屈位示意图面

（3）子宫主韧带　由平滑肌和结缔组织构成；位于子宫阔韧带下部，连于子宫颈两侧与盆腔侧壁之间。该切带可固定子宫颈，防止子宫下垂。

（4）骶子宫韧带　由平滑肌和结缔组织构成；起于子宫颈后面，向后绕过直肠两侧，止于骶骨前面。该韧带可维持子宫呈前屈位（图6-16，图6-18）。

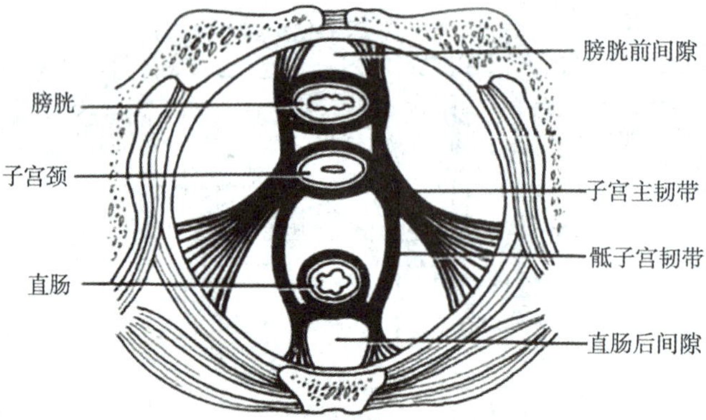

图 6-18　子宫固定装置

案例分析

产妇，29岁，妊娠38周，近日到医院产科就诊。经检查发现，该产妇产道狭窄。医生决定行剖宫产术。

问题

1. 骨盆是由哪些结构构成的？

2. 固定子宫的韧带有哪些？各有何功能？

3. 行剖宫产时，手术切口一般选择在何处？

3. 子宫壁的微细结构　子宫壁很厚，由内向外可分为内膜、肌层和外膜。

（1）内膜　即子宫黏膜，由单层柱状上皮和固有层构成。固有层较厚，内有管状的子宫腺、螺旋动脉。子宫内膜可分为浅、深两层。浅层为功能层，在卵巢分泌的雌激素、孕激素的作用下，发生周期性剥脱与出血，形成月经；深层为基底层，不发生周期性脱落，具有增殖、修复功能层的作用。

（2）肌层 很厚，由许多交织平滑肌束和结缔组织构成。

（3）外膜 在子宫体和子宫底部为浆膜，其余部分为纤维膜（图6-19）。

4. 子宫内膜的周期性变化 自青春期到绝经期，在卵巢分泌的激素的作用下，子宫内膜功能层发生周期性的变化，约28天完成一次剥脱、出血、修复增生的过程，这种周期性变化称为月经周期。每一月经周期中，子宫内膜的结构变化一般分为增生期、分泌期和月经期。

（1）月经期 为月经周期的第1~4天。由于排出的卵未受精，卵巢内黄体退化，雌激素和孕激素的分泌量迅速减少，导致子宫内膜功能层中的螺旋动脉持续收缩，功能层缺血、坏死，随后，螺旋动脉又短暂地充血扩张，最后破裂出血，与坏死的子宫内膜一起经阴道流出体外，形成月经。月经期末，基底层增生修复子宫内膜，进入下一个月经周期。

（2）增生期 为月经周期的第5~14天。此时卵巢内的部分卵泡正处于生长发育阶段，分泌雌激素逐渐增多，故又称卵泡期。在雌激素的作用下，子宫内膜由基底层增生，修补缺损，并继续增厚，子宫腺及螺旋动脉亦增长且弯曲。

（3）分泌期 为月经周期的第15~28天。此时卵巢已排卵，黄体逐渐形成并分泌雌激素和孕激素，因此又称黄体期。在雌激素和孕激素的共同作用下，子宫内膜在增生期的基础上进一步增厚，子宫腺更长且弯曲，分泌含糖物质，螺旋动脉高度弯曲，整个内膜功能层呈生理性水肿状态。子宫内膜的这种变化为受精卵的植入准备了适宜条件。如卵未受精，黄体又退化，子宫内膜再次转入月经期（图6-20）。

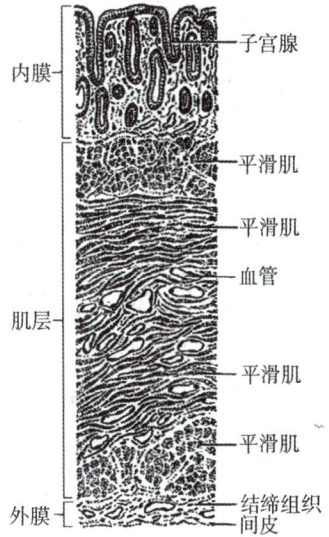

图6-19 子宫壁的微细结构

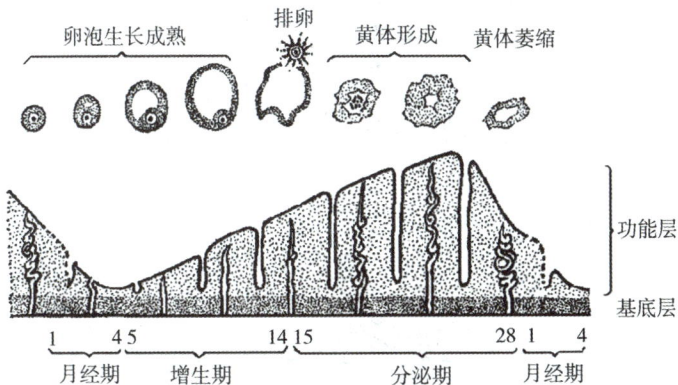

图6-20 子宫内膜周期性变化

（四）阴道

阴道为连接子宫和外生殖器的肌性管道，既是女性的性交接器官，也是排出月经和娩出胎儿的管道（图6-13，图6-16）。

1. 阴道的位置和形态　阴道的下部较窄，下端以阴道口开口于阴道前庭。阴道的上端较宽阔，包绕子宫颈阴道部，在子宫颈周围形成环状的阴道穹。阴道穹可分为前部、后部和侧部，以后部为最深。阴道穹后部与直肠子宫陷凹仅隔以阴道后壁和腹膜，当该陷凹有积液时，可经阴道穹后部进行穿刺或引流。

2. 阴道黏膜的结构特点　阴道由黏膜、肌层和外膜构成。黏膜由上皮和固有层构成。阴道黏膜的上皮在雌激素的作用下产生大量糖原，这些糖原在阴道内乳酸杆菌的作用下被分解为乳酸，以维持阴道的酸性环境，抑制其他微生物的生长。临床上可通过对阴道的涂片观察，了解卵巢的内分泌功能。

二、外生殖器

女性外生殖器又称为女外阴，包括阴阜、大阴唇、小阴唇、阴道前庭、阴蒂、前庭球和前庭大腺。阴阜为耻骨联合前方的皮肤隆起，皮下富有脂肪，性成熟期以后生有阴毛。大阴唇为一对纵行的皮肤皱襞，含色素。大阴唇的前端和后端左、右互相连合，分别称为唇前连合和唇后连合。小阴唇为位于大阴唇内侧的一对较薄的皮肤皱襞，光滑无阴毛。两侧阴唇在前、后端分别汇合，前端汇合形成阴蒂包皮，后端汇合形成阴唇系带。阴道前庭是位于两侧小阴唇之间的裂隙，阴道前庭的前部有尿道外口，后部有阴道口，阴道口两侧各有一个前庭大腺导管的开口。阴蒂由两个阴蒂海绵体组成，可分为阴蒂脚、阴蒂体和阴蒂头三部分，阴蒂头富有感觉神经末梢。前庭球呈蹄铁形，分为较细小的中间部和较大的外侧部，中间部位于尿道外口与阴蒂体之间的皮下，外侧部位于大阴唇的皮下（图6-21）。

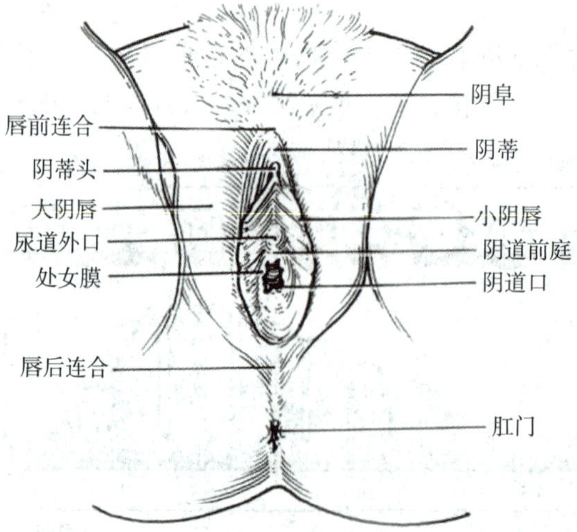

图6-21　女性外生殖器

第三节 女性乳房和会阴

一、乳房

女性乳房于青春期后开始发育生长，妊娠末期和哺乳期有分泌活动。男性乳房不发育。

（一）乳房的位置和形态

乳房位于胸前区的胸大肌表面，第 3～6 肋之间的浅筋膜内。成年女子未经哺乳的乳房多呈半球形，紧张而富有弹性。乳房的中央有乳头，其顶端有许多输乳管的开口；乳头周围有色素沉着的环形区域，称乳晕。乳头和乳晕的皮肤较嫩薄，易受损伤，哺乳期应注意保护（图 6－22）。

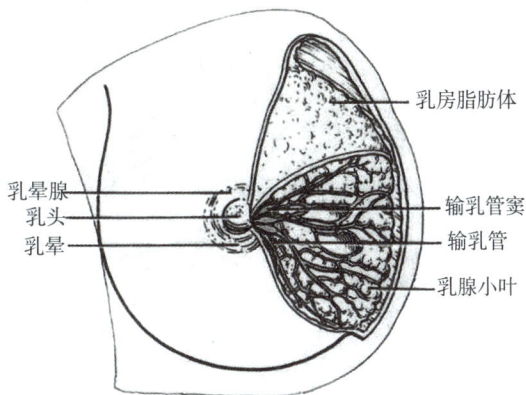

图 6－22　女性乳房（前面观）

（二）乳房的构造

乳房由皮肤、乳腺和脂肪组织等构成。乳腺被脂肪组织分隔成 15～20 个乳腺小叶，每个乳腺叶有一条输乳管开口于乳头。乳腺小叶和输乳管均以乳头为中心呈放射状排列。因此，行乳房手术时应尽量做放射状切口，以减少对输乳管及乳腺组织的损伤。乳房皮肤与乳腺深部的胸筋膜之间有许多结缔组织小束，称乳房悬韧带（Cooper 韧带），具有支持乳腺的作用。乳腺癌侵犯到这些韧带时，可使其缩短，牵拉皮肤，使皮肤产生许多小凹陷，呈"橘皮样"改变，是乳腺癌的一种早期体征（图 6－23）。

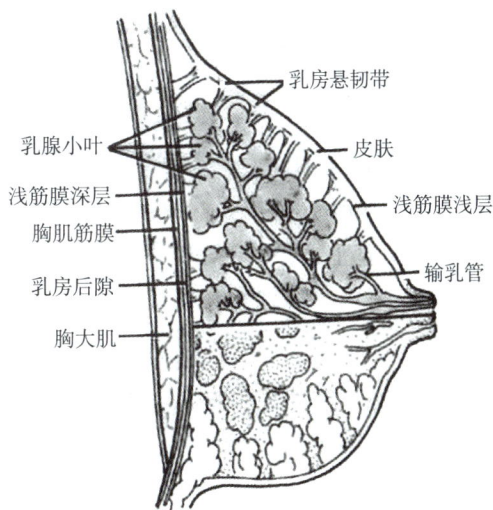

图 6－23　女性乳房（矢状切面）

二、会阴

广义的会阴是指封闭小骨盆下口的所有软组织，其周界与骨盆下口基本一致。以两侧坐骨结节之间的连线为界，可将会阴分成两个三角形区域：前方的称为尿生殖区，男性有尿道穿过，女性有尿道和阴道穿过；后方的称为肛区，有肛管穿过。临床上常将肛门与外生殖器之间的狭小区域称为会阴，即狭义会阴或产科会阴，分娩时应注意保护（图 6 - 24）。

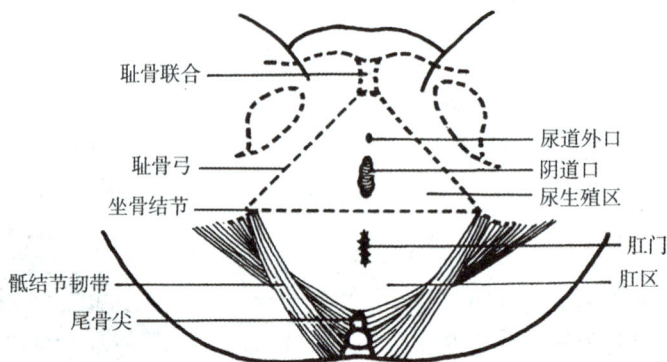

图 6 - 24　会阴的分区

目标检测

一、选择题

（一）单项选择题

1. 分泌雄激素的细胞位于（　　　）
   - A. 前列腺
   - B. 尿道球腺
   - C. 精曲小管
   - D. 睾丸间质

2. 精索内不含有（　　　）
   - A. 输精管
   - B. 睾丸血管
   - C. 射精管
   - D. 神经和淋巴管

3. 产生精子的部位是（　　　）
   - A. 精直小管
   - B. 睾丸网
   - C. 精曲小管
   - D. 睾丸间质

4. 下列不属于附睾的一部分的是（　　　）
   - A. 头部
   - B. 体部
   - C. 尾部
   - D. 根部

5. 以下关于男性尿道的叙述中，错误的是（　　　）
   - A. 成人长约 16 ~ 22cm
   - B. 有三处狭窄
   - C. 有两个弯曲
   - D. 上提阴茎可使耻骨下弯变直

6. 男性的生殖腺是（　　　）
   - A. 前列腺
   - B. 精囊
   - C. 睾丸
   - D. 尿道球腺

7. 正常情况下，睾丸位于（　　　）
   - A. 盆腔内
   - B. 附睾后外侧
   - C. 阴囊内
   - D. 腹股沟管内

8. 精曲小管的功能是（　　　）
   - A. 分泌精液
   - B. 储存精子
   - C. 分泌雄激素
   - D. 产生精子

9. 精子的外形呈（　　　）

 A. 椭圆形   B. 长锥形   C. 球形   D. 蝌蚪形

10. 附睾紧贴在睾丸的（　　　）

 A. 内侧面   B. 后缘   C. 前缘   D. 外侧面

11. 输精管末端的位置在（　　　）

 A. 前列腺的后方   B. 精囊的外侧

 C. 精囊的内侧   D. 尿道球腺的后方

12. 输精管借（　　　）与尿道相沟通

 A. 尿道前列腺部   B. 射精管

 C. 精囊的排泄管   D. 前列腺的输出管

13. 前列腺的位置在（　　　）

 A. 直肠的后方   B. 膀胱底的上方

 C. 膀胱颈的下方   D. 尿道膜部的后方

14. 男性尿道最狭窄的部位在（　　　）

 A. 尿道内口   B. 尿道外口   C. 尿道膜部   D. 海绵体部

15. 尿道的前列腺部是（　　　）

 A. 尿道最长的一段   B. 前尿道的一部分

 C. 尿道最短的一段   D. 尿道的起始部

16. 骨盆骨折容易损伤的部位是（　　　）

 A. 海绵体部   B. 膜部   C. 前列腺部   D. 以上都不是

17. 在男性，经直肠可触及（　　　）

 A. 精囊   B. 前列腺   C. 尿道球腺   D. 输精管末端

18. 男性尿道穿经（　　　）

 A. 尿道海绵体   B. 精囊   C. 阴茎海绵体   D. 尿道球腺

19. 成年男性尿道长约为（　　　）

 A. 8～9cm   B. 13～15cm   C. 10～12cm   D. 16～22cm

20. 男性尿道括约肌环绕于（　　　）

 A. 前列腺部   B. 海绵体部   C. 膜部   D. 尿道外口

21. 输卵管结扎的常选部位是（　　　）

 A. 输卵管子宫部   B. 输卵管峡

 C. 输卵管壶腹   D. 输卵管漏斗

22. 乳腺手术应采取放射状切口，这是因为（　　　）

 A. 便于延长切口   B. 可避免切断悬韧带

 C. 可减少对输乳管的损伤   D. 容易找到发病部位

23. 阴道穹最深的部位是（　　　）

 A. 右侧部   B. 后部   C. 前部   D. 左侧部

24. 排卵时间约于下次月经来潮前的 （　　）

    A. 10 天左右　　　　B. 7 天左右　　　　　C. 20 天左右　　　　D. 14 天左右

25. 月经周期中，最适于受精卵植入的时期是 （　　）

    A. 增生期　　　　　B. 分泌期　　　　　　C. 月经期　　　　　D. 修复期

26. 防止子宫脱垂的韧带是 （　　）

    A. 子宫阔韧带　　　B. 子宫圆韧带　　　　C. 子宫主韧带　　　D. 骶子宫韧带

（二）多项选择题

1. 固定子宫的韧带有 （　　）

    A. 子宫阔韧带　　　B. 子宫圆韧带　　　　C. 子宫主韧带　　　D. 骶子宫韧带

2. 输卵管包括 （　　）

    A. 子宫部　　　　　B. 输卵管峡　　　　　C. 输卵管壶腹　　　D. 输卵管漏斗

二、思考题

1. 输卵管分为哪几部分？受精和结扎的部位各在哪儿？

2. 子宫分为哪几部分？肿瘤易发生在何处？

3. 子宫的位置是哪里？其固定装置有哪些？

4. 为男性患者插导尿管，依次经过哪些狭窄和弯曲？

5. 肾盂结石排出体外要经过哪些狭窄？

（李广鹏）

书网融合……

     微课　　　　　　　本章小结　　　　　　自测题

第七章 脉管系统

【学习目标】

1. **掌握** 脉管系统的组成；体循环、肺循环的概念和路径；心的位置；体循环主要动脉的走行；上、下腔静脉的起止、收集范围；头颈、四肢浅静脉的起止、走行、收集范围及临床意义；门静脉的走行、属支及其与上、下腔静脉的吻合部位。

2. **熟悉** 心的结构、体表投影、传导系统，心包的组成；头颈、四肢摸脉点及压迫止血点；胸导管、右淋巴导管及全身主要浅淋巴结群的收集范围。

3. **了解** 心的血管；血管的分类；淋巴管道；脾、胸腺的位置及形态。

案例分析

患者，男，57岁，乙肝病史30余年。近3个月来感觉疲乏、食欲减退、恶心腹胀，时有黑便。一天前，因呕血及柏油样黑便入院。体检：明显消瘦，巩膜、皮肤黄染，颈部、胸部可见蜘蛛痣，腹部膨隆，叩诊有移动性浊音，腹壁静脉曲张，触诊肝肋下5cm且质硬，脾肋下4cm。诊断：慢性活动性乙型肝炎、肝硬化伴上消化道出血。

问题

该患者为什么会出现呕血和柏油样黑便？

要解释该患者什么会出现呕血和柏油样黑便，就必须了解脉管系统血液循环路径，特别是肝门静脉的属支及与上、下腔静脉的吻合部位。当患者发生肝硬化门静脉高压时，才会出现食管静脉曲张、直肠静脉曲张及脐周静脉曲张。当这些曲张部位损伤时，就会出现相应的临床表现。为了更好地分析案例，服务于临床，让我们来学习脉管系统相关知识。

第一节 概 述 ⓔ 微课1

脉管系统包括心血管系统和淋巴系统两部分。心血管系统由心、动脉、毛细血管和静脉组成；淋巴系统由淋巴管道、淋巴器官和淋巴组织组成。

在心血管系统中，心是动力器官；动脉是输送血液离心的血管；毛细血管是连于动脉和静脉之间的微细血管，是血液与组织进行物质交换的场所；静脉是输送血液回心的血管。血液在心血管系统内沿一定方向进行周而复始的流动，称血液循环（图7-1）。

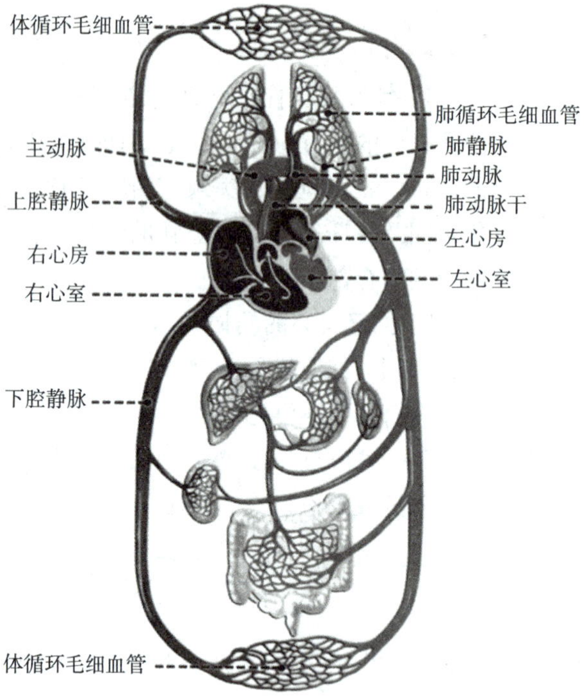

图7-1　血液循环示意图

根据血液循环途径的不同，将血液循环分为体循环和肺循环。体循环又称大循环，血液由左心室射出，经主动脉及其分支到达全身毛细血管网，在此与组织、细胞进行物质和气体交换，动脉血变成静脉血，再经各级静脉属支回流，最后经上、下腔静脉与心的静脉返回右心房。肺循环又称小循环，血液由右心室射出，经肺动脉干及其分支到达肺泡表面毛细血管网，与肺泡内气体进行气体交换，静脉血变成动脉血，再经肺静脉返回左心房。大、小循环途径可归纳如下。

体循环：左心室→主动脉及其分支→全身毛细血管网→各级静脉属支→上腔静脉、下腔静脉、心的静脉→右心房

肺循环：左心房←左、右肺静脉←肺静脉各级属支←肺泡毛细血管网←左、右肺动脉及其分支←肺动脉干←右心室

第二节　心血管系统

一、心

（一）心的位置和外形

1. 心的位置　心位于胸腔的中纵隔内，约 2/3 在正中线的左侧，1/3 在正中线的右侧。心的上方连有出入心的大血管，下方是膈；两侧借纵隔胸膜与肺相邻；前方大部分被肺和胸膜覆盖；后方平对第 5～8 胸椎，邻近左主支气管、食管、左迷走神经和胸主动脉（图 7 - 2）。

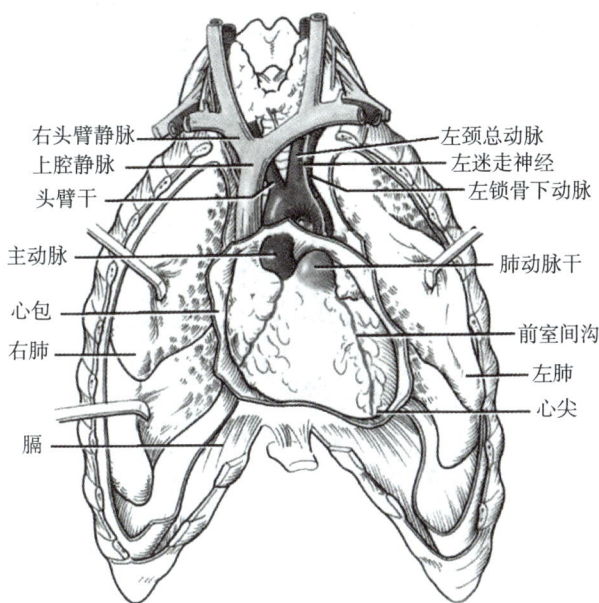

右头臂静脉　　　　　　左颈总动脉
上腔静脉　　　　　　　左迷走神经
头臂干　　　　　　　　左锁骨下动脉
主动脉
心包　　　　　　　　　肺动脉干
右肺　　　　　　　　　前室间沟
　　　　　　　　　　　左肺
膈　　　　　　　　　　心尖

图 7 - 2　心的位置

2. 心的外形　心形似前后略扁的倒置圆锥体，分一尖、一底、两面、三缘和三沟。

心尖钝圆，朝向左前下方，与左胸前壁贴近，在左侧第 5 肋间隙锁骨中线内侧 1～2cm 处，可摸到心尖搏动。心底朝向右后上方，与出入心的大血管相连。下面又称膈面，较平坦，隔心包与膈相邻。前面又称胸肋面，与胸骨及肋软骨相邻。右缘主要由右心房构成。左缘主要由左心室构成。下缘由右心室和心尖构成。冠状沟是靠近心底处的一条近似环行的沟，是心房与心室在心表面的分界；前室间沟和后室间沟均起自冠状沟，分别在胸肋面和膈面向心尖的稍右侧走行，它们是左、右心室在心表面的分界。三条沟均被营养心壁的血管和脂肪组织填充（图 7 - 3，图 7 - 4）。

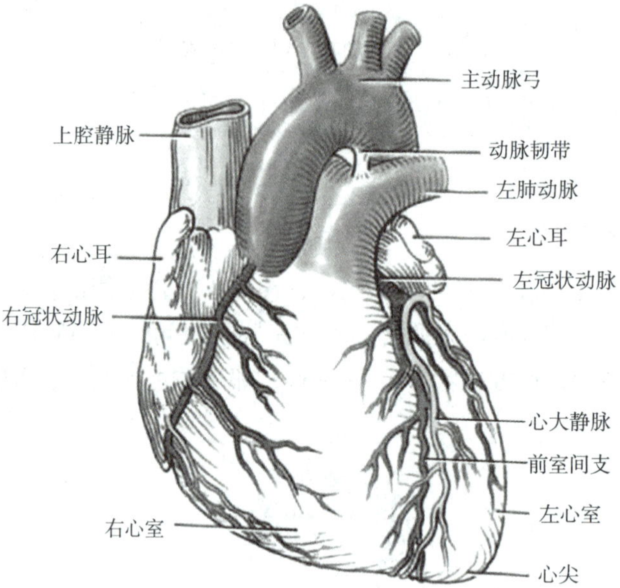

图 7 - 3 心的外形和血管（前面观）

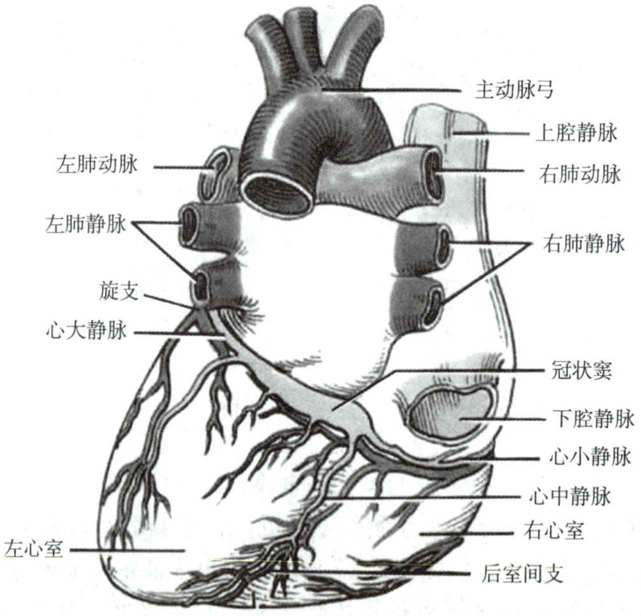

图 7 - 4 心的外形和血管（后面观）

（二）心腔的结构 微课 2

心有四个腔，借房间隔和室间隔分为左心和右心，每侧心又分为心房和心室两部分，同侧的心房和心室借房室口相通。

1. 右心房 位于心的右后上部，有 3 个入口和 1 个出口。3 个入口中，位于上方的为上腔静脉口；位于下方的为下腔静脉口；在下腔静脉口与右房室口之间，为冠状窦口。出口为右房室口，位于右心房的前下方，通向右心室。房间隔右侧面中下部有一卵圆形浅窝，称卵圆窝，为胎儿卵圆孔闭锁后的遗迹，是房间隔缺损的好发部位（图7-5）。

图7-5 右心房的内部结构

2. 右心室 位于右心房的左前下方，构成胸肋面的大部分。右心室有1个入口和1个出口。入口即右房室口，其周缘有3片三角形的瓣膜，称三尖瓣（右房室瓣）。瓣膜的游离缘借数条细丝状的腱索与右心室内的乳头肌相连。腱索由结缔组织构成，乳头肌是心肌形成的乳头状隆起。当心室收缩时，血液推动三尖瓣相互对合，关闭房室口，由于有乳头肌的收缩和腱索的牵拉，瓣膜不会向心房内翻转，从而防止血液由右心室逆流回右心房。出口为肺动脉口，位于该室腔的左上部，通向肺动脉干。该口周缘附有3个游离缘向上的半月形瓣膜，称肺动脉瓣。当心室舒张时，肺动脉瓣被回冲血液充满后，可相互贴紧而封闭肺动脉口，防止血液逆流（图7-6）。

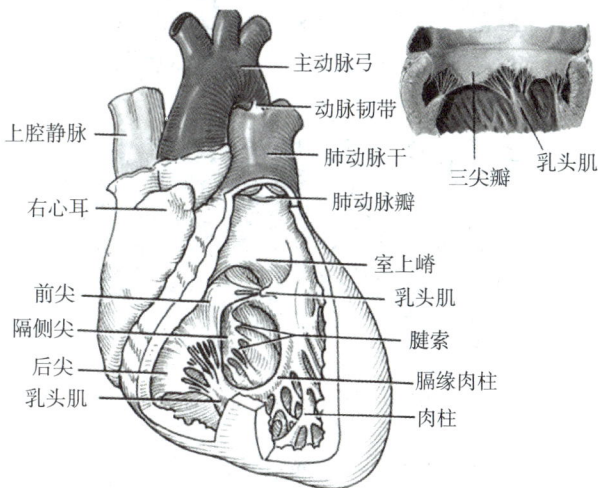

图7-6 右心室的内部结构

3. 左心房 位于右心房的左后方，构成心底的大部分，有4个入口和1个出口。入口为肺静脉口，位于左心房后部两侧，左右各1对。出口是左房室口，通向左心室。

4. 左心室　大部分位于右心室的左后下方，构成心尖及心的左缘，有 1 个入口和 1 个出口。入口即左房室口，其周缘有 2 片三角形瓣膜，称二尖瓣（左房室瓣）。瓣的游离缘借数条腱索与心室壁上的乳头肌相连。出口为主动脉口，通向主动脉。主动脉口周围附有 3 个游离缘向上的半月形瓣膜，称主动脉瓣（图 7 - 7）。

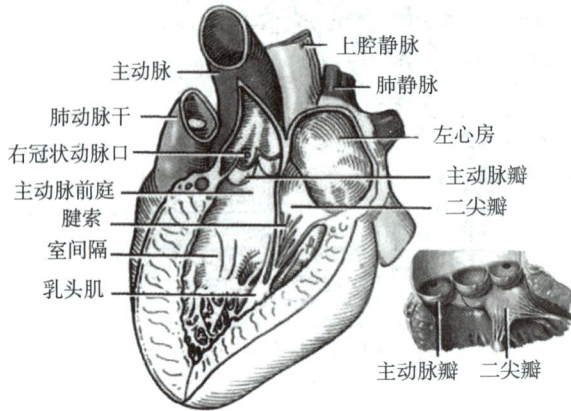

图 7 - 7　左心房和左心室（后面观）

（三）心壁的结构与心的传导系统

1. 心壁的结构　心壁由内向外依次分为心内膜、心肌膜和心外膜三层（图 7 - 8）。

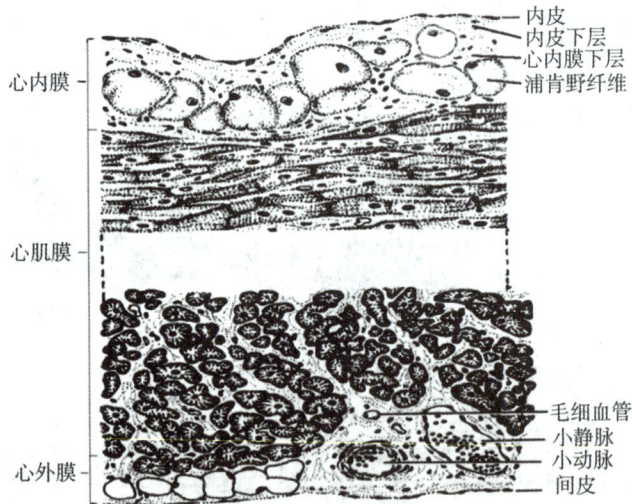

图 7 - 8　心壁的微细结构

（1）心内膜　是衬在心腔内面的一层光滑的薄膜，其内皮与血管的内皮相连续。心内膜在房室口和动脉口处折叠形成心瓣膜。心内膜内有浦肯野纤维。浦肯野纤维体积较普通的心肌纤维大，染色较浅。

（2）心肌膜　最厚，主要由心肌构成。其中，心房肌较薄，心室肌较厚，左心室肌最厚。在各房室口和动脉口周围，有致密结缔组织形成的纤维环，构成了心壁的支架。心房肌和心室肌分别附着于纤维环上，互不连续。因此，心房肌的兴奋不能直接传给心室肌（图7-9）。

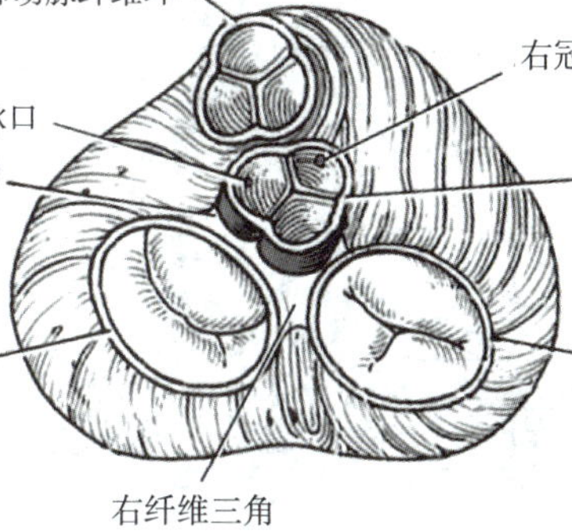

图7-9　纤维环与瓣膜

室间隔的大部分由心肌构成，称肌部。其上部靠近心房处，有一缺乏心肌的卵圆形区域，称膜部，是室间隔缺损的好发部位（图7-10）。

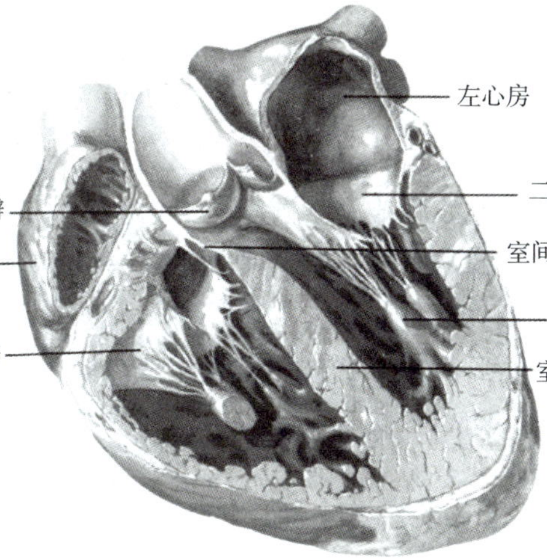

图7-10　室间隔

（3）心外膜　为心壁外面的一层浆膜，即浆膜心包的脏层。

2. 心的传导系统　心的传导系统由特殊的心肌纤维构成，主要功能是产生和传导兴奋，维持心正常的节律性活动。心的传导系统包括窦房结、房室结、房室束及其分支。

（1）窦房结　位于上腔静脉与右心耳之间的心外膜深面，呈长椭圆形。窦房结可自律性地发生兴奋，是心的正常起搏点。

（2）房室结　位于冠状窦口与右房室口之间的心内膜深面，呈扁椭圆形。房室结的功能是将窦房结传来的兴奋传向心室。

（3）房室束及其分支　房室束起于房室结，在室间隔上部分为左、右束支。左、右束支分别沿室间隔两侧心内膜深面下行，逐渐分为许多细小的浦肯野纤维，浦肯野纤维交织成网并与心室肌纤维相连（图7-11）。

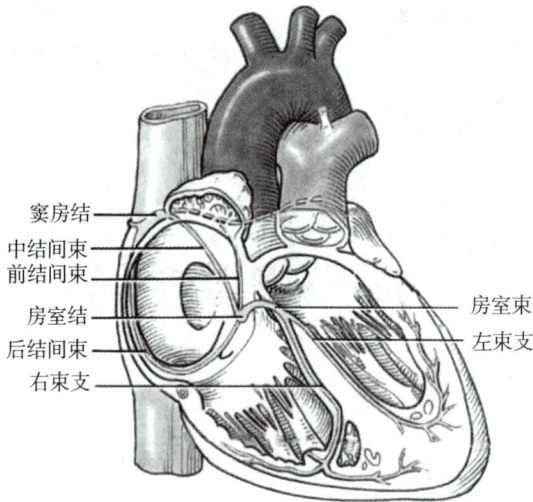

窦房结
中结间束
前结间束
房室结
后结间束
右束支
房室束
左束支

图7-11 心的传导系统

⇄ 知识链接

人工心脏起搏

人工心脏起搏是用人造的脉冲电流刺激心脏，以带动心脏搏动的疗法，是缓慢性心律失常治疗学的重要进展之一。正常人心跳的发源地位于心脏的窦房结，如果窦房结发生病变，起搏频率降低，或者根本就发不出冲动，心脏就会停止跳动，病人会立即死亡。如果窦房结能正常发放冲动，但二级起搏点房室结发生病变，则从窦房结发出的冲动也不能下传至心室，产生房室传导阻滞，而心室自主性节律又很慢，这时病人也会有生命危险。人工心脏起搏器的出现，给这些患者带来了福音。

（四）心的血管

1. 动脉　营养心的动脉是左、右冠状动脉，均起自升主动脉的根部，经冠状沟分布到心的各部。右冠状动脉主要分布于右心房、右心室、左心室后壁、室间隔的后下部、窦房结及房室结。左冠状动脉主要分布于左心房、左心室、右心室前壁和室间隔前上部。右冠状动脉的主要分支是后室间支；左冠状动脉的主要分支是前室间支和旋支。

2. 静脉　心的静脉多与动脉伴行，最终在冠状沟后部汇合成冠状窦，经冠状窦口注入右心房（图7-3，图7-4）。

（五）心包

心包是包裹心和出入心的大血管根部的纤维浆膜囊，分纤维心包和浆膜心包两部分。

1. 纤维心包 是坚韧的纤维性结缔组织囊，上方与大血管的外膜相续，下方附着于膈的中心腱。

2. 浆膜心包 为纤维心包内密闭的浆膜性囊，分脏、壁两层。脏层即心外膜。壁层衬于纤维心包内面。浆膜心包的脏、壁两层在出入心的大血管根部相互移行，两层之间的腔隙称心包腔，内含少量浆液起润滑作用（图7-12）。

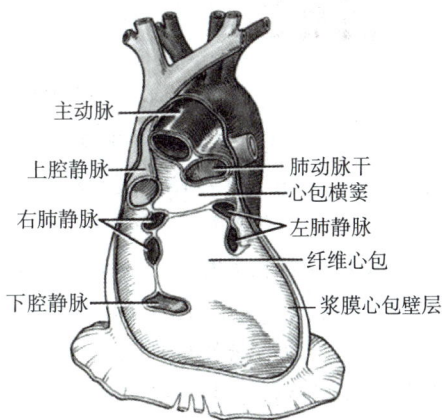

图 7-12 心包

⇄ 知识链接

心包穿刺

心包穿刺是借助穿刺针直接刺入心包腔的诊疗技术，其目的是引流心包腔内积液，降低心包腔内压，是急性心包腔填塞的急救措施。另外，可通过穿刺抽取心包积液，进行生化测定、涂片及细菌培养，以鉴别诊断各种性质的心包疾病。通过心包穿刺，还可注射抗生素等药物、进行治疗。

（六）心的体表投影

在成人，心在胸前壁的体表投影一般可用下列四点及其间的弧线连接来表示。

1. 左上点 在左侧第2肋软骨下缘，距胸骨左缘1.2cm处。

2. 右上点 在右侧第3肋软骨上缘，距胸骨右缘1cm处。

3. 右下点 在右侧第6胸肋关节处。

4. 左下点 在左侧第5肋间隙锁骨中线内侧1~2cm处（图7-13）。

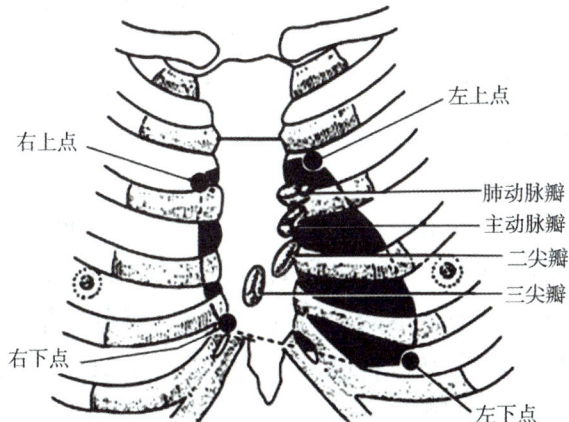

图 7-13 心的体表投影

⇄ 知识链接

胸外按压技术与心内注射

1. 胸外按压技术 抢救心脏骤停患者时，经常使用胸外心脏按压术，以代偿心功能。胸外心脏按压术是临床医护人员甚至可以说是人人均应掌握的一项抢救技能。

（1）部位和姿势 正确的挤压部位应是胸骨中、下 1/3 交界处。具体方法是：让病人仰卧并开放气道，抢救者站或跪在一侧，将一手的掌根贴在病人胸骨中、下 1/3 交界处，另一手叠在这只手的手背上。

（2）用力 胸外按压是利用杠杆原理，身体应尽量往前倾，利用身体的力量下压用力，使胸骨下陷约 5～6cm。而且在按压的过程中，手臂始终是垂直的，手掌鱼际始终是紧贴患者胸部。

（3）幅度及频率 幅度：5～6cm；频率：100～120 次/分（所有患者）。

（4）胸外按压/人工呼吸比率（按压/通气比率） 做 30 次胸外按压，接着做 2 次人工呼吸，即 30/2。循环交替进行，五个循环（5 分钟左右）为一回合，检查一次患者的呼吸、脉搏和反应，如仍没反应，则继续做，尽量保持不间断。直到复苏或医务人员赶到现场为止。

2. 心内注射 是针对一些心脏骤停患者，在进行心脏按压的同时，需要向心内注射一定药物以促进心脏复跳的一种治疗方法。常选用在第 4 肋间胸骨左缘 1～2cm 处垂直刺入 4～5cm，抽得回血后，将药液快速注入。

二、血管

（一）血管的分类及结构特点

1. 血管的分类和血管吻合 血管分为动脉、静脉和毛细血管三类。动脉和静脉均可分为大、中、小三级。

大动脉是指由心室发出的动脉主干，其管径大、管壁厚，如主动脉和肺动脉等。管径小于 1.0mm 的动脉，称小动脉，其中，接近毛细血管的部分称为微动脉。介于大、小动脉之间的动脉均为中动脉，如肱动脉和桡动脉等。

大静脉是指注入心房的静脉主干，如上、下腔静脉和肺静脉等。管径小于 2.0mm 的，称小静脉，其中，与毛细血管相连的部分称为微静脉。介于大、小静脉之间的静脉均属于中静脉。

人体内的血管吻合现象十分普遍。动脉之间有动脉弓、交通支、动脉网等吻合形式。静脉之间有静脉网、静脉丛等吻合形式。在小动脉和小静脉之间，还有动静脉吻合等。血管吻合对缩短血液循环的时间、增加局部的血流量、调节体温等都起着重要的作用。

此外，有些较大的血管在其主干的近端发出与主干平行的侧支，侧支与主干远端发出的返支或其他血管干的侧支形成吻合，称侧支吻合。在正常情况下，侧支的管径都较细小。当某一主干血流受阻时，侧支管径则逐渐增大，以代替主干输送血液。侧支吻合对保证器官在缺血情况下的有效供血起至关重要的作用，故临床意义较大（图 7 – 14）。

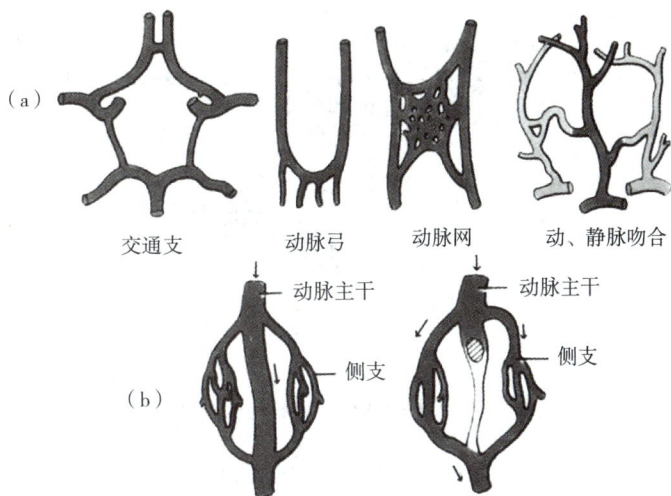

图 7 – 14　血管吻合及侧支循环
（a）血管吻合形式；（b）侧支吻合和侧支循环

2. 血管壁的结构

（1）动脉　管壁较厚，由内向外分为内膜、中膜和外膜三层。①内膜：最薄，由内皮及少量结缔组织构成。内膜游离面光滑，可减少血液流动的阻力。内膜与中膜交界处有一层内弹性膜。②中膜：最厚，由平滑肌和弹性纤维构成。大动脉的中膜以弹性纤维为主，故又称弹性动脉。中动脉和小动脉的中膜以平滑肌为主，故又称肌性动脉。小动脉管壁平滑肌的舒缩不但可改变其口径，影响器官组织的血流量，还可改变血流的外周阻力，影响血压。③外膜：较薄，由疏松结缔组织构成，含有小血管、淋巴管和神经等（图 7 – 15，图 7 – 16，图 7 – 17）。

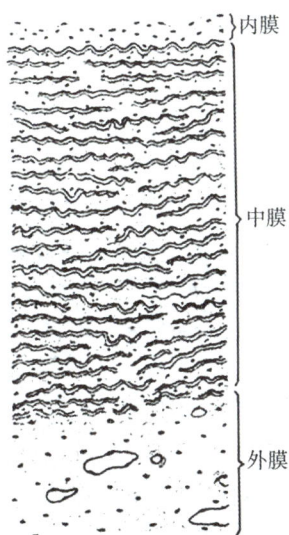

图 7 – 15　大动脉的微细结构

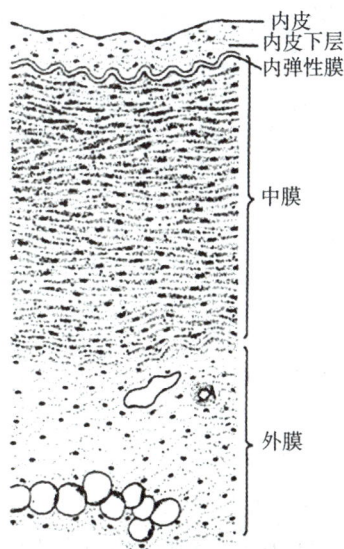

图 7 – 16　中动脉的微细结构

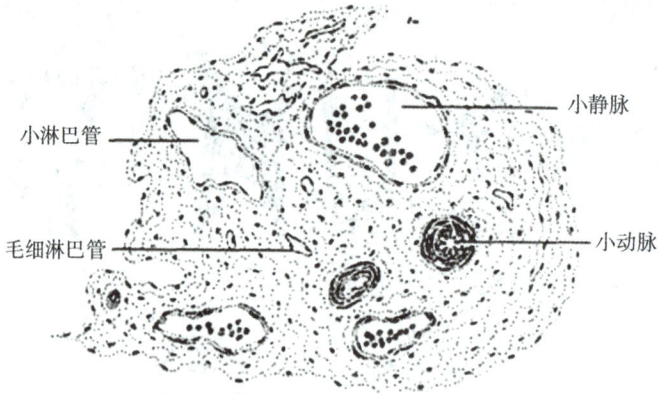

图 7 - 17　小动脉和小静脉的微细结构

（2）静脉　与相应的动脉相比，其管腔大而不规则，管壁薄，平滑肌和弹性成分少，胶原纤维多。大静脉管壁内膜薄，中膜很不发达，为几层排列稀疏的环行平滑肌，有的无平滑肌；外膜则较厚，结缔组织内常有较多纵行平滑肌束（图 7 - 18）。中静脉管壁薄，内弹性膜不明显；中膜环行平滑肌分布稀疏；外膜比中膜厚，无外弹性膜（图 7 - 19）。

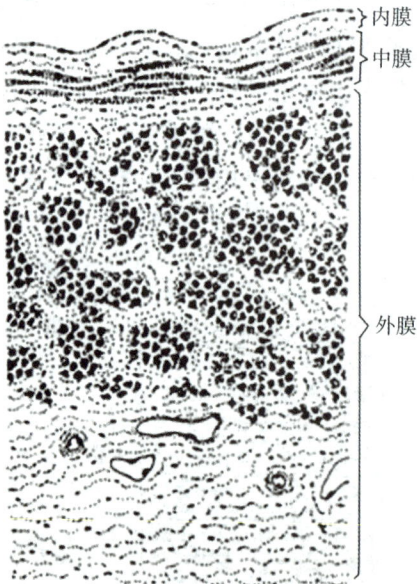

图 7 - 18　大静脉的微细结构

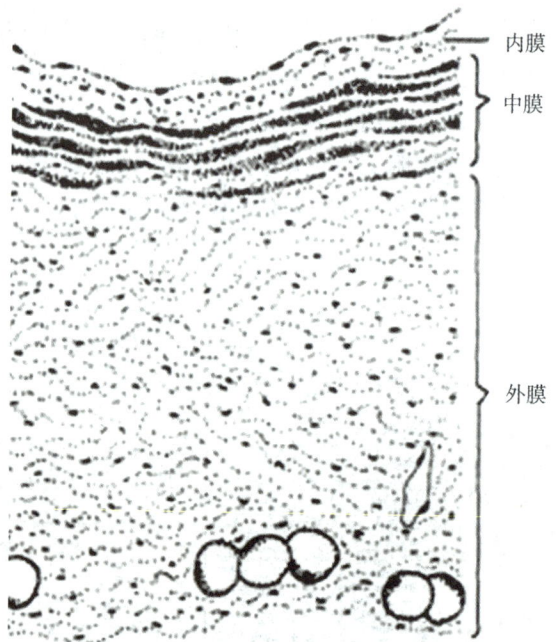

图 7 - 19　中静脉的微细结构

（3）毛细血管　管径一般为 $6 \sim 8\mu m$，管壁仅由一层内皮和基膜构成。毛细血管分为连续毛细血管、有孔毛细血管和窦状毛细血管（血窦）三类（图 7 - 20）。

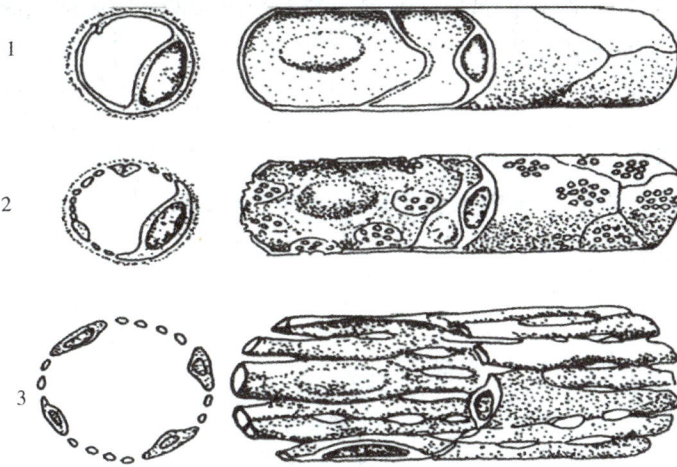

图 7 - 20　毛细血管结构模式图

（a）连续毛细血管；（b）有孔毛细血管；（c）血窦

3. 微循环　是指微动脉和微静脉之间的血液循环。它具有调节局部血流的功能，对组织和细胞的新陈代谢有很大影响。微循环一般包括微动脉、后微动脉、真毛细血管、直捷通路、动静脉吻合和微静脉 6 个部分（图 7 - 21）。

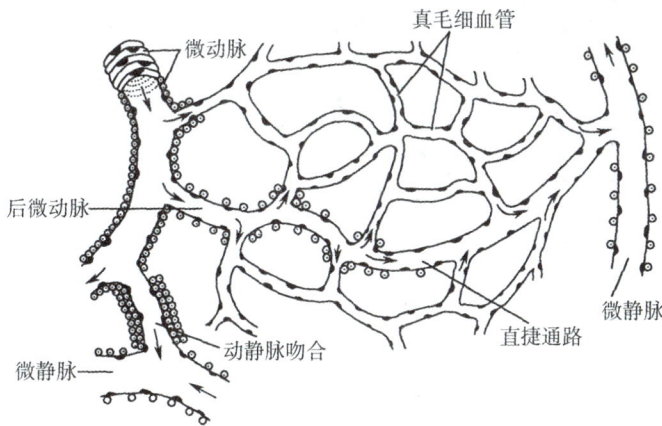

图 7 - 21　微循环模式图

（二）肺循环的血管

1. 肺循环的动脉　肺动脉干短而粗，起于右心室，在升主动脉的前方向左后上方斜行，至主动脉弓的下方分为左、右肺动脉。左、右肺动脉分别经左、右肺门入肺，入肺后与支气管伴行，经多次分支后形成肺泡表面毛细血管网。在肺动脉干分叉处稍左侧与主动脉弓下缘之间有一条结缔组织索，称动脉韧带，是胎儿时期动脉导管闭锁后的遗迹。若动脉导管在出生后 6 个月尚未闭锁，则称动脉导管未闭，是常见的先天性心脏病之一。

2. 肺循环的静脉　肺静脉起自肺泡周围的毛细血管网，在肺内逐级汇合，至两侧肺门处，各自形成两条肺静脉出肺，注入左心房。

（三）体循环的动脉

体循环的动脉主干是主动脉。主动脉由左心室发出，向右前上方斜行，再弯向左后，沿脊柱左前方下行，穿膈的主动脉裂孔入腹腔，至第4腰椎体下缘处分为左、右髂总动脉（图7–22）。以胸骨角平面为界，将主动脉分为升主动脉、主动脉弓和降主动脉三部分。

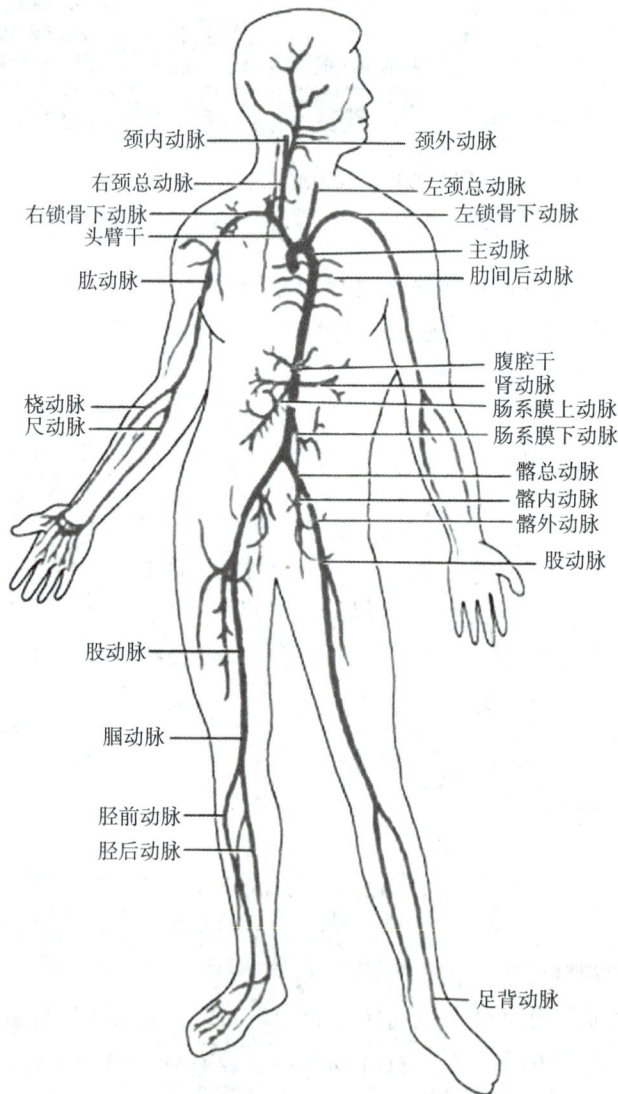

图7–22　全身的动脉

①升主动脉：在其起始处，有左、右冠状动脉发出。②主动脉弓：在主动脉弓的凸侧，自右前向左后依次发出头臂干、左颈总动脉和左锁骨下动脉三个分支。头臂干

向右上方行至右胸锁关节后方，分为右颈总动脉和右锁骨下动脉。主动脉弓壁内有压力感受器，具有调节血压的作用。主动脉弓下方，靠近动脉韧带处有 2～3 个粟粒状小体，称主动脉小球，是化学感受器，参与调节呼吸。③降主动脉：以膈为界，又将其分为胸主动脉和腹主动脉（图 7-23）。

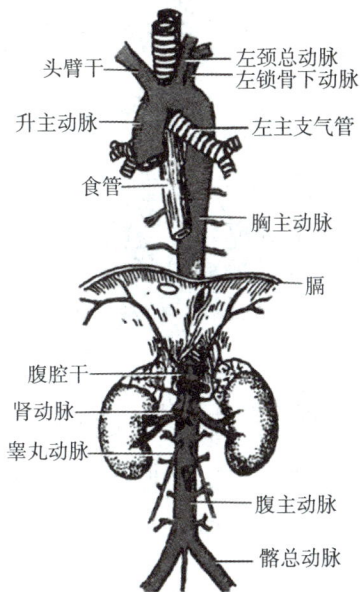

图 7-23　主动脉及其分支

1. 头颈部的动脉　主干是颈总动脉。两侧颈总动脉均在胸锁关节的后方沿气管、喉和食管的外侧上行，至甲状软骨上缘分为颈内动脉和颈外动脉。在颈总动脉分叉处，有颈动脉窦和颈动脉小球。

颈动脉窦是颈总动脉末端和颈内动脉起始部的膨大部分，壁内有压力感受器，具有调节血压的作用。颈动脉小球是位于颈内、外动脉分叉处后方的扁椭圆形小体，属化学感受器，参与调节呼吸。

（1）颈外动脉　由颈总动脉发出后，沿胸锁乳突肌的深面上行，在腮腺实质内分为上颌动脉和颞浅动脉两个终支。其主要分支如下。①甲状腺上动脉：起自颈外动脉起始处，行向内下方，分布于甲状腺上部和喉。②面动脉：在平下颌角处自颈外动脉发出，向前经下颌下腺深面，至咬肌前缘绕过下颌骨下缘到达面部，再经口角外侧和鼻翼外侧上行至眼的内侧，改称内眦动脉。面动脉沿途分布于面部、下颌下腺和腭扁桃体等处。③颞浅动脉：经外耳门前方上行，越过颧弓根上行至颅顶，分布于腮腺、颞部和颅顶。④上颌动脉：在腮腺内发出后，经下颌支的深面行向前内，分布于鼻腔、口腔和硬脑膜等处。其中，分布于硬脑膜的分支称脑膜中动脉，自上颌动脉发出后穿棘孔入颅腔，紧贴翼点内面走行。当颞部骨折时，易损伤该血管，引起硬膜外血肿（图 7-24）。

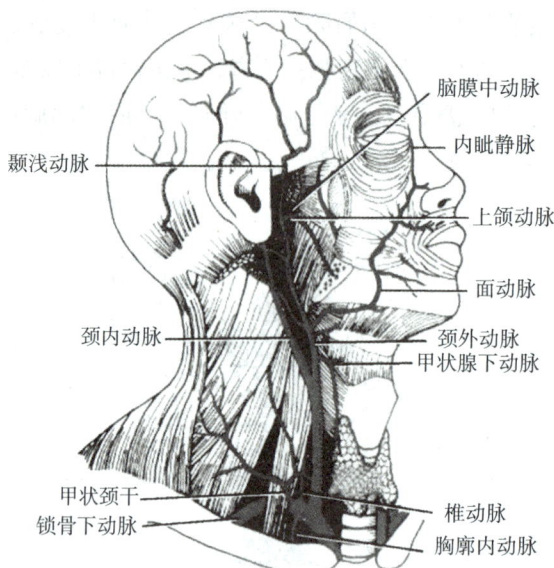

图 7 - 24　颈总动脉及其分支

（2）颈内动脉　由颈总动脉发出后，在咽的外侧垂直上升穿颈动脉管进入颅腔，分布于脑和视器（图 7 - 25）。

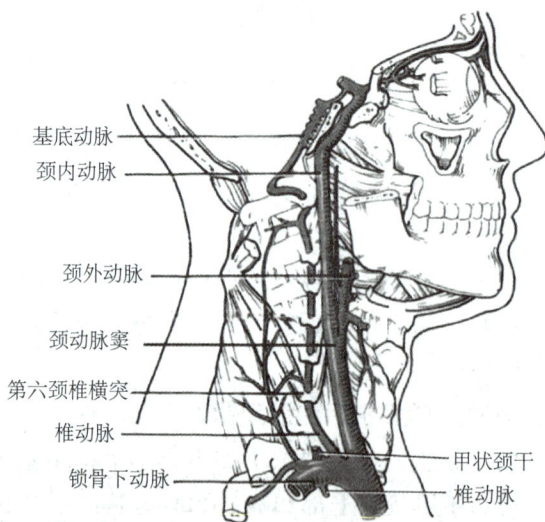

图 7 - 25　颈内动脉和椎动脉

2. 锁骨下动脉和上肢的动脉

（1）锁骨下动脉　左侧起自主动脉弓，右侧起自头臂干，经胸廓上口到颈根部，继而行向外侧至第 1 肋的外侧缘，移行为腋动脉。锁骨下动脉的主要分支如下。①椎动脉：由锁骨下动脉上壁发出，上行穿过上位 6 个颈椎（$C_6 \sim C_1$）横突孔及枕骨大孔入颅腔，分布于脑和脊髓。②胸廓内动脉：由锁骨下动脉向下发出进入胸腔，沿肋软骨的后面下行，最后进入腹直肌鞘内，移行为腹壁上动脉。胸廓内动脉分布于胸前壁、乳房、心包、腹直肌和膈。③甲状颈干：为一短干。其主要分支为甲状腺下动脉，分布于甲状腺下部和喉等处（图7-26）。

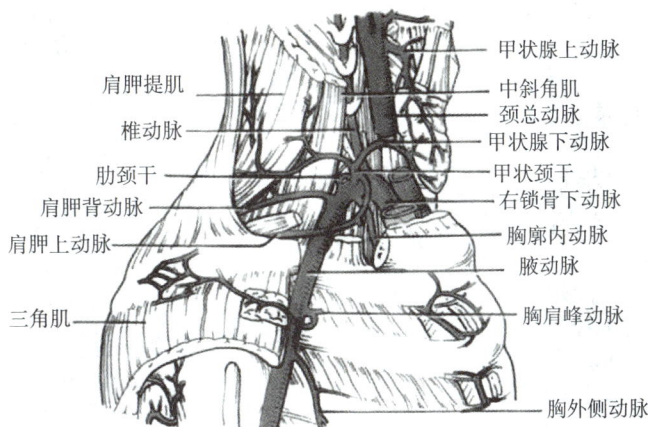

图7-26 锁骨下动脉及其分支

（2）上肢的动脉 ①腋动脉：为上肢的动脉主干，由锁骨下动脉延续而成，在腋窝内行向外下，至臂部移行为肱动脉。腋动脉的分支主要分布于肩部、胸前外侧壁和乳房等处（图7-27）。②肱动脉：为腋动脉的直接延续，沿肱二头肌内侧缘下行至肘窝深部，分为桡动脉和尺动脉。肱动脉沿途分支分布于臂部及肘关节。在肘窝稍上方肱二头肌腱内侧，肱动脉位置表浅，可触到其搏动，此处是测量血压时听诊的部位（图7-28）。③桡动脉：由肱动脉分出后，沿前臂前群肌的桡侧下行，经腕部到达手掌。桡动脉在桡腕关节上方行于肱桡肌腱与桡侧腕屈肌腱之间，位置表浅，可触及其搏动，是临床切脉和计数脉搏的常用部位。④尺动脉：由肱动脉分出后，在前臂前群肌的尺侧下行，经腕部到达手掌。桡动脉与尺动脉沿途分布于前臂和手（图7-29）。⑤掌浅弓和掌深弓：由尺动脉与桡动脉在手掌的终末支相互吻合而成。掌浅弓和掌深弓除分支分布于手掌外，还发出指掌侧固有动脉，沿手指掌面的两侧缘行向指尖（图7-30）。

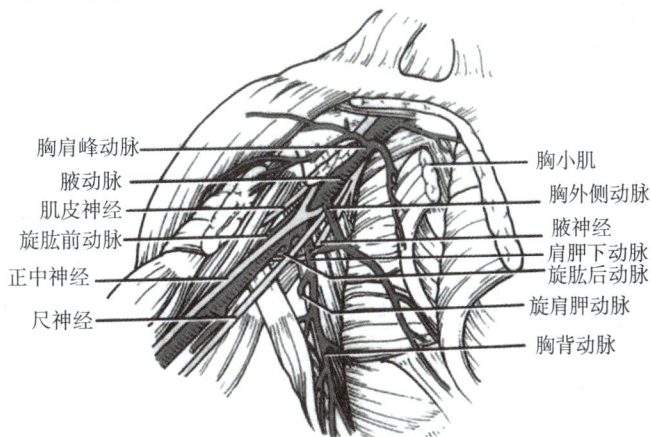

图7-27 腋动脉及其分支

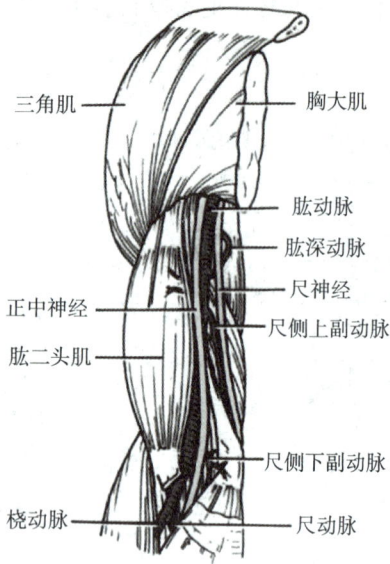

图 7-28 肱动脉及其分支

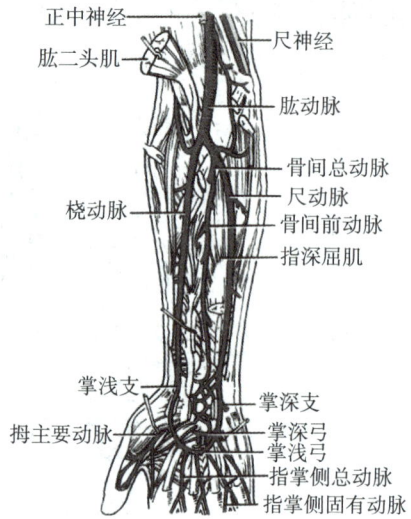

图 7-29 桡动脉和尺动脉

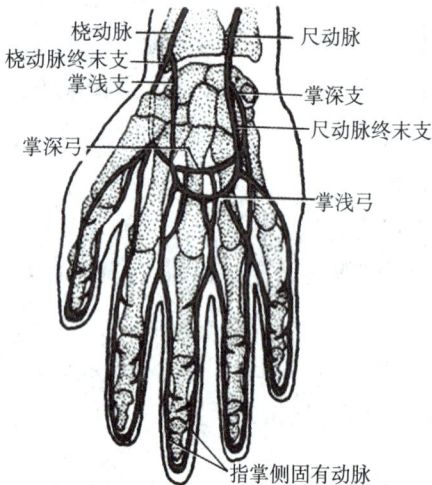

图 7-30 手的动脉（右侧）

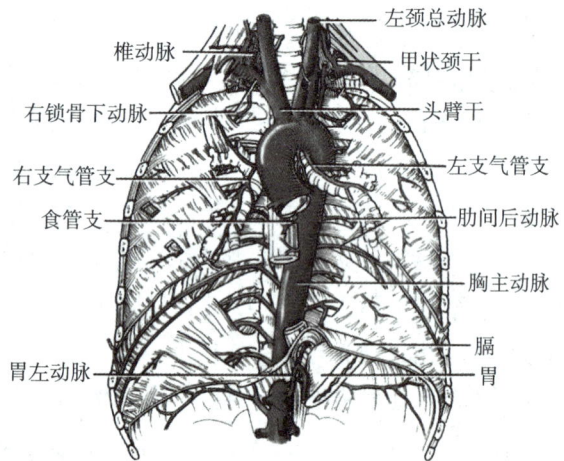

图 7-31 胸主动脉及其分支

3. 胸部的动脉 主干是胸主动脉，其分支有壁支和脏支（图 7-31）。

（1）壁支 包括肋间后动脉和肋下动脉，沿肋沟走行，分布于胸壁、腹壁上部和脊髓等处（图 7-32）。

（2）脏支 细小，主要有支气管支、食管支和心包支，分布于各级支气管、食管和心包等处。

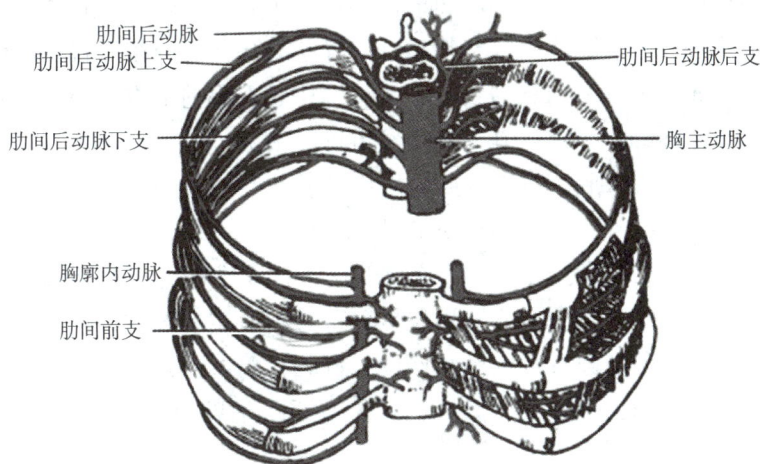

图 7 - 32　胸壁的动脉

4. 腹部的动脉　主干是腹主动脉，其分支也分壁支和脏支。

（1）壁支　较细小，主要是 4 对腰动脉，分布于脊髓、腹后壁和腹前外侧壁。

（2）脏支　数量多且粗大，分为成对脏支和不成对脏支两种。

①成对的脏支。A. 肾上腺中动脉：在平对第 1 腰椎平面处发出，横行向外，分布于肾上腺。B. 肾动脉：较粗，约在平对第 2 腰椎体平面处发出，横行向外经肾门入肾。C. 睾丸动脉：细长，在肾动脉的稍下方发出，沿腹后壁斜向外下，继而经腹股沟管入阴囊，分布于睾丸。在女性则称为卵巢动脉，分布于卵巢（图 7 - 33）。

图 7 - 33　腹主动脉及其分支

②不成对的脏支。A. 腹腔干：粗而短，在主动脉裂孔稍下方由腹主动脉前壁发出，立即分为胃左动脉、肝总动脉和脾动脉。胃左动脉分支分布于胃小弯侧的胃壁和食管的腹段。a. 肝总动脉：行向右前方，于十二指肠上部的上方分为肝固有动脉和胃十二指肠动脉。b. 肝固有动脉：在起始处发出胃右动脉，本干在肝十二指肠韧带内上行达肝门处分左、右支入肝，右支入肝前发出胆囊动脉。胃十二指肠动脉在十二指肠上部的后方下行分为数支，其中主要的是胃网膜右动脉。c. 脾动脉：沿胰的上缘左行至脾门入脾，沿途发出胰支分布于胰，在脾门附近，还发出胃短动脉和胃网膜左动脉（图 7 - 34）。B. 肠系膜上动脉：在腹腔干的稍下方由腹主动脉前壁发出，在胰头后方下行，进入肠系膜，分支分布于空肠、回肠、盲肠、阑尾、升结肠、横结肠（图 7 - 35）。C. 肠系膜下动脉：约平第 3 腰椎高度发自腹主动脉前壁，分支分布于降结肠、乙状结肠和直肠上部（图 7 - 36）。

图 7 - 34　腹腔干及其分支

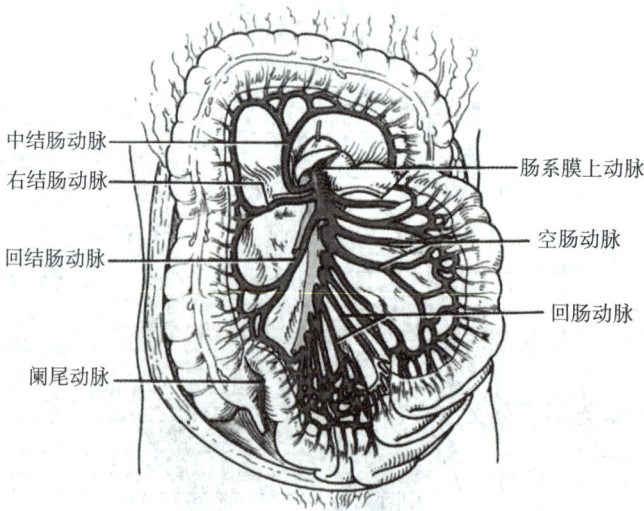

图 7 - 35　肠系膜上动脉及其分支

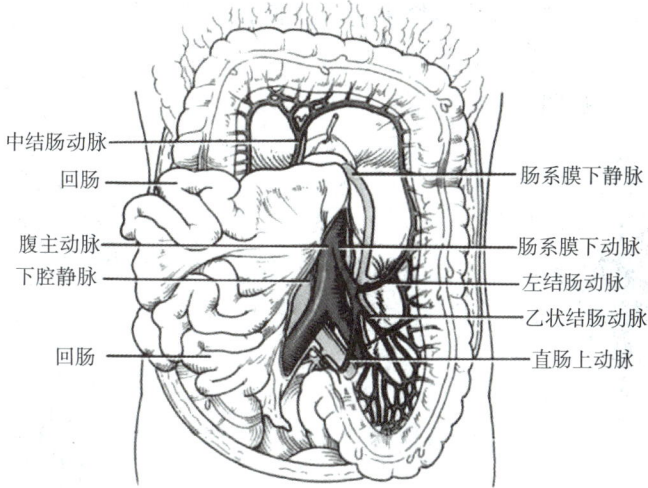

图 7 - 36　肠系膜下动脉及其分支

5. 盆部的动脉　主干是髂总动脉。髂总动脉在第 4 腰椎体下缘由腹主动脉发出，斜向外下方走行，至骶髂关节前方，分为髂内动脉和髂外动脉（图 7 - 37）。

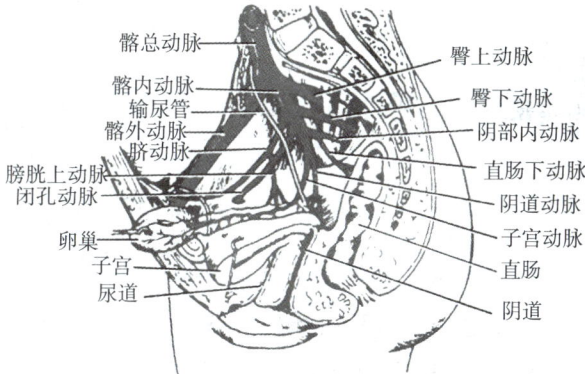

图 7 - 37　盆部的动脉（女性）

（1）髂内动脉　为一短干，沿盆腔侧壁下行，分壁支和脏支。①壁支：主要有闭孔动脉、臀上动脉和臀下动脉。闭孔动脉经闭孔出盆腔，分布于大腿内侧部及髋关节。臀上动脉和臀下动脉分别经梨状肌上、下孔穿出骨盆腔，分布于臀肌。②脏支：主要有子宫动脉和阴部内动脉。子宫动脉走行于子宫阔韧带内，在子宫颈外侧 2cm 处越过输尿管的前上方，沿子宫颈上行，分布于阴道、子宫、输卵管和卵巢等处（图 7 - 38）。阴部内动脉自梨状肌下孔出盆腔，进入会阴深部，分支布于肛区和外生殖器。

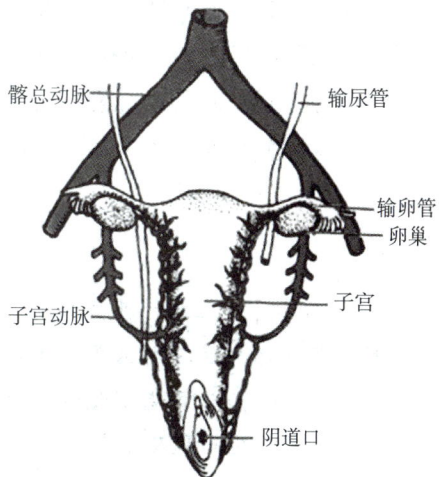

图 7 - 38　子宫动脉

（2）髂外动脉　沿腰大肌内侧缘下行，经腹股沟韧带中点深面至股前部，移行为股动脉。其主要分支为腹壁下动脉。

6. 下肢的动脉　见图7-39和图7-40。

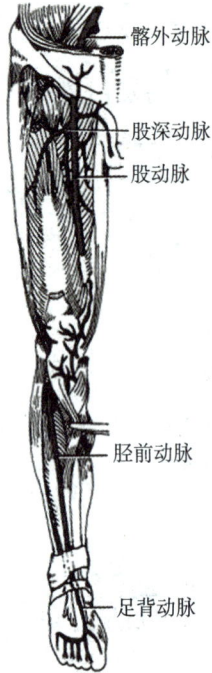

图 7-39　下肢的动脉（前面）　　　　　　图 7-40　下肢的动脉（后面）

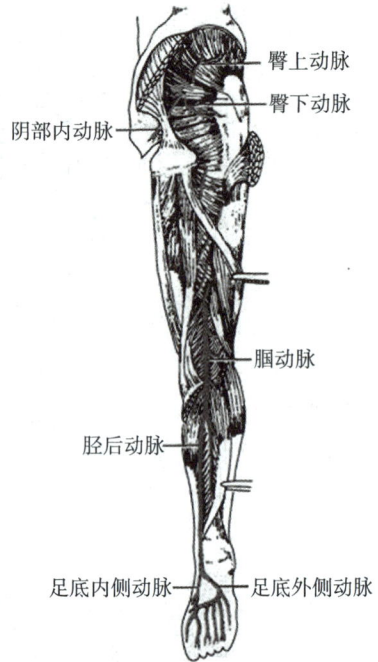

（1）股动脉　为髂外动脉的延续。在股三角内下行，并逐渐转向背侧，进入腘窝移行为腘动脉。股动脉分支分布于大腿肌和髋关节。在腹股沟韧带中点下方，可触及股动脉的搏动，此处是临床上抽取动脉血和介入插管常选用的部位。

（2）腘动脉　行于腘窝深部，至腘窝下缘处分为胫前动脉和胫后动脉。

（3）胫后动脉　沿小腿后面的浅、深层肌之间下行，分布于小腿肌后群和外侧群。胫后动脉经内踝的后方进入足底，分为足底内侧动脉和足底外侧动脉。

（4）胫前动脉　自腘动脉发出后，向前穿小腿骨间膜至小腿前面，在小腿前群肌之间下行至踝关节前方，移行为足背动脉。胫前动脉分支分布于小腿前群肌。

⇄ **知识链接**

压迫止血常用血管

1. 颈总动脉　在胸锁乳突肌前缘中份，位置表浅，可触及搏动，头颈部外伤出血时，可在此向后内方压至第6颈椎横突以达止血目的。注意：不能同时压迫两侧的颈总动脉，以免造成大脑缺血；压迫时间也不能太长，以免引起颈部化学和压力感受器反应而危及生命。

2. 面动脉 在咬肌前缘与下颌骨下缘交界处（下颌角前方约 3cm 处），位置表浅，可触及搏动。面部出血时，此处可作为压迫止血点（图 7 - 41）。

图 7 - 41 颈总动脉和面动脉压迫止血点

（a）颈总动脉压迫止血点；（b）面动脉压迫止血点

3. 颞浅动脉 穿腮腺上行于外耳门前方及颧弓根部浅面，耳屏前方可触及该动脉搏动。颞部和颅顶部出血时，此处可作为压迫止血点。

4. 锁骨下动脉 上肢外伤出血时，可于锁骨中点上方向后下方将锁骨下动脉压向第 1 肋进行止血（图 7 - 42）。

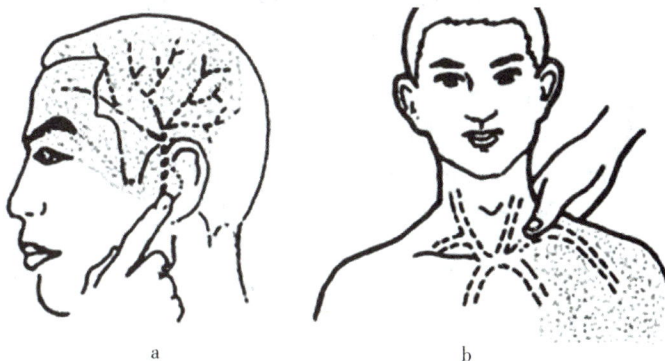

图 7 - 42 颞浅动脉和锁骨下动脉压迫止血点

（a）颞浅动脉压迫止血点；（b）锁骨下动脉压迫止血点

5. 肱动脉 走行位置表浅，易触及搏动。前臂、手外伤出血时，可在臂中部肱二头肌内侧沟内将肱动脉压向肱骨止血。

6. 桡动脉、尺动脉和手的动脉 手外伤出血时，可在腕掌侧面的上方压迫桡动脉和尺动脉进行止血。手指的动脉行于手指的两侧缘，手指出血时，可在手指两侧压迫止血。桡动脉在桡骨茎突掌侧，位置表浅，为常用切脉点（图 7 - 43）。

图 7-43　上肢的动脉压迫止血点

（a）肱动脉压迫止血点；（b）桡动脉、尺动脉和手的动脉压迫止血点

7. 股动脉　在腹股沟韧带中点稍下方，可触及股动脉的搏动。下肢外伤出血时，可于此处将股动脉压向耻骨进行止血。股动脉的内侧为股静脉，亦可作为股静脉穿刺的标志。

8. 足背动脉和胫后动脉　足背动脉在内、外踝连线中点稍下方，位置表浅，可触及搏动。足背部出血时，可在此处压迫止血。胫后动脉经内踝后方进入足底。足底肌和足趾出血时，可同时在内踝后下方压迫止血（图 7-44）。

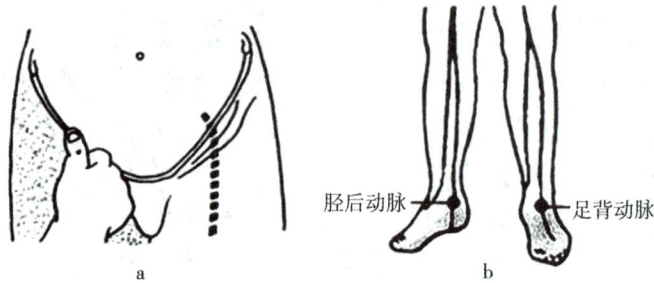

图 7-44　下肢的动脉压迫止血点

（a）股动脉压迫止血点；（b）足背动脉和胫后动脉压迫止血点

（四）体循环的静脉

体循环静脉的特点包括如下。①数量多，管腔较大，管壁薄，吻合比较丰富。②静脉管壁内有半月形向心开放的静脉瓣（图 7-45）。静脉瓣是防止血液逆流的重要结构，四肢的静脉瓣较多，但大静脉、肝门静脉及头颈部的静脉一般没有静脉瓣。③分为浅、深两类。浅静脉位于皮下组织内，又称皮下静脉，不与动脉伴行，最后注入深静脉。深静脉多与同名动脉伴行。④特殊结构的静脉：板障静脉位于颅顶扁骨的

板障内，借导静脉与头皮静脉和硬脑膜窦相通（图7-46）。硬脑膜窦为颅内硬脑膜两层之间形成的管腔，没有平滑肌和静脉瓣，故外伤时止血困难。

图7-45 静脉瓣

额板障静脉

颞前板障静脉

枕板障静脉
颞后板障静脉

图7-46 板障静脉

体循环的静脉包括上腔静脉系、下腔静脉系和心静脉系（图7-47）。

1. 上腔静脉系 由上腔静脉及其属支构成，收集头颈部、上肢、胸部（心、肺除外）等上半身的静脉血，其主干为上腔静脉。上腔静脉由左、右头臂静脉合成，沿升主动脉的右侧下行，注入右心房。头臂静脉由同侧的颈内静脉和锁骨下静脉合成，汇合处的夹角称静脉角，为淋巴导管的注入部位（图7-48）。

（1）头颈部的静脉 见图7-49。

①头皮静脉：分布于颅顶软组织内，表浅易见，为婴幼儿静脉输液常用的血管。主要包括：A. 颞浅静脉；B. 滑车上静脉（额静脉）；C. 耳后静脉；D. 眶上静脉。

②颈外静脉：是颈部最大的浅静脉，由下颌后静脉后支和耳后静脉在下颌角处的腮腺内合成，沿胸锁乳突肌的表面下行，注入锁骨下

颈内静脉

锁骨下静脉
头臂静脉
上腔静脉

下腔静脉

肝静脉

肾静脉

髂总静脉

髂内静脉
髂外静脉

图7-47 体循环的主要静脉

静脉。颈外静脉常用于静脉穿刺和插管。右心衰竭患者因静脉回流不畅，在锁骨上方可见颈外静脉膨隆，临床上称颈静脉怒张。

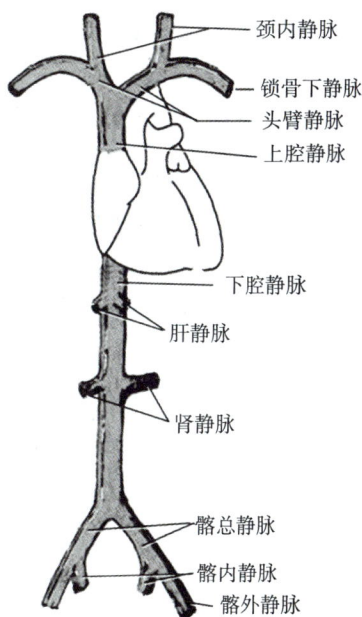

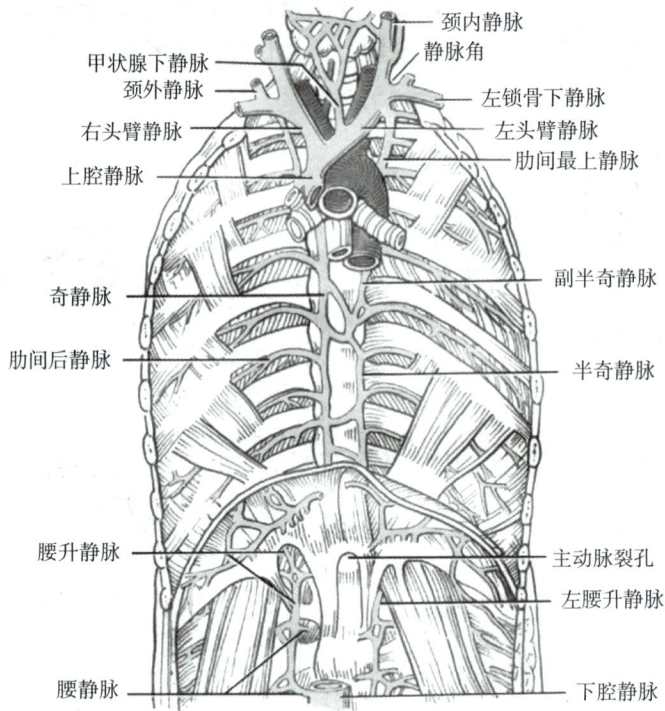

图 7-48　上腔静脉及其属支

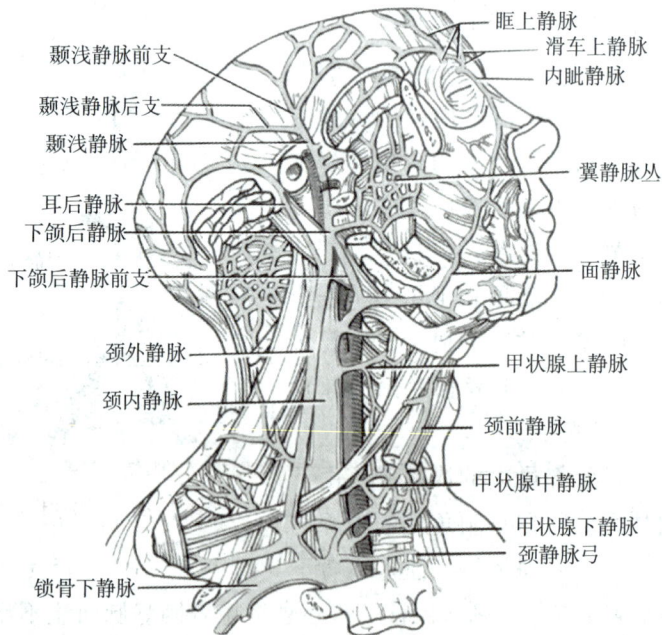

图 7-49　头颈部的静脉

③颈内静脉：在颈静脉孔处续于颅内的乙状窦，下行至胸锁关节的后方与锁骨下

静脉汇合成头臂静脉。颈内静脉的属支有颅内支和颅外支两种。A. 颅内支：通过颅内静脉和硬脑膜窦收集脑膜、脑、视器等处的静脉血。B. 颅外支：主要收集面部、颈部等处的静脉血，属支包括如下。a. 面静脉：起自内眦静脉，与面动脉伴行斜向外下，到舌骨平面注入颈内静脉。面静脉借内眦静脉、眼静脉与颅内的海绵窦交通，而且面静脉在口角平面以上缺乏静脉瓣。一般将鼻根到两侧口角之间的三角形区域称为"危险三角"。当面部尤其是危险三角区域内发生感染时，若处理不当（如挤压），病菌可经上述途径逆流入颅，引起颅内感染。b. 下颌后静脉：分前、后两支（图7 - 50）。

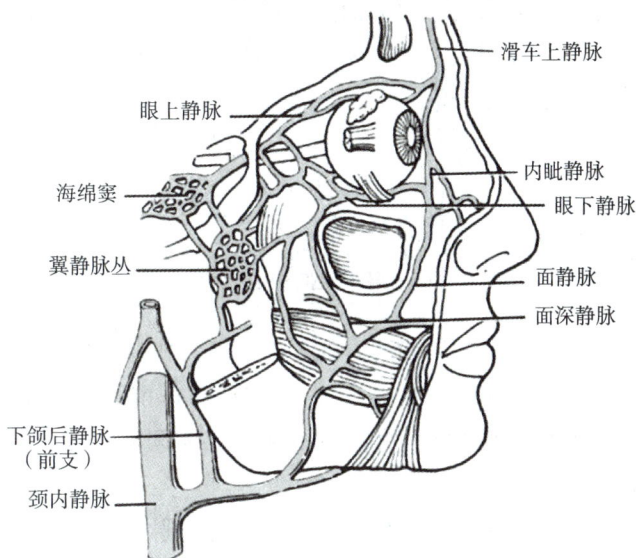

图 7 - 50　面静脉及其交通

（2）锁骨下静脉　是腋静脉的直接延续，位于颈根部，在胸锁关节的后方与颈内静脉汇合成头臂静脉。由于该静脉管腔大、位置恒定，临床上常选取锁骨下静脉作为静脉穿刺插管、心血管造影等的穿刺静脉。锁骨下静脉的主要属支是颈外静脉。

（3）上肢的静脉　富有瓣膜，分深、浅两种。

①上肢的深静脉：与同名动脉伴行，收集同名动脉分布区域的静脉血，经腋静脉续于锁骨下静脉。

②上肢的浅静脉：位于皮下，有三条较为恒定且容易辨认，即头静脉、贵要静脉和肘正中静脉。A. 头静脉：起于手背静脉网的桡侧，转至前臂前面，沿肱二头肌外侧缘上行，经三角肌、胸大肌之间，穿深筋膜注入腋静脉或锁骨下静脉。B. 贵要静脉：起于手背静脉网的尺侧，转至前臂尺侧，沿肱二头肌内侧缘上行至臂中部，穿深筋膜注入肱静脉。C. 肘正中静脉：斜行于肘窝皮下，为一短粗的静脉干，连于头静脉和贵要静脉之间（图7 - 51）。

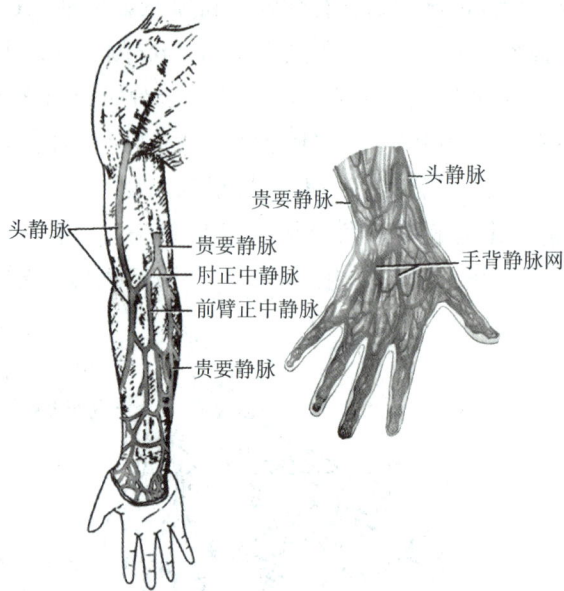

图 7 - 51　上肢的浅静脉

（4）胸部的静脉　主要有胸后壁的奇静脉及其属支和椎静脉丛。

①奇静脉：起自右腰升静脉，穿膈沿脊柱右侧上行，在平第 4 胸椎高度呈弓形向前跨过右肺根上方，注入上腔静脉。奇静脉沿途收集肋间后静脉、支气管静脉、食管静脉和半奇静脉的血液。

②椎静脉丛：位于椎管内、外，是沟通上、下腔静脉系和颅内、外静脉的重要通道之一（图 7 - 52）。

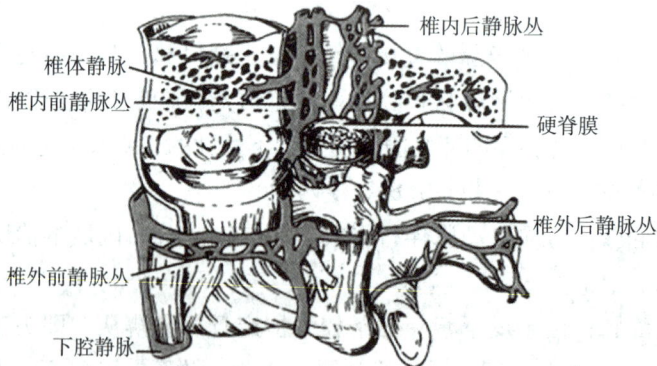

图 7 - 52　椎静脉丛

2. 下腔静脉系　由下腔静脉及其属支组成，主要收集双下肢、盆部和腹部的静脉血，其主干是下腔静脉。下腔静脉在第 5 腰椎右前方由左、右髂总静脉汇合而成，沿腹主动脉右侧上行，穿膈的腔静脉孔入胸腔，注入右心房（图 7 - 53）。

（1）下肢的静脉　也分为深、浅静脉两种。由于下肢静脉位置低、离心远，血液回流相对困难，下肢静脉内的瓣膜较上肢多。

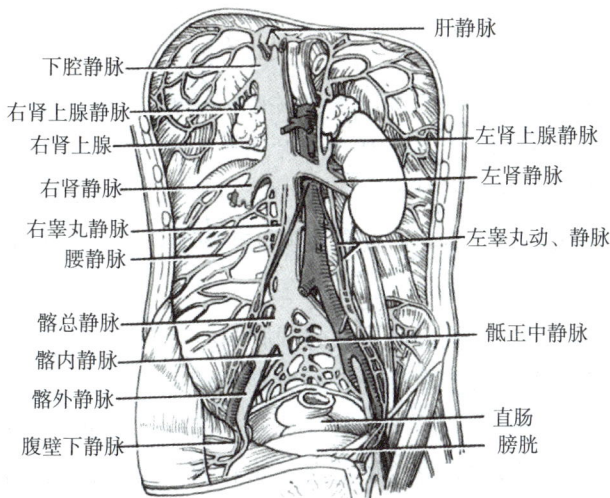

图 7-53　下腔静脉及其属支

①下肢的深静脉：与同名动脉伴行，收集同名动脉分布区域的静脉血，经股静脉续于髂外静脉。

②下肢的浅静脉：主要有大隐静脉和小隐静脉。A. 大隐静脉：起自足背静脉弓的内侧，经内踝前方沿小腿内侧、大腿前内侧上升，在腹股沟韧带稍下方注入股静脉。大隐静脉在内踝前方位置恒定且表浅，是临床上静脉穿刺、注射或大隐静脉切开的常选部位。此外，大隐静脉表浅，且行程较长，故为静脉曲张的好发部位。B. 小隐静脉：起自足背静脉弓的外侧，经外踝后方沿小腿后面上行至腘窝，穿深筋膜注入腘静脉（图 7-54）。

图 7-54　下肢的浅静脉

⇄ 知识链接

下肢静脉曲张

　　下肢静脉曲张是指下肢浅表静脉发生扩张、延长、弯曲成团状，晚期可并发慢性溃疡病变。本病多见于中年男性，长时间负重或站立工作者也易患病。下肢静脉曲张是静脉系统最重要的疾病，也是四肢血管疾患中最常见的疾病之一。通常，四肢血管疾病的大多数患者常因静脉曲张及其合并症尤其是溃疡而就医。

　　（2）盆部的静脉　分为髂内静脉、髂外静脉和髂总静脉。

　　①髂内静脉：短而粗，与髂内动脉伴行，在骶髂关节前方与髂外静脉汇合成髂总静脉。髂内静脉的属支有壁支和脏支两种，收集同名动脉分布区的静脉血。盆内脏器的静脉在器官壁内或表面形成丰富的静脉丛。男性有膀胱静脉丛和直肠静脉丛。女性除有这些静脉丛外，还有子宫静脉丛和阴道静脉丛。

　　②髂外静脉：是股静脉的延续，与同名动脉伴行，收集下肢及腹前壁下部的静脉血。

　　③髂总静脉：由髂内静脉和髂外静脉在骶髂关节的前方汇合而成（图7－55）。

　　（3）腹部的静脉　直接或间接地注入下腔静脉，分壁支和脏支。

　　①壁支：主要是腰静脉，与同名动脉伴行，直接注入下腔静脉。

　　②脏支：主要有肾静脉、睾丸静脉和肝静脉等。A. 肾静脉：在

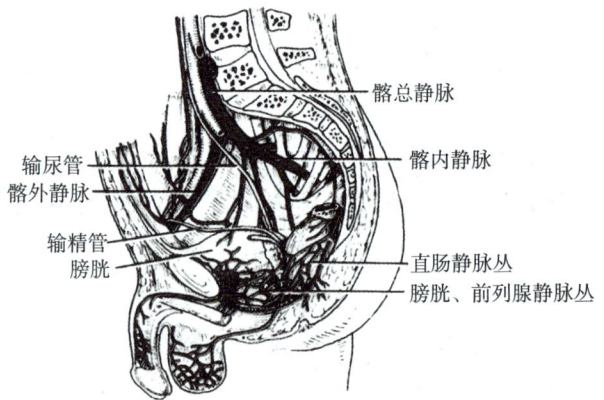

图7－55　盆部的静脉（男性）

肾门处由3~5条静脉汇合而成，在肾动脉前方行向内侧注入下腔静脉。B. 睾丸静脉：起自睾丸和附睾，在精索内形成蔓状静脉丛，逐渐汇合成睾丸静脉。左睾丸静脉以直角汇入左肾静脉，右睾丸静脉直接汇入下腔静脉，故睾丸静脉曲张多见于左侧。该静脉在女性为卵巢静脉，起自卵巢，汇入部位与男性相同。C. 肝静脉：位于肝内，2~3条，收集肝血窦回流的静脉血，在肝的腔静脉沟处注入下腔静脉。

　　（4）肝门静脉系　由肝门静脉及其属支组成。肝门静脉由脾静脉和肠系膜上静脉在胰头和胰体交界处的后方汇合而成，进入肝十二指肠韧带内，向右上行达肝门处，分左、右两支进入肝，在肝内反复分支，最后汇入肝血窦，与来自肝固有动脉的血液混合后逐级汇入肝静脉，最后注入下腔静脉。肝门静脉一般无静脉瓣，肝门静脉压力过高时，血液可以发生逆流。

　　肝门静脉的主要属支有：脾静脉、肠系膜上静脉、肠系膜下静脉、胃左静脉、附

脐静脉、胃右静脉和胆囊静脉。肝门静脉收集腹腔内（除肝外）不成对器官的静脉血（图7-56）。

肝门静脉系与上、下腔静脉系之间有丰富的吻合，主要有以下三个吻合途径。

①食管静脉丛：肝门静脉经胃左静脉通过食管静脉丛与上腔静脉的属支奇静脉交通，构成肝门静脉系与上腔静脉系之间的吻合。

②直肠静脉丛：肝门静脉经脾静脉、肠系膜下静脉、直肠上静脉再通过直肠静脉丛与髂内静脉的属支直肠下静脉和肛静脉交通，构成肝门静脉系与下腔静脉系之间的吻合。

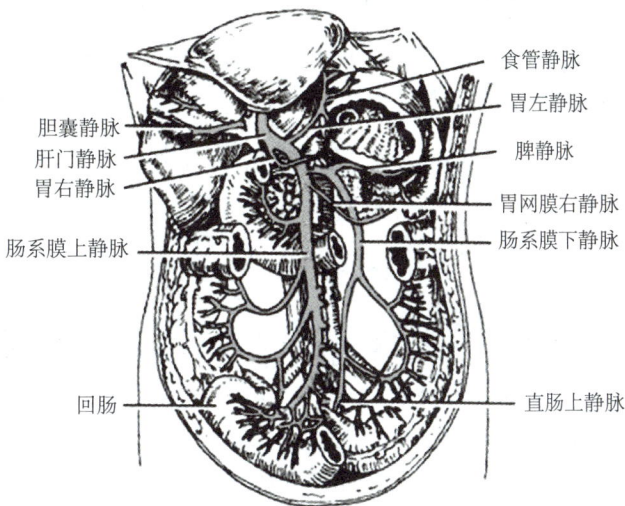

胆囊静脉
肝门静脉
胃右静脉
肠系膜上静脉
回肠

食管静脉
胃左静脉
脾静脉
胃网膜右静脉
肠系膜下静脉
直肠上静脉

图7-56　肝门静脉及其属支

③脐周静脉网：肝门静脉经附脐静脉通过脐周静脉网向上与上腔静脉系的腹壁上静脉、胸腹壁静脉交通，向下与下腔静脉系的腹壁下静脉、腹壁浅静脉交通，构成肝门静脉系与上、下腔静脉系之间的吻合（图7-57）。

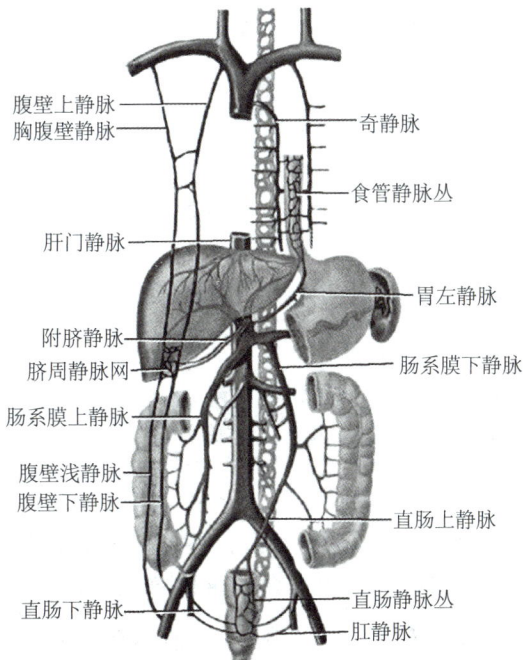

腹壁上静脉
胸腹壁静脉
肝门静脉
附脐静脉
脐周静脉网
肠系膜上静脉
腹壁浅静脉
腹壁下静脉
直肠下静脉

奇静脉
食管静脉丛
胃左静脉
肠系膜下静脉
直肠上静脉
直肠静脉丛
肛静脉

图7-57　肝门静脉系与上、下腔静脉系之间的吻合（模式图）

在正常情况下，上述这些吻合支细小，血流量少，血液均按正常方向各自回流至所属静脉系。当肝门静脉高压（如肝硬化）时，肝门静脉回流受阻，肝门静脉内的血液可通过上述吻合的静脉丛流入上、下腔静脉系，形成门脉侧支循环。由于大量血液经侧支循环回流，吻合部位的小静脉变得粗大弯曲，于是在食管下端及胃底、直肠黏膜和脐周围出现静脉曲张，甚至血管破裂导致呕血及柏油样便（食管静脉曲张破裂出血）、鲜血便（直肠静脉曲张破裂出血）和腹膜腔积液。 📱微课3

⇄ 知识链接

静脉穿刺

浅静脉位于浅筋膜内，位置表浅，易于触摸和寻找。较大的浅静脉，透过皮肤可以看到，是临床上进行静脉穿刺、切开、抽血、输液等常用的血管。与临床密切相关的浅静脉主要有：头皮的浅静脉、颈外静脉、手背静脉网、头静脉、贵要静脉、肘正中静脉、大隐静脉、小隐静脉。

1. 头皮静脉穿刺术 头皮静脉没有静脉瓣，正逆方向都能穿刺，穿刺既不影响患儿保暖，又不影响肢体活动，故婴幼儿（3岁以内）患者治疗多选头皮静脉。

穿刺方法：操作者需用一手固定静脉两端，另一手持针柄，沿向心或离心方向平行刺入静脉，由于头皮静脉管壁回缩能力差，穿刺完毕后要压迫局部片刻，以免出血形成皮下血肿。

2. 四肢浅静脉穿刺术 常选用手背静脉。对于需长期静脉给药者，应先从小静脉开始，逐渐向近侧选择穿刺部位，以增加血管的使用次数。如为一次性抽血检查，可以选择易穿刺的肘正中静脉。选择穿刺部位时尽可能避开关节，以利于针头固定。穿刺时，应避开静脉瓣膜部位。

第三节　淋巴系统 📱微课4

淋巴系统由淋巴管道、淋巴组织和淋巴器官组成。淋巴系统内流动着的无色透明液体，称淋巴。淋巴组织是含有大量淋巴细胞的网状组织，除分布于淋巴器官外，还广泛分布于消化管、呼吸道和泌尿生殖管道的黏膜内（图7-58）。

当血液流经毛细血管的动脉端时，部分血浆从毛细血管滤出到组织间隙，形成组织液。组织液与细胞进行物质交换后，大部分在毛细血管静脉端被重新吸收入血液，小部分进入毛细淋巴管成为淋巴。淋巴沿各级淋巴管向心流动，途中经过若干淋巴结的过滤，最后汇入上腔静脉。因此，淋巴系统是心血管系统的辅助系统。

淋巴系统不仅能协助静脉进行体液回流，而且淋巴器官和淋巴组织还具有产生淋巴细胞、过滤淋巴和进行免疫应答的功能。

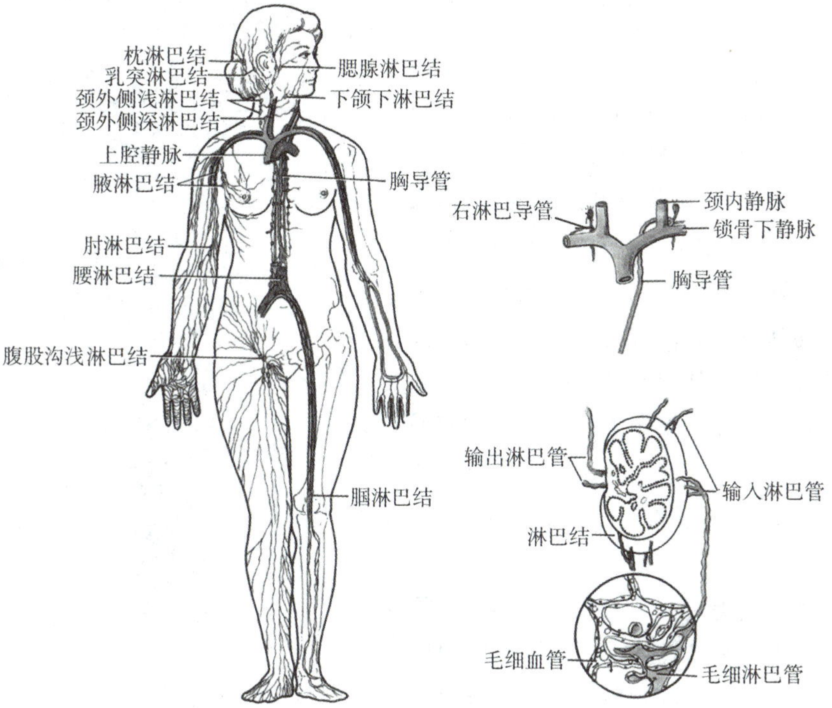

图 7－58　淋巴系统概观

一、淋巴管道

淋巴管道包括毛细淋巴管、淋巴管、淋巴干和淋巴导管。

（一）毛细淋巴管

毛细淋巴管以盲端起始于组织间隙，彼此吻合成网，管径粗细不均，比毛细血管略粗。管壁由内皮构成，无基膜，其通透性大于毛细血管，一些大分子物质如蛋白质、细菌、癌细胞、异物等较易进入毛细淋巴管。毛细淋巴管除脑、脊髓、骨髓、角膜、晶状体、牙釉质、上皮、软骨等处外，几乎遍布全身。

（二）淋巴管

淋巴管由毛细淋巴管汇合而成。淋巴管在向心行程中，通常要经过一个或多个淋巴结。淋巴管分浅、深两种。浅淋巴管位于皮下，多与浅静脉伴行；深淋巴管多与深部血管伴行。淋巴管之间有丰富的吻合。

（三）淋巴干

淋巴干由淋巴管汇合而成，共有 9 条，每条淋巴干收集一定范围内的淋巴。左、右颈干收集左、右侧头颈部的淋巴。左、右锁骨下干收集左、右侧上肢和脐以上胸腹壁浅层的淋巴。左、右支气管纵隔干收集胸腔器官和脐以上胸、腹壁深层的淋巴。左、右腰干收集下肢、盆部、腹后壁及腹腔成对脏器的淋巴。单一的肠干收集腹腔内消化器官的淋巴。

（四）淋巴导管

全身 9 条淋巴干最后汇合成两条淋巴导管，即胸导管和右淋巴导管。

1. 胸导管 是全身最粗大的淋巴管道，由左、右腰干和肠干在第 1 腰椎体前方汇合而成，汇合处膨大，称乳糜池。胸导管向上穿膈的主动脉裂孔进入胸腔，沿脊柱前方上行出胸廓上口至左颈根部，接收左颈干、左锁骨下干和左支气管纵隔干后，注入左静脉角。胸导管收集两下肢、盆部、腹部、左胸部、左上肢和左头颈部近人体 3/4 的淋巴回流。

2. 右淋巴导管 位于右颈根部，为一短干，由右颈干、右锁骨下干和右支气管纵隔干汇合而成，注入右静脉角。右淋巴导管收集右头颈部、右上肢、右胸部近人体 1/4 的淋巴回流（图 7 - 59）。

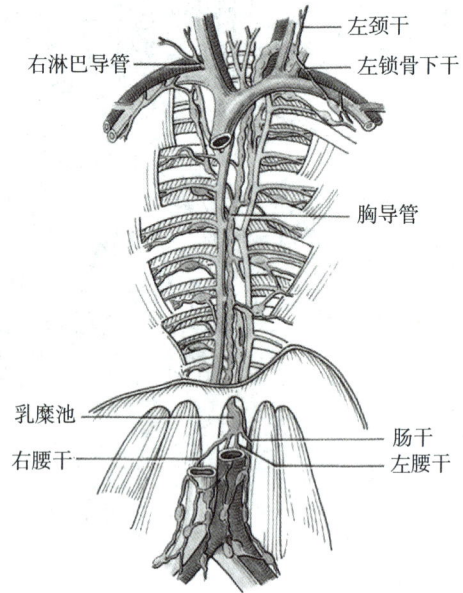

图 7 - 59　淋巴干和淋巴导管

⇄ 知识链接

颈深主要淋巴结群

在颈外侧深淋巴结中，位于鼻咽部后方的为咽后淋巴结，在鼻咽癌患者中，癌细胞首先转移到此。沿锁骨下动脉和臂丛排列的，为锁骨上淋巴结，在胃癌或食管癌患者中，癌细胞常经胸导管由颈干逆流或通过侧支转移到左锁骨上淋巴结，引起此淋巴结的肿大。

二、淋巴器官

淋巴器官是以淋巴组织为主要成分构成的器官，具有免疫功能，又称免疫器官，包括淋巴结、脾、胸腺和扁桃体等。

（一）淋巴结

1. 淋巴结的形态 淋巴结为大小不等的圆形或椭圆形小体，质软，色灰红。一侧隆凸，有多条输入淋巴管进入；另一侧凹陷，称淋巴结门，有 1~2 条输出淋巴管、神经和血管出入（图 7-60）。

2. 淋巴结的功能

（1）过滤淋巴 当淋巴流经淋巴结时，淋巴窦内的巨噬细胞可以将细菌等异物及

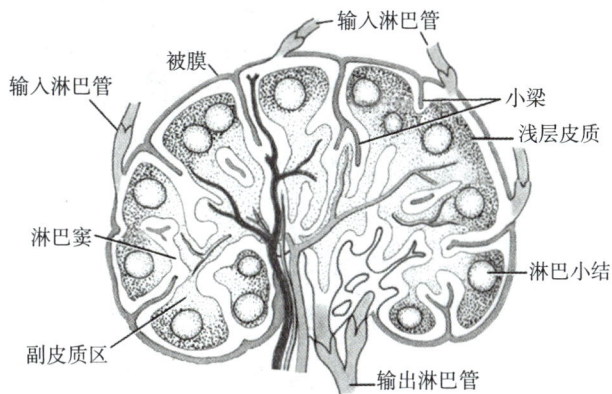

图 7 - 60　淋巴结模式图

时吞噬清除，起到过滤淋巴的作用。

（2）产生淋巴细胞　淋巴结内的淋巴细胞可分裂繁殖，形成新的淋巴细胞。

（3）参与免疫反应　淋巴结内的淋巴细胞和巨噬细胞都参与机体的免疫反应。

3. 人体各部主要的淋巴结

（1）头部的淋巴结　多位于头颈交界处，主要有下颌下淋巴结和颏下淋巴结。它们收纳头面部浅层和口腔器官的淋巴，直接或间接注入颈外侧深淋巴结。

（2）颈部的淋巴结　主要有颈外侧浅淋巴结和颈外侧深淋巴结。①颈外侧浅淋巴结：沿颈外静脉排列，收纳头部和颈浅部的淋巴管，其输出管注入颈外侧深淋巴结（图 7 - 61）。②颈外侧深淋巴结：沿颈内静脉排列，收纳头颈部和胸壁上部的淋巴管，其输出管合成颈干（图 7 - 62）。

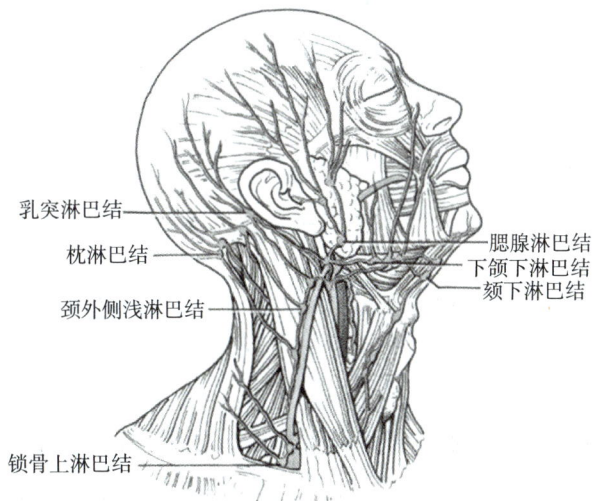

图 7 - 61　头颈部浅层淋巴结

177

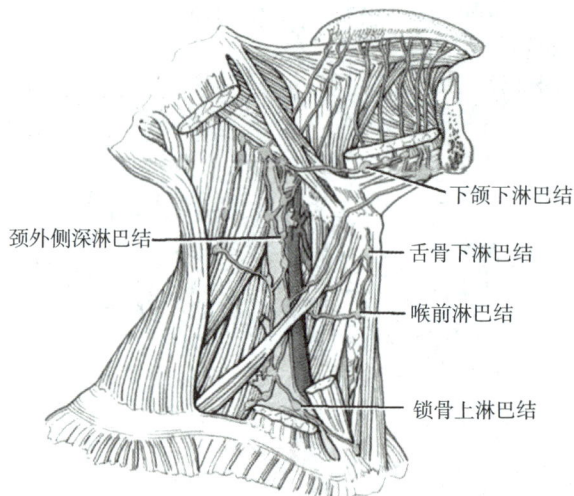

图 7-62　颈深部的淋巴结

（3）上肢的淋巴结　主要为腋淋巴结。腋淋巴结位于腋窝内，收纳上肢、乳房、胸壁和腹壁上部等处的淋巴管，其输出管合成锁骨下干（图7-63）。

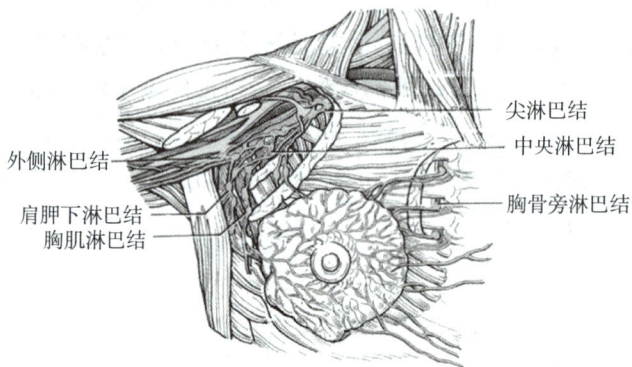

图 7-63　腋淋巴结与乳房淋巴引流

（4）胸部的淋巴结　包括胸壁的淋巴结和胸腔脏器的淋巴结两部分。胸壁的淋巴结主要有胸骨旁淋巴结，其收纳胸腹前壁和乳房内侧部的淋巴。胸腔脏器的淋巴结主要有位于肺门处的支气管肺淋巴结（肺门淋巴结），收纳肺的淋巴，其输出管汇入支气管纵隔干。临床上，肺癌和肺结核患者常出现肺门淋巴结肿大（图7-64）。

（5）腹部的淋巴结　位于腹后壁和腹腔脏器周围，沿血管排列。腹后壁的淋巴结主要有位于腹主动脉和下腔静脉周围的腰淋巴结，收纳腹后壁、腹腔成对脏器和盆部、下肢的淋巴，其输出管合成左、右腰干，注入乳糜池。腹腔脏器的淋巴结主要有腹腔淋巴结、肠系膜上淋巴结和肠系膜下淋巴结，它们均位于同名动脉周围，收纳同名动脉分布区的淋巴，它们的输出管汇合成肠干，注入乳糜池（图7-65，图7-66）。

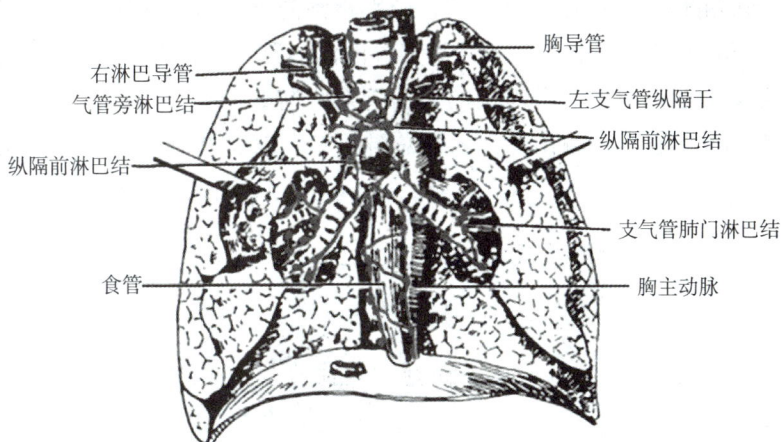

图 7 - 64 胸腔脏器的淋巴结

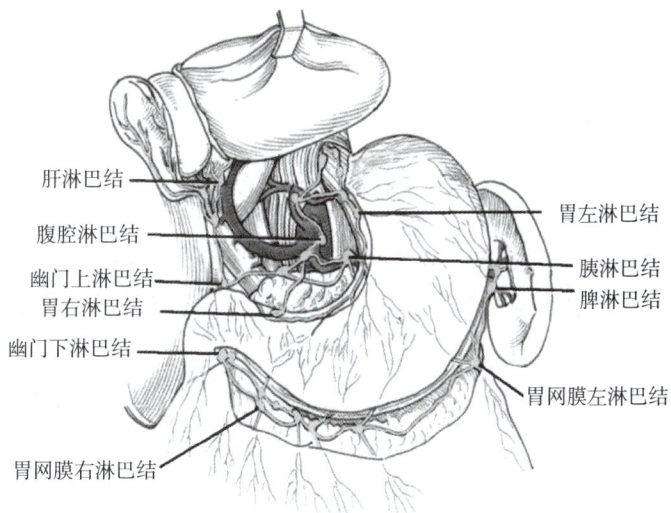

图 7 - 65 胃的淋巴结

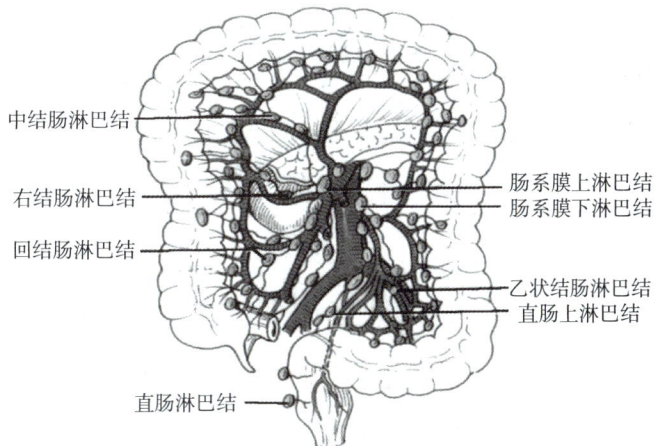

图 7 - 66 大肠的淋巴结

（6）盆部的淋巴结　沿髂血管排列，分别称髂内淋巴结、髂外淋巴结和髂总淋巴结。髂内淋巴结收纳大部分盆壁、盆腔脏器等的深淋巴管，其输出管汇入髂总淋巴结。髂外淋巴结收纳腹股沟浅、深淋巴结的输出管及腹前壁下部、膀胱、子宫颈和阴道上部或前列腺等的淋巴管，其输出管注入髂总淋巴结。髂总淋巴结的输出管注入腰淋巴结（图7-67）。

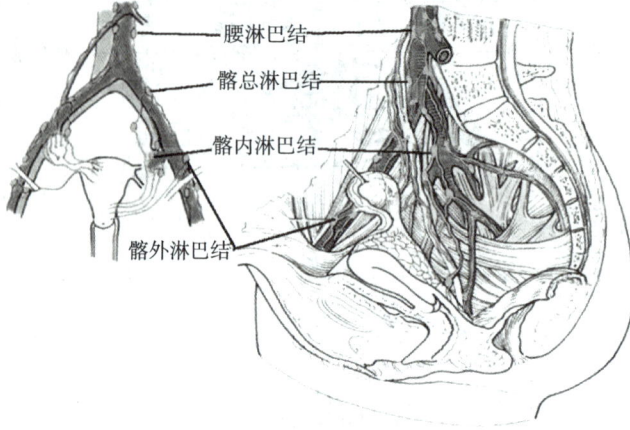

图7-67　盆部的淋巴结

（7）下肢的淋巴结　主要有腹股沟浅淋巴结和腹股沟深淋巴结。腹股沟浅淋巴结位于腹股沟韧带及大隐静脉末端周围，收纳腹前壁下部、臀部、会阴部、外生殖器和下肢大部分的浅淋巴管，其输出管大部分注入腹股沟深淋巴结，小部分注入髂外淋巴结。腹股沟深淋巴结位于股静脉上部周围及股管内，收纳腹股沟浅淋巴结的输出管及下肢的深淋巴管，其输出管注入髂外淋巴结（图7-68）。

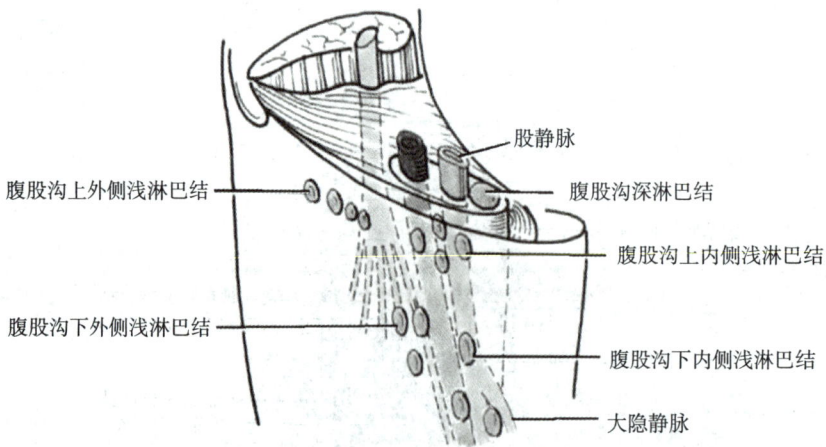

图7-68　腹股沟淋巴结

（二）脾

1. 脾的位置和形态　脾是人体最大的淋巴器官，位于左季肋区，第 9 ~ 11 肋的深面，其长轴与第 10 肋一致。正常情况下，在左侧肋弓下不能触及脾。

脾呈扁椭圆形，暗红色，质软而脆，受暴力打击时易破裂。脾分内、外侧两面，上、下两缘和前、后两端。内侧面又称脏面，与胃底、左肾、左肾上腺和胰尾相邻，脏面近中央处有脾门，是血管、神经等出入之处。

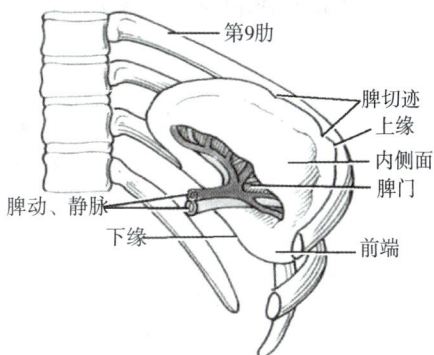

图 7 - 69　脾

外侧面又称膈面，与膈相贴。下缘钝圆，伸向后下方。上缘较锐，有 2 ~ 3 个切迹，称脾切迹，是临床上触诊脾的重要标志（图 7 - 69）。

2. 脾的功能

（1）过滤血液　脾内巨噬细胞能吞噬、清除进入血液的细菌、异物以及衰老的红细胞和血小板。

（2）造血　胚胎时期，脾能产生各种血细胞。出生后，脾只能产生淋巴细胞，但仍保持产生多种血细胞的潜能，当机体需要时，脾可恢复产生各种血细胞的功能。

（3）参与免疫反应　脾内的淋巴细胞和巨噬细胞都参与机体的免疫反应。

（4）储存血液　红髓约可储存 40ml 血液。

（三）胸腺

1. 胸腺的位置和形态　胸腺位于胸骨柄的后方，上纵隔的前部。

胸腺为锥体形，分左、右两叶，色灰红，质柔软。儿童时期，胸腺发达；青春期以后，胸腺开始退化萎缩；成人胸腺多被结缔组织替代（图 7 - 70）。

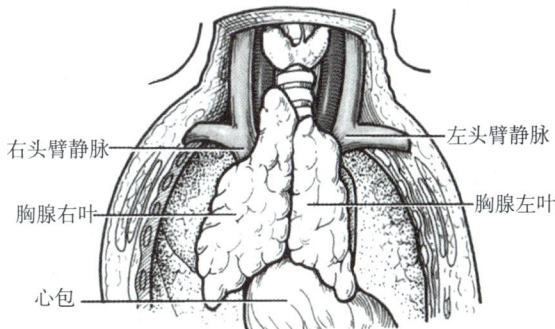

图 7 - 70　胸腺

2. 胸腺的功能　胸腺的主要功能是分泌胸腺素和产生 T 淋巴细胞。

胸腺素由上皮性网状细胞分泌，可使从骨髓来的造血干细胞分裂和分化，成为具有免疫活性的 T 淋巴细胞，再经血液迁移到淋巴结和脾等淋巴器官，成为这些器官 T

淋巴细胞的发生来源。因此，胸腺是人体重要的免疫器官，是 T 淋巴细胞分化成熟的场所。当 T 淋巴细胞充分繁殖并播散到其他淋巴器官后，胸腺的重要性也就逐渐降低。

目标检测

一、选择题

（一）单项选择题

1. 脉管系统的组成包括（　　　）
   A. 心血管系统和淋巴系统　　　　　B. 心血管系统和静脉系
   C. 心、动脉和静脉　　　　　　　　D. 心、动脉、静脉和毛细血管

2. 体循环终止于（　　　）
   A. 左心房　　　　　B. 左心室　　　　　C. 右心房　　　　　D. 右心室

3. 二尖瓣位于（　　　）
   A. 主动脉口　　　　B. 肺动脉口　　　　C. 左房室口　　　　D. 右房室口

4. 在活体上不易触及搏动的动脉是（　　　）
   A. 桡动脉　　　　　B. 颞浅动脉　　　　C. 股动脉　　　　　D. 子宫动脉

5. 心的正常起搏点是（　　　）
   A. 心房肌　　　　　B. 心室肌　　　　　C. 窦房结　　　　　D. 房室结

6. 从主动脉升部发出的分支是（　　　）
   A. 食管动脉　　　　B. 支气管动脉　　　C. 肋间后动脉　　　D. 冠状动脉

7. 颈外动脉发出的分支是（　　　）
   A. 甲状腺上动脉　　B. 甲状腺下动脉　　C. 椎动脉　　　　　D. 甲状颈干

8. 腹主动脉成对的脏支是（　　　）
   A. 腹腔干　　　　　B. 肠系膜上动脉　　C. 腰动脉　　　　　D. 肾动脉

9. 以下关于心包的说法中，正确的是（　　　）
   A. 纤维心包即心外膜　　　　　　　B. 浆膜心包的脏层即心外膜
   C. 纤维心包在浆膜心包内面　　　　D. 纤维心包和浆膜心包之间为心包腔

10. 心室舒张时，防止血液逆流的装置是（　　　）
    A. 二尖瓣　　　　　　　　　　　　B. 主动脉瓣和肺动脉瓣
    C. 主动脉瓣和二尖瓣　　　　　　　D. 肺动脉瓣和三尖瓣

11. 卵圆窝位于（　　　）
    A. 左心房的房间隔下部　　　　　　B. 右心室的室间隔中上部
    C. 左心室的室间隔上部　　　　　　D. 右心房的房间隔中下部

12. 冠状窦注入（　　　）
    A. 左心房　　　　　B. 右心房　　　　　C. 右心室　　　　　D. 左心室

13. 常用于压迫止血的动脉不包括 （　　　）

    A. 面动脉　　　　　B. 颞浅动脉　　　　　C. 腋动脉　　　　　D. 股动脉

14. 子宫动脉在子宫颈外侧经过输尿管的（　　　）

    A. 上方与其平行走行　　　　　　　B. 下方与其平行走行

    C. 前方与其交叉走行　　　　　　　D. 后方与其交叉走行

15. 以下关于大隐静脉的说法中，正确的是 （　　　）

    A. 起自足背静脉网的外侧　　　　　B. 经外踝前方上行

    C. 与胫前动脉伴行　　　　　　　　D. 经内踝前方上行

16. 临床上常供穿刺的静脉应不包括 （　　　）

    A. 颈外静脉　　　　　B. 大隐静脉　　　　　C. 肱静脉　　　　　D. 肘正中静脉

17. 下列不属于肝门静脉属支的是 （　　　）

    A. 肝静脉　　　　　B. 脾静脉　　　　　C. 肠系膜上静脉　　　　　D. 附脐静脉

18. 肝门静脉由 （　　　）合成

    A. 肠系膜上、下静脉

    B. 肝静脉和脾静脉

    C. 附脐静脉和胃左静脉

    D. 脾静脉和肠系膜上静脉

19. 以下关于静脉的描述中，错误的是 （　　　）

    A. 静脉一般可分为浅、深两种

    B. 静脉的吻合要比动脉丰富

    C. 四肢的静脉瓣较多，其中上肢多于下肢

    D. 重力、静脉瓣、周围肌肉收缩等因素均会影响静脉回流

20. 贵要静脉一般注入 （　　　）

    A. 桡静脉　　　　　B. 尺静脉　　　　　C. 头静脉　　　　　D. 肱静脉

21. 静脉角位于 （　　　）

    A. 颈内、外静脉汇合处　　　　　　B. 左、右头臂静脉汇合处

    C. 锁骨下静脉与颈内静脉汇合处　　D. 颈外静脉注入锁骨下静脉处

22. 以下关于小隐静脉的说法中，正确的是 （　　　）

    A. 在足背起于足背静脉弓内侧　　　B. 经外踝前方转至小腿后面

    C. 沿小腿外侧面上行　　　　　　　D. 在腘窝穿深筋膜注入腘静脉

23. 体表最容易摸到股动脉的部位是 （　　　）

    A. 腹股沟韧带中点稍下方　　　　　B. 腹股沟韧带中点稍内侧

    C. 腹股沟韧带外、中 1/3 交点处　　D. 腹股沟韧带中、内 1/3 交点处

24. 行经三角肌胸大肌间沟的静脉是 （　　　）

    A. 贵要静脉　　　　　　　　　　　B. 腋静脉

    C. 锁骨下静脉　　　　　　　　　　D. 头静脉

25. 胸导管注入（　　）

    A. 左静脉角
               B. 右静脉角

    C. 右锁骨下静脉
        D. 右头臂静脉

26. 淋巴干的数目是（　　）

    A. 8 条
      B. 9 条
      C. 10 条
      D. 11 条

27. 胸导管收集的范围是（　　）

    A. 上半身的淋巴
        B. 右半身的淋巴

    C. 下半身与左侧半身的淋巴
    D. 下半身与右侧半身的淋巴

28. 以下关于颈外侧浅淋巴结的说法中，正确的是（　　）

    A. 位于胸锁乳突肌的深面
      B. 沿颈外静脉排列

    C. 收集头面部全部淋巴
      D. 输出管组成颈干

29. 不成对的淋巴干是（　　）

    A. 肠干
      B. 腰干
      C. 锁骨下干
      D. 支气管纵隔干

30. 以下关于脾的描述中，正确的是（　　）

    A. 位于右季肋区
        B. 长轴与肋弓一致

    C. 上缘前部有 2~3 个脾切迹
    D. 质软不易破裂

（二）多项选择题

1. 合成静脉角的静脉是（　　）

    A. 颈内静脉
      B. 头臂静脉
      C. 颈外静脉

    D. 锁骨下静脉
    E. 头静脉

2. 主动脉弓凸侧直接发出的动脉包括（　　）

    A. 头臂干
      B. 右颈总动脉
      C. 左颈总动脉

    D. 右锁骨下动脉
    E. 左锁骨下动脉

3. 以下关于心的说法中，正确的是（　　）

    A. 位于中纵隔内
        B. 约 2/3 在正中线的左侧

    C. 两侧借纵隔胸膜与肺相邻
    D. 下方是膈

    E. 前面全部被肺和胸膜所遮盖

4. 右心房的入口包括（　　）

    A. 下腔静脉口
      B. 上腔静脉口
      C. 冠状窦口

    D. 肺动脉口
      E. 肺静脉口

5. 在活体上可触及搏动的动脉是（　　）

    A. 颞浅动脉
      B. 桡动脉
      C. 股动脉

    D. 足背动脉
     E. 肱动脉

6. 上肢浅静脉包括（　　）

    A. 肱静脉
      B. 腋静脉
      C. 头静脉

    D. 贵要静脉
    E. 肘正中静脉

7. 以下关于头静脉的说法中，正确的是（　　　）

    A. 起自手背静脉网的桡侧

    B. 逐渐转移到前臂前面上行

    C. 在肘窝处与肘正中静脉和贵要静脉相交通

    D. 最后注入腋静脉或锁骨下静脉

    E. 临床上用此静脉进行穿刺或插管

二、思考题

1. 简述体循环的路径、特点及作用。

2. 简述心的位置及心尖的体表投影。

3. 简述颈外动脉的主要分支。

4. 简述上肢和下肢的主要浅静脉。

5. 简述胸导管的起始、走行、注入部位及收集范围。

6. 肝门静脉有哪些属支？肝门静脉与上、下腔静脉形成哪些吻合？

（刘　斌）

书网融合……

微课1　　微课2　　微课3　　微课4　　本章小结　　自测题

第八章 感觉器

1. 掌握 眼球壁和眼球内容物的构成及各构成部分的结构特点，眼屈光系统的构成；外耳道和鼓膜的位置、形态，婴儿外耳道的特点。

2. 熟悉 眼副器的构成及各构成部分的形态结构；中耳的构成；皮肤的组织结构。

3. 了解 内耳的形态结构；声波的传导；皮肤附属器的结构。

 案例分析

患者，男，54 岁，近期感觉视物模糊，在强光下看事物更加不清晰，视物发生重叠，夜间路灯照射下产生眩光，眼前出现大小黑点或条索状影子，到当地医院检查视力，两眼均为 0.1。

问题

患者应诊断为什么病？如何治疗？

第一节　视　　器

眼是视觉器官，由眼球和眼副器构成。眼球能够接受光波的刺激，并将刺激转化为神经冲动，经视觉传导通路传至大脑视觉中枢，产生视觉。眼副器位于眼球的周围，对眼球起支持、保护和运动作用。

一、眼球 微课1

眼球近似球形，位于眶的前部，后方借视神经连于间脑。眼球由眼球壁和眼球内容物构成。

（一）眼球壁

眼球壁由外向内依次分为眼球纤维膜、眼球血管膜和视网膜三层（图 8-1，图 8-2）。

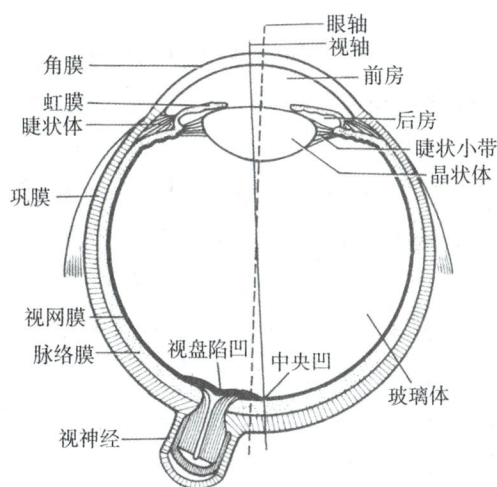

图8-1　右眼球水平切面

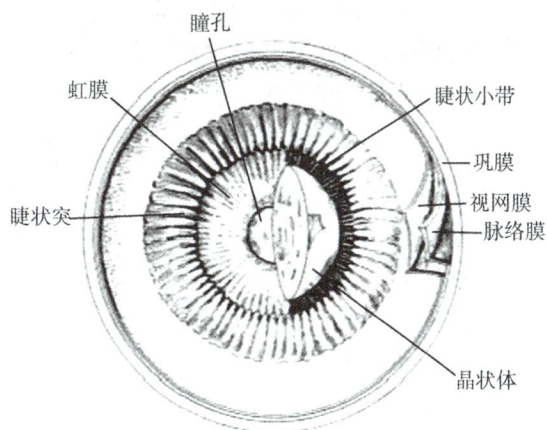

图8-2　眼球前部内面观

1. 眼球纤维膜　主要由致密结缔组织构成，厚而坚韧，位于眼球壁的最外层，自前向后分为角膜和巩膜两部分，对眼球具有支持和保护作用。

（1）角膜　占眼球纤维膜的前1/6，无色透明，外凸内凹，富有弹性，具有屈光作用。角膜内无血管，但感觉神经末梢丰富，故感觉敏锐。

（2）巩膜　占眼球纤维膜的后5/6，为乳白色不透明的纤维组织，厚而坚韧。在巩膜与角膜交界处的深面有一环形的巩膜静脉窦，是房水流归静脉的通道。

2. 眼球血管膜　位于眼球纤维膜的内面，富含血管和色素细胞，呈棕黑色，具有营养眼球内组织和遮光的作用。眼球血管膜由前向后分为虹膜、睫状体和脉络膜三部分。

（1）虹膜　位于眼球血管膜的最前部，为呈冠状位的圆盘状薄膜，中央有圆形的瞳孔。虹膜内，有两种排列方向不同的平滑肌纤维。环绕瞳孔周缘，呈环形排列的，称瞳孔括约肌，可缩小瞳孔。在瞳孔周围，呈放射状排列的，称瞳孔开大肌，可开大瞳孔。正常瞳孔的大小因光线强度的变化而改变。

角膜和晶状体之间的间隙，称眼房。虹膜将眼房分为较大的前房和较小的后房，前、后房之间借瞳孔相通。在前房周边，虹膜与角膜交界处的环形区域，称虹膜角膜角（也称前房角），房水由此回流入巩膜静脉窦（图8-3）。

（2）睫状体　位于角膜和巩膜移行部的内面，是眼球血管膜最肥厚的部分。在眼球水平切面上，睫状体呈三角形。其前部有向内突出、呈放射状排列的皱襞，称睫状突。睫状突发出睫状小带连于晶状体。睫状体内的平滑肌，称睫状肌。睫状体有

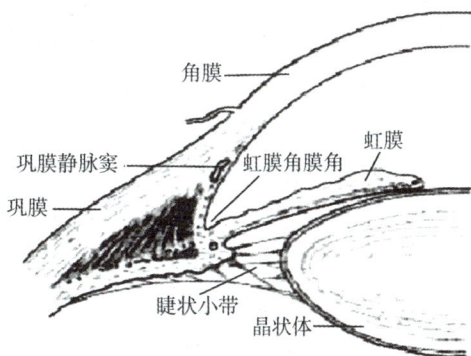

图8-3　虹膜角膜角

调节晶状体曲度和产生房水的作用。

（3）脉络膜　占眼球血管膜的后2/3，是一层富含血管和色素的薄膜。其外面与巩膜疏松相连，内面紧贴视网膜的色素层，后方有视神经通过。脉络膜具有营养眼球和吸收眼内散射光线的作用。

3. 视网膜　位于眼球血管膜的内面，从前向后可分为三部分：视网膜虹膜部、视网膜睫状体部和视网膜脉络膜部。前两部分分别贴附于虹膜和睫状体内面，薄而无感光作用，故称视网膜盲部；脉络膜部贴附于脉络膜内面，有感光作用，故称视网膜视部。通常所说的视网膜，是指视网膜视部。视网膜视部的后部最厚，愈向前愈薄，在视神经起始处有一白色的圆形隆起，称视神经盘，其中央有视神经和视网膜中央动、静脉穿过，无感光细胞，称生理性盲点。在视神经盘的颞侧稍偏下方约3.5mm处有一黄色小区，称黄斑，由密集的视锥细胞构成。黄斑中央凹陷，称中央凹，此区无血管，是视觉最敏锐的部位。这些结构在活体上可用眼底镜窥见（图8-4）。

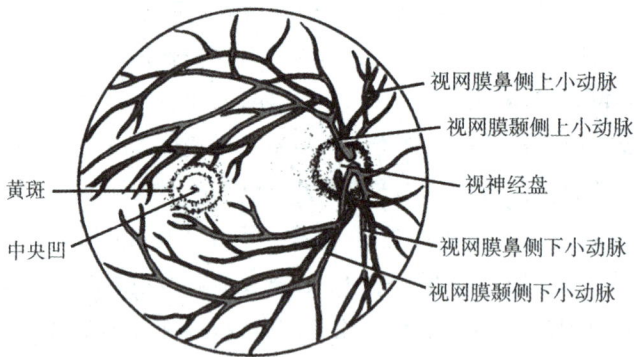

黄斑
中央凹

视网膜鼻侧上小动脉
视网膜颞侧上小动脉
视神经盘
视网膜鼻侧下小动脉
视网膜颞侧下小动脉

图8-4　右侧眼底示意图

视网膜视部的组织结构分内、外两层。外层为色素上皮层，由单层色素上皮细胞构成；内层为神经层。两层之间连接疏松，视网膜脱离常发生于此。神经层主要由3层细胞组成，由外向内依次为视细胞、双极细胞和节细胞。视细胞是感光细胞，紧邻色素上皮层，分视杆细胞和视锥细胞两种。视杆细胞主要分布于视网膜的周边部，对弱光敏感，不具有辨色的能力。视锥细胞主要分布于视网膜中央部，有感受强光和辨色的功能。双极细胞可将来自感光细胞的神经冲动传至节细胞。节细胞的轴突向视神经盘处集中，形成视神经（图8-5）。

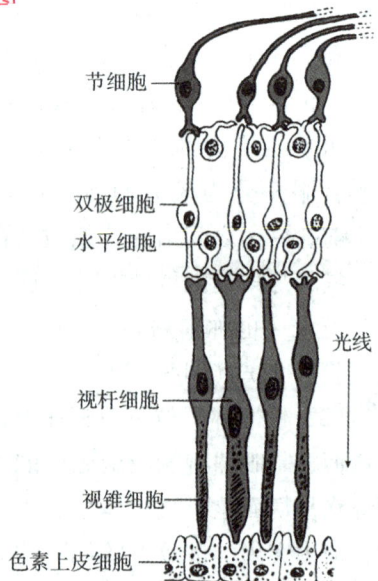

节细胞

双极细胞
水平细胞

光线

视杆细胞

视锥细胞

色素上皮细胞

图8-5　视网膜神经细胞

（二）眼球内容物

眼球内容物包括房水、晶状体和玻璃体。这些结构和角膜一样，均无色透明，具有屈光作用，它们和角膜共同构成眼的屈光系统。

1. 房水　是充满于眼房内的无色透明液体，其生理功能是为角膜和晶状体提供营养并维持正常的眼内压。房水由睫状体产生，进入眼后房，经瞳孔到达眼前房，再经虹膜角膜角进入巩膜静脉窦，最后汇入眼静脉，此过程为房水循环。若房水回流受阻，可引起眼内压升高，导致视网膜受压而出现视力减退甚至失明，临床上称青光眼。

2. 晶状体　位于虹膜和玻璃体之间，呈双凸透镜状，无色透明，富有弹性，不含血管和神经。

晶状体周缘借睫状小带与睫状突相连，其曲度可随睫状肌的舒缩而变化（图8-2，图8-3）。

看近物时，睫状肌收缩，睫状体向前内移位，睫状小带松弛，晶状体因其本身的弹性而变凸，屈光度增大，使进入眼内的光线恰好能聚焦于视网膜上，以适应看近物。看远物时，睫状肌舒张，睫状体向后外移位，睫状小带被拉紧，向周围牵引晶状体，使晶状体变薄，屈光度减少，以适应看远物。

3. 玻璃体　为填充于晶状体和视网膜之间的无色透明的胶状物质。玻璃体除具有屈光作用外，还有维持眼球形状和支撑视网膜的作用。若支撑作用减弱，易导致视网膜脱离。若玻璃体混浊，可影响视力。

二、眼副器

眼副器包括眼睑、结膜、泪器、眼球外肌等结构。

（一）眼睑

眼睑位于眼球的前方，分为上睑和下睑，对眼球起保护作用。上、下睑之间的裂隙称睑裂，其内、外侧角分别称为内眦和外眦。眼睑的游离缘，称睑缘，睑缘上生长有睫毛，有防止灰尘进入眼内和减弱强光照射的作用。在上、下睑缘近内侧端各有一个

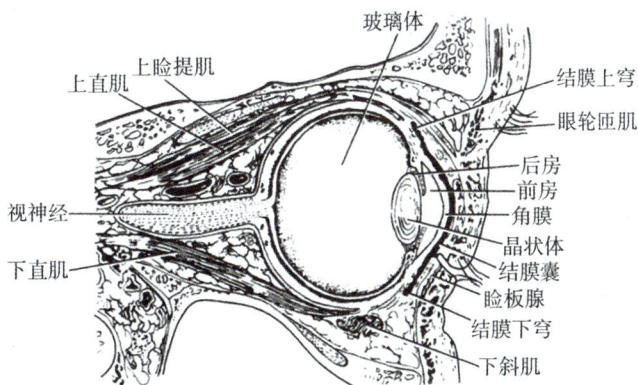

图8-6　眼眶矢状断面

小隆起，称泪乳头，其顶部有一个小孔，称泪点，是泪小管的开口。睑缘处的皮脂腺，称睑缘腺，开口于睫毛毛囊（图8-6）。

眼睑的组织结构可分为五层，由外向内依次为皮肤皮下组织、肌层、睑板和睑结膜。眼睑的皮肤较薄，皮下组织疏松，缺乏脂肪组织，易发生水肿。肌层主要为眼轮匝肌，该肌收缩使眼睑闭合。睑板由致密结缔组织构成，睑板内有许多与睑缘垂直排列的睑板腺，开口于睑缘，分泌油脂样液体，具有润滑睑缘和防止泪液外溢的作用（图8-7）。

（二）结膜

结膜是一层富有血管、薄而光滑透明的黏膜，覆盖在眼球的前面和眼睑的内面。按其所在部位可分为睑结膜、球结膜和结膜穹窿三部分。睑结膜衬覆于上、下睑内面；球结膜覆盖在巩膜前面；结膜穹窿为睑结膜与球结膜相互移行的部分，分别形成结膜上穹和结膜下穹。上、下睑闭合时，整个结膜形成囊状间隙，称结膜囊，此囊通过睑裂与外界相通（图8-8）。结膜炎是结膜常见疾病。

图8-7 眼睑的结构

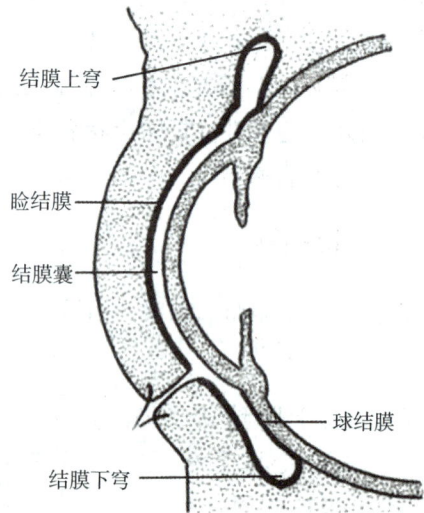

图8-8 结膜

（三）泪器

泪器由泪腺和泪道构成。

1. 泪腺 位于泪腺窝内，分泌泪液，借排泄管开口于结膜上穹的外侧部。泪腺不断分泌泪液，借眨眼活动涂布于眼球的表面，以湿润和清洁角膜。此外，泪液中还含有溶菌酶，有杀菌作用。

2. 泪道 包括泪点、泪小管、泪囊和鼻泪管。泪点分为上泪点和下泪点。泪小管为连接泪点和泪囊的小管，分为上泪小管和下泪小管。它们分别垂直于睑缘向上、下走行，继而几乎成直角转向内侧汇合在一起，开口于泪囊上部。泪囊位于泪囊窝内，为一膜性囊，上端为盲端，下端移行为鼻泪管。鼻泪管为连接鼻腔与泪囊的膜性管道，开口于下鼻道（图 8 - 9）。

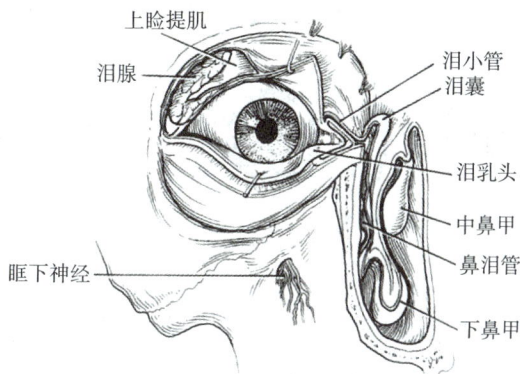

图 8 - 9　泪器

（四）眼球外肌

眼球外肌共有 7 块，包括上睑提肌、内直肌、外直肌、上直肌、下直肌、上斜肌和下斜肌，均为骨骼肌（图 8 - 10）。上睑提肌收缩可提起上睑，开大睑裂；内直肌、外直肌收缩分别使瞳孔转向内侧和外侧；上直肌、下直肌收缩分别使瞳孔转向上内方和下内方；上斜肌收缩可使瞳孔转向下外方；下斜肌收缩可使瞳孔转向上外方。平时，眼球能向各个方向灵活转动，并非依靠单一肌肉的收缩，而是两眼数条肌共同参与、协同作用的结果（图 8 - 11）。

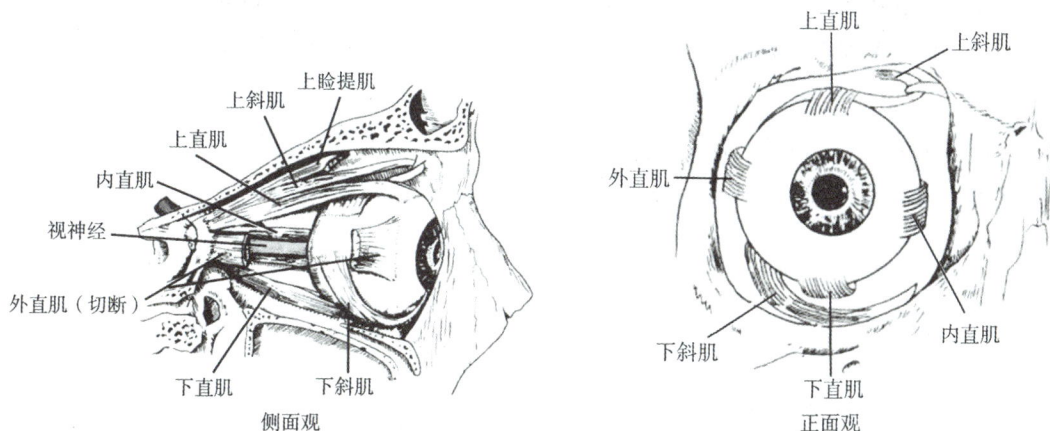

图 8 - 10　眼球外肌

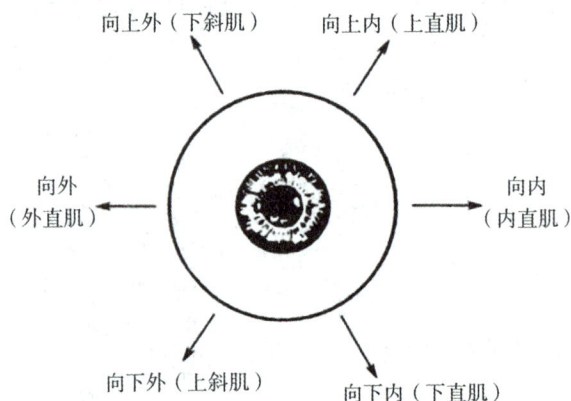

向上外（下斜肌） 向上内（上直肌）

向外（外直肌） 向内（内直肌）

向下外（上斜肌） 向下内（下直肌）

图 8－11 眼球的运动

三、眼的血管

（一）眼的动脉

眼的动脉供应主要来自眼动脉。眼动脉在颅腔内起自颈内动脉，经视神经管入眶，分支供应眼球和眼副器等。其中最重要的分支是视网膜中央动脉，是供应视网膜的唯一动脉。该动脉在眼球后方穿入视神经鞘内，行至视神经盘处穿出，分布于视网膜各部。临床上，常用眼底镜观察此动脉，以助诊断某些疾病（8－12）。

（二）眼的静脉

眼球内的静脉主要包括视网膜中央静脉等，收集视网膜的静脉血，伴同名动脉，注入眼上静脉。

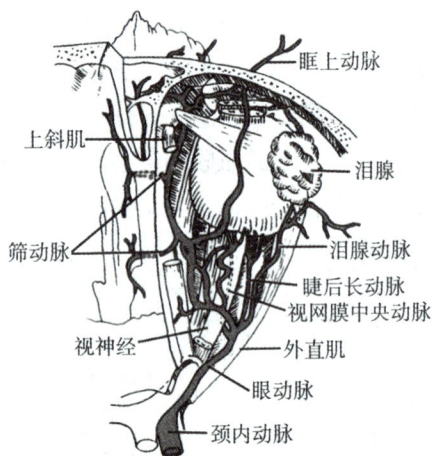

眶上动脉
上斜肌
泪腺
筛动脉
泪腺动脉
睫后长动脉
视网膜中央动脉
视神经
外直肌
眼动脉
颈内动脉

图 8－12 眼的动脉

第二节 前庭蜗器

耳又称为前庭蜗器，是位置觉和听觉感受器，包括外耳、中耳和内耳三部分（图 8－13）。外耳和中耳是收集和传导声波的装置，内耳是听觉感受器和位置觉感受器所在的部位。

一、外耳

外耳包括耳廓、外耳道和鼓膜三部分。

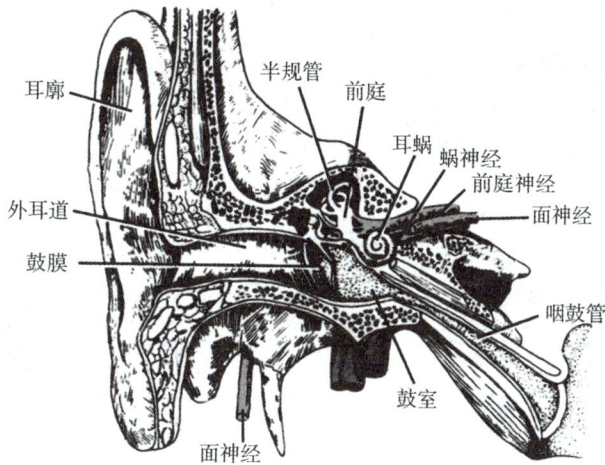

图 8-13　前庭蜗器模式图

（一）耳廓

耳廓位于头部两侧，大部分以弹性软骨为支架，表面覆盖皮肤，皮下组织少，但血管、神经丰富。耳廓下 1/3 部无软骨，仅由结缔组织和脂肪组织构成，称耳垂，是临床常用的采血部位。耳廓外侧面中部有一孔，称外耳门。外耳门前方有一突起，称耳屏（图 8-14）。

（二）外耳道

外耳道是外耳门与鼓膜间的弯曲管道，成人长约 2.0～2.5cm，其方向从外向内先向前上，再稍向后，然后向前下。外耳道外侧 1/3 与耳廓的软骨相延续，为软骨部；内侧 2/3 由颞骨围成，为骨性部。外耳道软骨部有可动性，将耳廓向后上方牵拉，即可使外耳道变直，便于观察鼓膜。婴儿因颞骨未完全骨化，其外耳道小管短而直，鼓膜近似水平位，检查时须将耳廓拉向后下方。

外耳道表面覆以皮肤，皮肤内含有丰富的感觉神经末梢、毛囊、皮脂腺及耵聍腺。耵聍腺分泌耵聍。外耳道皮肤与软骨膜、骨膜结合紧密，故发生皮肤疖肿时疼痛剧烈。

（三）鼓膜

鼓膜位于外耳道与鼓室之间，为椭圆形半透明薄膜，与外耳道底形成约 45°～50° 的倾斜角。鼓膜的中心向内凹陷，称鼓膜脐，其前下方有一三角形反光区，称光锥。鼓膜上方薄而松弛，活体呈淡红色，称松弛部；鼓膜坚实而紧张，活体呈灰白色，称紧张部（图 8-15）。

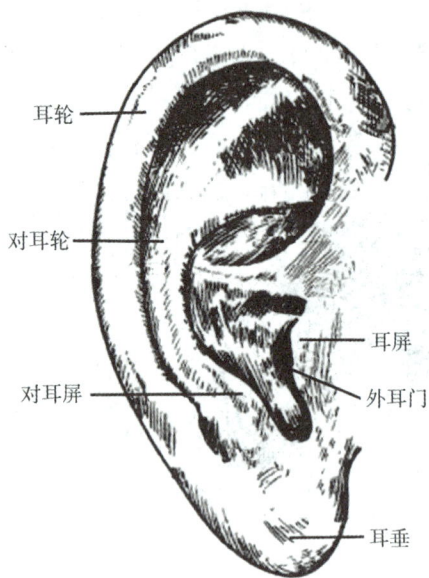

图 8-14　耳廓

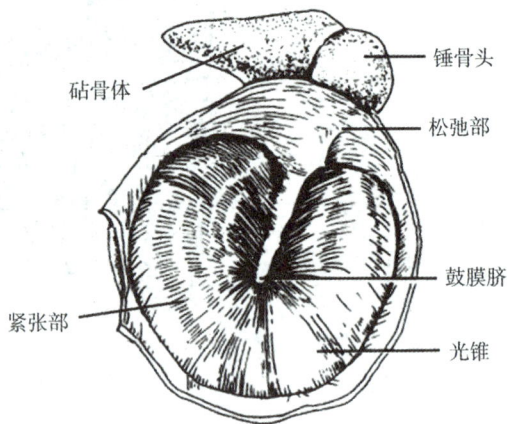

图 8-15　鼓膜（右侧）

二、中耳

中耳主要位于颞骨岩部内，包括鼓室、咽鼓管、乳突窦和乳突小房。

（一）鼓室

鼓室是颞骨岩部内的一个不规则含气小腔，位于鼓膜与内耳之间。其向前内借咽鼓管与鼻咽部相通，向后借乳突窦与乳突小房相通。鼓室有不规则的 6 个壁，分别是上壁、下壁、前壁、后壁、外侧壁和内侧壁。上壁分隔鼓室与颅中窝。前壁下方有咽鼓管鼓室口。内侧壁即内耳的外侧壁，内侧壁的后上方有一卵圆形小孔，称前庭窗，由镫骨底封闭；后下方有一圆形小孔，称蜗窗，由第二鼓膜封闭（图 8-16，图 8-17）。

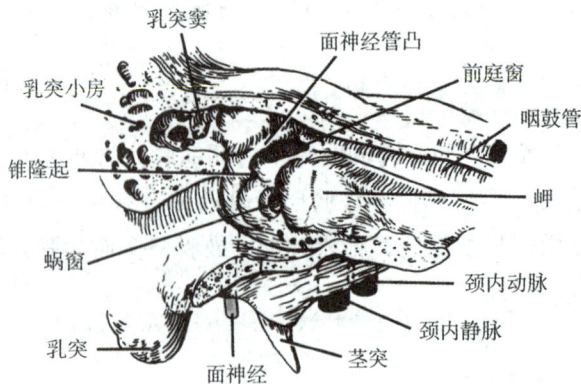

图 8-16　鼓室内侧壁

图 8 - 17 鼓室外侧壁

每侧鼓室内有 3 块听小骨，由外向内依次为锤骨、砧骨和镫骨。锤骨柄与鼓膜相连，镫骨底封闭前庭窗，砧骨连接锤骨和镫骨（图 8 - 18）。3 块听小骨形成听小骨链，将声波的振动传入内耳。当炎症引起听小骨链粘连、韧带硬化时，听小骨链的活动受到限制，可使听力减弱。

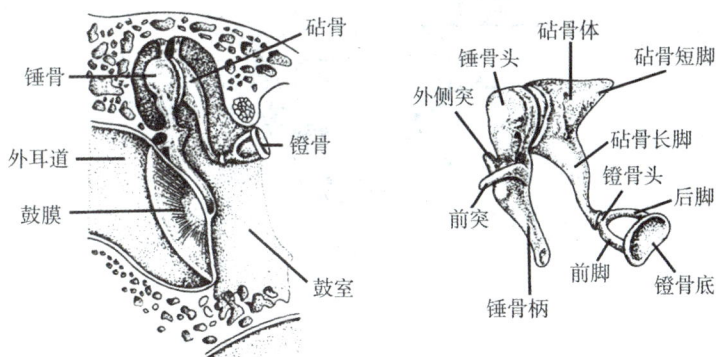

图 8 - 18 听小骨

（二）咽鼓管

咽鼓管是连通鼻咽部与鼓室的管道，其功能是使鼓室的气压与外界的大气压相等，保持鼓膜内、外压力平衡。平时该管鼻咽部的开口处于关闭状态，仅在吞咽或开口时暂时开放。咽鼓管内面衬有黏膜，并与鼓室黏膜和咽部黏膜相延续。小儿咽鼓管短而宽，接近水平位，故咽部感染可经咽鼓管侵入鼓室，引起中耳炎（图 8 - 16，图 8 - 17）。

（三）乳突窦和乳突小房

乳突窦是介于乳突小房和鼓室之间的腔隙，其向后下与乳突小房相通连（图 8 - 16）。乳突小房为颞骨乳突部内的蜂窝状含气小腔隙，彼此通连，腔内覆盖黏膜，并与乳突窦和鼓室内的黏膜相延续（图 8 - 17）。因此，中耳炎可经乳突窦侵犯乳突小房，引起乳突炎。

三、内耳

内耳位于颞骨岩部的骨质内，鼓室与内耳道底之间，形状不规则，构造复杂，又称迷路（图8-19）。迷路分为骨迷路和膜迷路。骨迷路是由颞骨岩部的骨密质围成的骨性隧道。膜迷路套在骨迷路内，由相互通连的、密闭的膜性小管和小囊构成。膜迷路内充满内淋巴，膜迷路和骨迷路之间充满外淋巴，内、外淋巴互不交通。

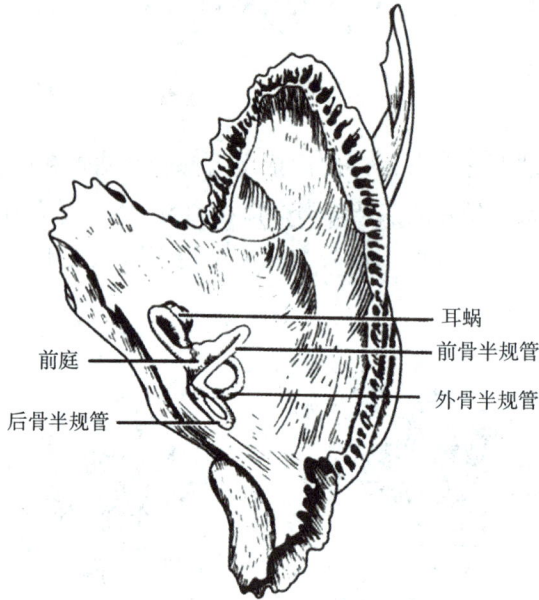

图8-19 内耳在颞骨岩部的投影

（一）骨迷路

骨迷路从前内侧向后外侧沿颞骨岩部的长轴排列，依次分为耳蜗、前庭和骨半规管，三者彼此相通（图8-20）。

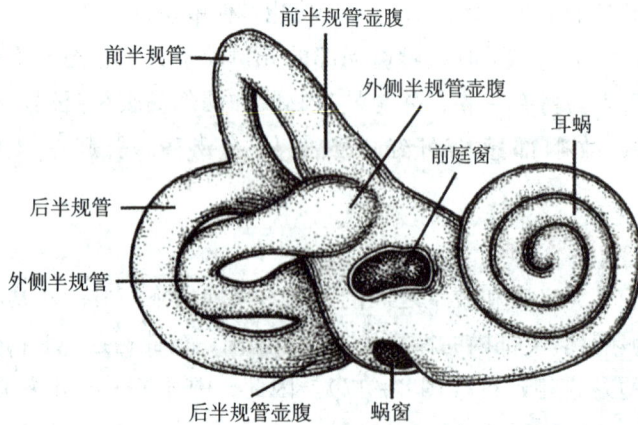

图8-20 骨迷路

1. 前庭 是骨迷路的中间部分，为一近似椭圆形的腔隙。其前部较窄，有一孔通耳蜗；后部较宽，与3个骨半规管相通；外侧壁上有前庭窗和蜗窗。

2. 骨半规管 为3个半环形的骨性小管，彼此几乎成直角排列。每个骨半规管均有两脚连于前庭，其中一个脚形成膨大，称骨壶腹。

3. 耳蜗 位于前庭的前方，形似蜗牛壳，由骨性的蜗螺旋管环绕蜗轴构成。蜗轴向蜗螺旋管内伸出一螺旋状骨板，称骨螺旋板，骨螺旋板伸入骨螺旋管，将其分隔成前庭阶和鼓阶。因此，蜗螺旋管的管腔可分为三部分：上部的前庭阶、中间的蜗管和下部的鼓阶。前庭阶和鼓阶内均充满外淋巴（图 8-21）。

图 8-21 耳蜗轴切面

（二）膜迷路

膜迷路由椭圆囊、球囊以及膜半规管、蜗管组成，它们之间相互连通，其内充满内淋巴（图 8-22）。

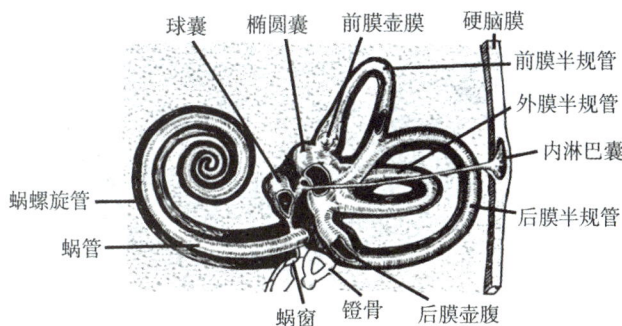

图 8-22 膜迷路

1. 椭圆囊和球囊

（1）椭圆囊 位于前庭后上方，其后壁与3个膜半规管相通。在椭圆囊的囊壁内，有一斑块状隆起，称椭圆囊斑，是位置觉感受器，能感受头部静止时的位置觉和直线变速运动引起的刺激。

（2）球囊 位于椭圆囊的前下方。在球囊的囊壁内，也有一斑块状隆起，称球囊斑，也能感受头部静止时的位置觉及直线变速运动引起的刺激。

2. 膜半规管 形态与骨半规管相似，套于同名骨半规管内，各膜半规管有相应膨大的膜壶腹。壶腹壁上有隆起的壶腹嵴，3 个膜半规管内的壶腹嵴相互垂直，它们是位置觉感受器，能感受头部旋转变速运动的刺激。

3. 蜗管 位于蜗螺旋管内，在横断面上呈三角形，其上壁为蜗管前庭壁（前庭膜），将前庭阶与蜗管分开；下壁即蜗管鼓壁（螺旋膜），与鼓阶相隔。螺旋膜上有螺旋器，又称 Corti 器，为听觉感受器，能感受到声波的刺激（图 8 – 23）。

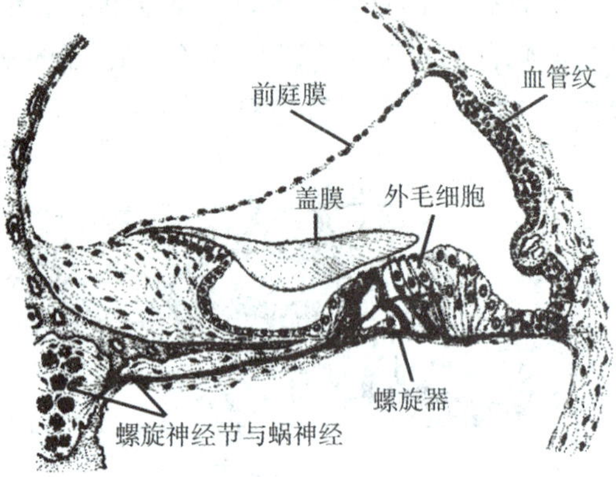

图 8 – 23　螺旋器

四、声波的传导 🔲微课 2

声波传入内耳的感受器有两条途径：空气传导和骨传导。正常情况下，以空气传导为主（图 8 – 24）。

图 8 – 24　声波传导途径示意图

1. 空气传导 耳廓将收集到的声波经外耳道传到鼓膜，引起鼓膜振动，中耳内的听小骨链随之运动，经镫骨传到前庭窗，引起前庭阶内的外淋巴波动。外淋巴的波动可通过前庭膜引起内淋巴波动，也可直接使螺旋膜振动，刺激螺旋器，使其产生神经冲动，经蜗神经传入中枢，产生听觉。

2. 骨传导 声波直接引起颅骨的振动，继而引起颞骨内的内淋巴振动。正常情况下，骨传导意义不大，但临床上可通过检查患者空气传导和骨传导受损的情况，来判断听觉异常产生的部位和原因。

第三节 皮 肤

皮肤被覆于身体表面，成人皮肤总面积约 1.2～2.0m²。身体各处皮肤厚薄不一，借皮下组织与深部组织相连，具有保护、吸收、排泄、调节体温、感受刺激及参与物质代谢等多种功能。

一、皮肤结构

皮肤由表皮和真皮构成（图 8－25）。

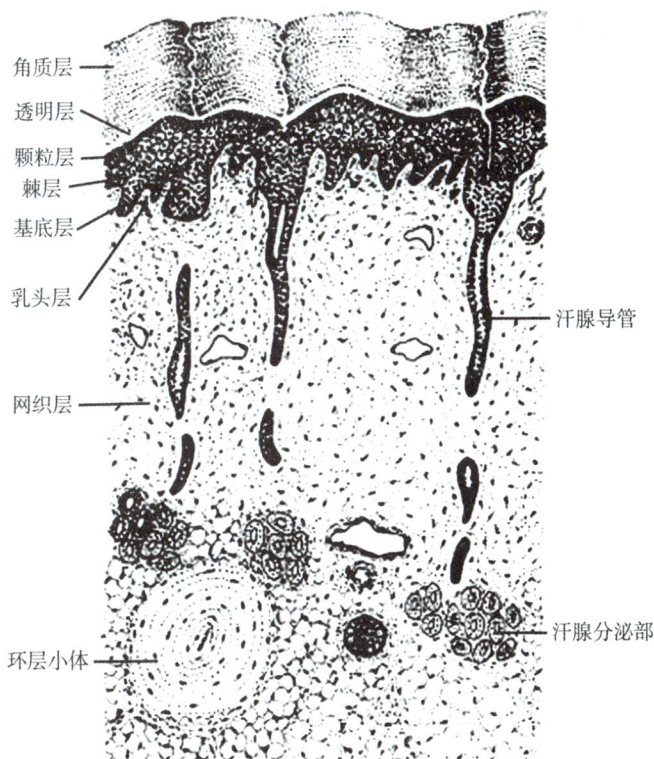

角质层
透明层
颗粒层
棘层
基底层
乳头层
网织层
汗腺导管
汗腺分泌部
环层小体

图 8－25　手指皮肤

表皮位于皮肤的浅层，由角化的复层扁平上皮组成。表皮的厚度因部位不同而差别很大。厚表皮从基底到表面可分为基底层、棘层、颗粒层、透明层和角质层共 5 层结构。基底层位于表皮的最深层，是一层低柱状或立方形细胞，分裂增殖能力强，新生的细胞不断向浅层推移，分化为其他各层细胞。基底层细胞之间还散在有黑素细胞，其胞质内充满黑素颗粒。黑素能吸收紫外线，对深部组织起保护作用，同时，它也是决定皮肤颜色的重要因素之一。角质层位于表皮最浅层，由多层扁平的角质细胞组成。角质层对酸、碱、机械摩擦等有较强的抵抗力，并能防止病原体的入侵和体内物质的丢失，是人体体表的一道重要的天然屏障。

真皮位于表皮下，由致密结缔组织组成，可分为乳头层和网织层。乳头层位于真皮浅层，紧邻表皮基底层，并向表皮基底部突出，形成乳头状隆起，称真皮乳头。网织层位于乳头层下方，其内的胶原纤维粗大、交织成网，并有许多弹性纤维穿行其中，从而使皮肤具有较大的韧性和弹性，该层内还有较大的血管、淋巴管、神经、汗腺、皮脂腺、毛囊及环层小体等。

皮下组织，也称浅筋膜，虽不属于皮肤，但借此将皮肤与深部组织连接在一起，使皮肤具有一定的可动性。皮下组织由疏松结缔组织和脂肪组织构成，脂肪组织的含量随年龄、性别和部位的不同而异。皮下组织有保持体温和缓冲机械压力的作用。临床上，行皮下注射时，就是将药物注入该层；皮内注射则是将药物注入真皮。

二、皮肤的附属器

皮肤的附属器包括毛、皮脂腺、汗腺和指（趾）甲，是胚胎发生时由表皮衍生的附属结构（图 8 - 26）。

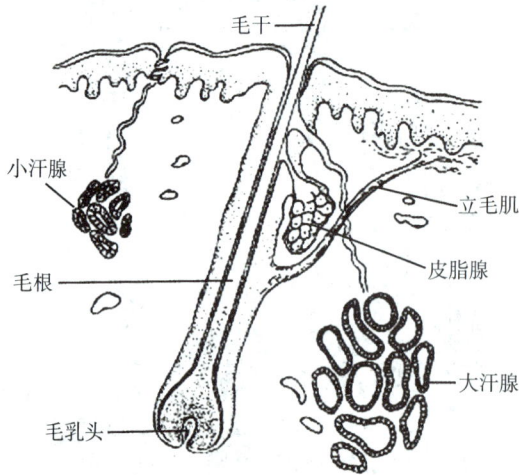

图 8 - 26 皮肤附属器

（一）毛

人体皮肤除手掌、足底外，均有毛分布。毛由毛干和毛根组成。露于体表的部分称毛干，包埋于皮肤内的部分称毛根。毛根周围有毛囊包裹。毛根和毛囊末端形成的膨大称毛球。毛球底面内凹，由富含毛细血管和神经的结缔组织陷入，称毛乳头。毛乳头对毛的生长起诱导作用。毛的一侧附有一束斜行的平滑肌，称立毛肌，收缩时可使毛竖起。

（二）皮脂腺

皮脂腺位于毛囊与立毛肌之间，导管短，开口于毛囊。皮脂腺分泌皮脂，有保护毛发、润滑皮肤和抑菌的作用。

（三）汗腺

汗腺为末端盘曲成团的单管状腺，开口于皮肤表面，遍布全身大部分皮肤，手掌、足底和腋窝等处最多。其分泌汗液，有湿润皮肤、调节体温及水盐代谢等作用。此外，在腋窝、会阴等处还有一种大汗腺，其分泌物较黏稠，经细菌分解后产生特殊气味，称狐臭。大汗腺在青春期比较发达，分泌旺盛，随年龄的增长而逐渐退化。

（四）指（趾）甲

指（趾）甲是由表皮角质层增厚而成的扁平板状结构，位于手指和足趾远端的背面。甲外露的部分为甲体，甲体深面的皮肤为甲床。甲体近侧埋于皮肤内的部分为甲根。甲根附着处的甲床特别厚，是甲的生长点，称甲母质。甲体两侧和近侧的皮肤称甲襞，甲体与甲襞之间的沟称甲沟。甲对指（趾）末节起保护作用。

●●● 目标检测 ●●●

一、选择题

（一）单项选择题

1. 产生房水的结构是（　　）

    A. 睫状体　　　　　B. 晶状体　　　　　C. 泪腺　　　　　D. 玻璃体

2. 视网膜感光和辨色最敏锐的部位是（　　）

    A. 视神经盘　　　　B. 黄斑　　　　　　C. 中央凹　　　　D. 视网膜视部

3. 下列属于听觉感受器的结构是（　　）

    A. 壶腹嵴　　　　　B. 螺旋器　　　　　C. 椭圆囊斑　　　D. 球囊斑

4. 在成人，临床检查鼓膜时，需将耳廓拉向（　　）

    A. 后下方　　　　　B. 下方　　　　　　C. 后上方　　　　D. 上方

5. 以下关于鼓室的描述中，错误的是（　　）

    A. 内含空气　　　　B. 内有听小骨　　　C. 内含外淋巴　　D. 内衬黏膜

（二）多项选择题

1. 眼球内容物包括（　　）

    A. 房水　　　　　　B. 晶状体　　　　　C. 虹膜

    D. 玻璃体　　　　　E. 视网膜

2. 眼的屈光装置包括（　　）

    A. 虹膜　　　　　　B. 玻璃体　　　　　C. 晶状体

    D. 角膜　　　　　　E. 房水

3. 位置觉感受器包括（　　）

    A. 壶腹嵴　　　　　B. 螺旋器　　　　　C. 骨壶腹

    D. 椭圆囊斑　　　　E. 球囊斑

二、思考题

1. 简述房水的产生和循环途径。

2. 光线从外界进入眼球到达视网膜，需经过哪些结构？

（叶大庆）

书网融合······

微课1　　　微课2　　　本章小结　　　自测题

第九章 神经系统

【学习目标】

1. **掌握** 神经系统的常用术语；脑脊液的产生和循环途径。

2. **熟悉** 神经系统的组成及基本活动方式；脊髓的位置、外形特点、内部结构及功能；脑的分部；脑干的组成、形态、结构及功能；小脑的位置、形态及功能；间脑的位置、分部及结构；大脑半球的外形及内部结构；脊神经的颈丛、臂丛、腰丛、骶丛的主要分支及分布概况；12 对脑神经的名称、顺序及性质；内脏神经的分布、分类，交感神经和副交感神经的区别。

3. **了解** 脑和脊髓的被膜及血管；血脑屏障；感觉传导通路和运动传导通路。

第一节 概 述

一、神经系统的组成

神经系统按其所在位置、形态和功能，分为中枢神经系统和周围神经系统。

中枢神经系统包括脑和脊髓，分别位于颅腔和椎管内。周围神经系统包括脑神经、脊神经和内脏神经。脑神经与脑相连，共12 对；脊神经与脊髓相连，共31 对；内脏神经借脑神经、脊神经附于脑和脊髓（图 9-1）。

周围神经系统根据其分布对象的不同，分为躯体神经和内脏神经。躯体神经分布于体表、骨、关节和骨骼肌；内脏神经分布于内脏、心血管和腺体。躯体神经和内脏神经均包含感觉（传入）和运动（传出）两种纤维成分，而内脏运动神经又分为交感神经和副交感神经。

二、神经系统的活动方式

神经系统活动的基本方式是反射。反射是神经系统在调节机体的活动中，对内、外环境刺激所做出的适当反应。反射的基础是反射弧，包括感受器、传入神经（感觉神经）、中枢、传出神经（运动神经）、效应器五个部分（图9-2）。反射弧中的任何部位受损，反射活动即出现障碍。临床上，常用检查反射的方法协助诊断神经系统的某些疾病。

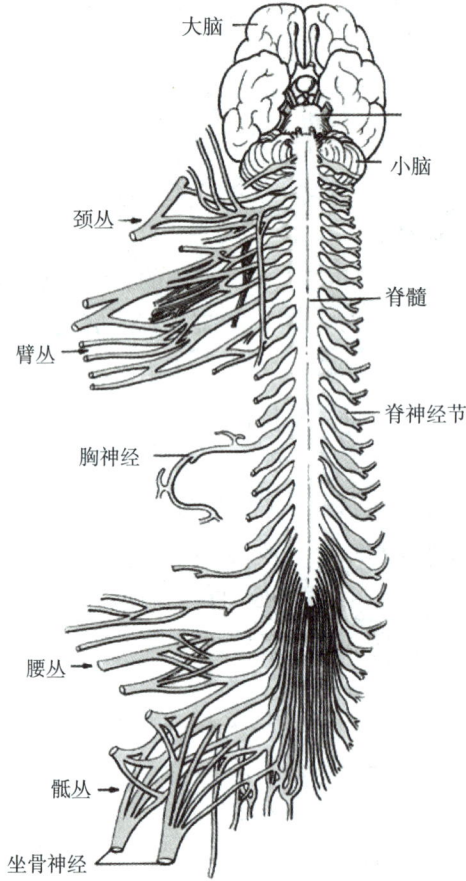

图9-1　神经系统组成

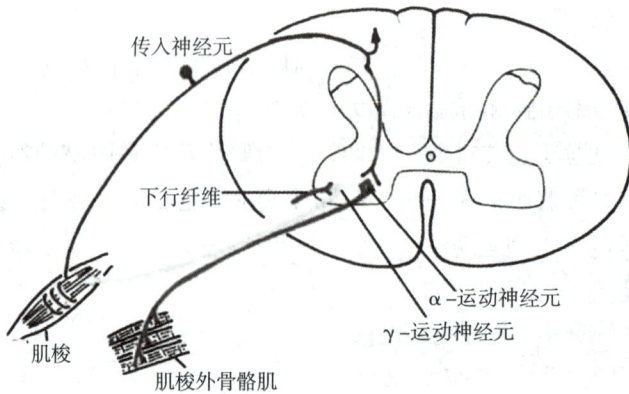

图9-2　反射弧示意图

三、神经系统的常用术语

（一）灰质和白质

1. 灰质 在中枢神经系统内，神经元胞体及树突聚集的部位，在新鲜标本上呈灰色，称灰质。分布于大脑和小脑表面的灰质称为皮质。

2. 白质 在中枢神经系统内，神经纤维集中的部位，因神经纤维外面包有髓鞘，色泽亮白，故称白质。分布于大脑和小脑深部的白质称为髓质。

（二）神经核和神经节

1. 神经核 在中枢神经系统内，形态和功能相同的神经元胞体聚集成团，称神经核。如面神经核、尾状核。

2. 神经节 在周围神经系统内，神经元胞体集中的部位，外形略膨大，称神经节。如脊神经节、脑神经节。

（三）纤维束和神经

1. 纤维束 在中枢神经系统内，起止、走行和功能相同的神经纤维聚集成束，称纤维束。

2. 神经 在周围神经系统内，神经纤维聚集成粗细不等的神经纤维束，称神经。

（四）网状结构

网状结构是指在中枢神经系统内，由灰质和白质混杂而成，即神经纤维交织成网、灰质团块散在其中的区域。

第二节 中枢神经系统

案例分析

患者，女，41岁，两年前从2m高处梯子坠落，臀部着地，诊断为L_1爆裂性骨折。固定术后，双下肢功能恢复，但仍步态不稳。留置尿管近1个月，拔除后可自主排少量尿液，按压腹部可解除较多，大便需通便药物辅助。今查体：四肢无肌张力增高，双侧L_4以下感觉减退，膝反射、跟腱反射减弱，逼尿肌反射性收缩减弱，肛门外括约肌及肛周随意肌收缩减弱，阴部神经活动异常。

问题

腰椎骨折为什么会出现排便、排尿困难？除骨折外，还损伤了哪些结构？

一、脊髓

（一）脊髓的位置和外形

1. 脊髓的位置 脊髓位于椎管内，上端在枕骨大孔处与延髓相接，下端在成人平第1腰椎体下缘。新生儿脊髓的下端约平第3腰椎体下缘。

2. 脊髓的外形　脊髓外包被膜，长约42～45cm，呈前后略扁的圆柱形，有两处膨大：上部称颈膨大，下部称腰骶膨大。膨大的内部神经元数目多，连有分布到上肢和下肢的神经。脊髓末端逐渐变细呈圆锥状，称脊髓圆锥。自脊髓圆锥向下延伸出1条无神经组织的细丝，称终丝，止于尾骨背面，起固定作用。

脊髓表面有6条纵行的沟和裂。前面正中较深的裂隙，称前正中裂；后面正中较浅的沟，称后正中沟。前正中裂和后正中沟的两侧分别是前、后外侧沟，沟内有脊神经的前根和后根进出。脊神经前根由运动神经纤维组成，后根由感觉神经纤维组成。前、后根在椎间孔处汇合成脊神经，并由相应的椎间孔穿出。后根近椎间孔处有一膨大，称脊神经节，内含假单极神经元。

脊髓两侧连有31对脊神经，其中，颈神经8对，胸神经12对，腰神经5对，骶神经5对，尾神经1对。与每对脊神经相连的脊髓称为1个脊髓节段。故脊髓可分为31个节段，即颈髓8个、胸髓12个、腰髓5个、骶髓5个和尾髓1个。

从胚胎第4个月开始，脊柱的生长速度快于脊髓，因此，成人脊柱比脊髓长。脊髓约占椎管的上2/3，并未完全充满椎管。脊髓节段与相应的椎骨并不完全对应。在脊髓下端，腰、骶、尾部的脊神经根行至相应的椎间孔之前，在椎管内几乎垂直下行一段距离，并在脊髓圆锥以下围绕终丝，形成马尾。成年人第1腰椎以下已无脊髓，临床上常选择在第3～4或4～5腰椎棘突间进行腰椎穿刺，不致损伤脊髓（图9-3）。

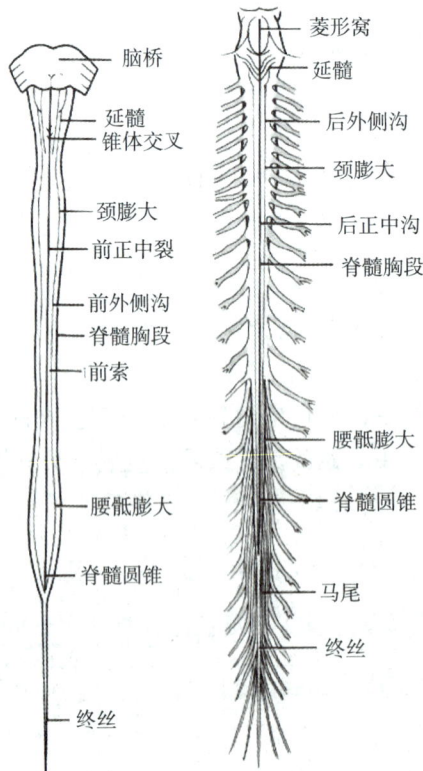

图9-3　脊髓的位置和外形

（二）脊髓的内部结构

脊髓由灰质和白质构成。灰质中央有贯穿全长的中央管，中央管的周围是灰质；灰质的周围是白质。

1. 灰质　在脊髓横切面上呈蝴蝶形或 H 形，整体观呈蝶形柱状，位于中央。灰质向前方和后方的突出称为前角（柱）和后角（柱）。前角（前柱）主要由运动神经元构成；后角（后柱）主要由中间神经元构成，接受后根的传入纤维。在脊髓胸 1～腰 3 节段的前、后角之间，有向外突起的侧角（柱），内含交感神经元，是交感神经的低级中枢。在骶髓第 2～4 节段相当于侧角处，有副交感神经元，称骶副交感神经核，是副交感神经的低级中枢。

⇄ **知识链接**

脊髓灰质炎

脊髓灰质炎是由脊髓灰质炎病毒感染而引起的急性传染病，在临床上表现为发热、咽喉疼痛以及肢体疼痛。部分病人会出现迟缓性的麻痹，流行时大多是隐匿性感染，无瘫痪病例最多。儿童的发病率比成年人高，所以又称小儿麻痹症。目前，该病可以通过口服减毒的脊髓灰质炎活疫苗来进行预防。脊髓灰质炎的患者由于脊髓的前角运动神经元受损，与之有关的肌肉就会失去神经的支配和调节，出现肌肉萎缩、皮下脂肪减少、肌腱和骨骼肌萎缩、肢体变细，影响以后正常的生活，是一种比较严重的疾病。

2. 白质　位于灰质的周围，借脊髓表面的沟裂分为 3 个索：前正中裂与前外侧沟之间为前索，前、后外侧沟之间为外侧索，后正中沟与后外侧沟之间为后索。各索由上行的（感觉）纤维束和下行的（运动）纤维束组成（图 9 –4）。

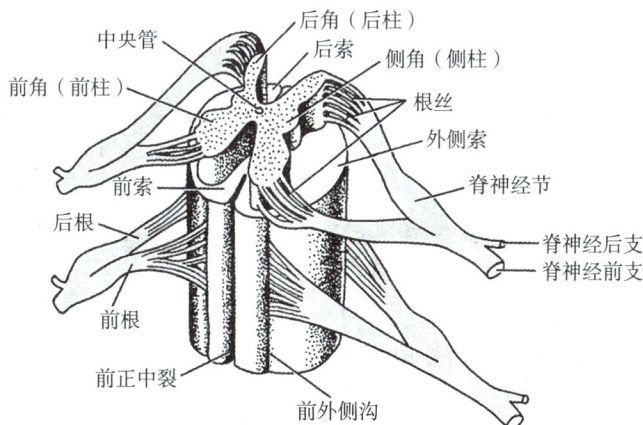

图 9 – 4　脊髓结构模式图

（1）上行纤维束　①薄束和楔束：位于后索，薄束在内侧，纵贯脊髓全长；楔束在外侧，仅见于胸 4 节段以上。二者传导同侧躯干和四肢的深（本体）感觉（肌、肌腱、关节的位置觉、运动觉和振动觉）和皮肤精细触觉（如辨别两点间的距离和物体纹理粗细）的冲动。②脊髓丘脑束：位于外侧索和前索内，分为脊髓丘脑侧束和脊髓丘脑前束，传导对侧躯干、四肢的浅感觉（痛觉、温觉、粗触觉、压觉）。

（2）下行纤维束　皮质脊髓束是脊髓内最大的下行纤维束，位于外侧索和前索内，分为皮质脊髓侧束和皮质脊髓前束。其将来自大脑皮质的神经冲动传至脊髓前角运动神经元，管理躯干、四肢骨骼肌的随意运动（图 9 - 5）。

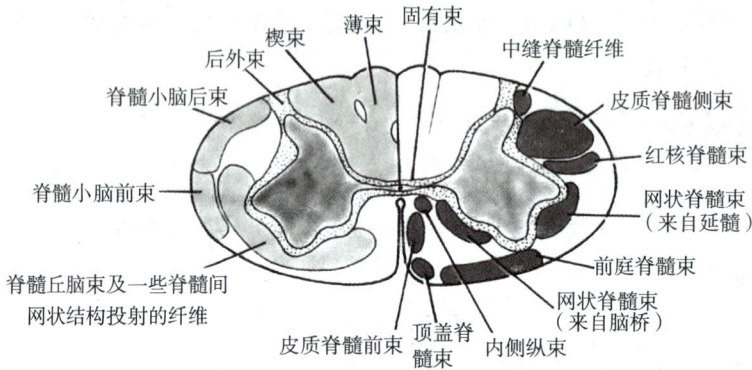

图 9 - 5　脊髓胸段横切面

（三）脊髓的功能

1. 传导功能　躯干、四肢的感觉都经脊神经传至脊髓，再经上行纤维束传至大脑；而脑的神经冲动经下行纤维束传至前角细胞，再经脊神经传至效应器。因此，脊髓是脑和躯干、四肢的联系通路。

2. 反射功能　脊髓是躯体反射和内脏反射活动的低级中枢。躯体反射包括膝反射、跟腱反射、肱二头肌反射等骨骼肌的反射活动。内脏反射包括排便反射、排尿反射等。

案例分析

患者，男，31 岁，因车祸受伤 1 小时，当即昏迷，伴呕吐血性胃内容物，左耳出血，无抽搐。查体：体温 38.8℃，呼吸 32 次/分，血压 112/45mmHg，心率 124 次/分，神志昏迷，GCS 评分为 4 分，左侧瞳孔 7mm，对光发射消失，右侧瞳孔 5mm，对光发射迟钝，血脑脊液左侧耳漏、口鼻漏，语言无反应，四肢刺痛过伸。

诊断

1. 重型开放性颅脑损伤。2. 左侧额颞顶部硬膜下血肿。3. 左侧广泛脑挫裂伤。

二、脑

脑位于颅腔内，成人脑的平均重量约 1400g，可分为脑干、小脑、间脑和端脑四部分（图 9 - 6）。

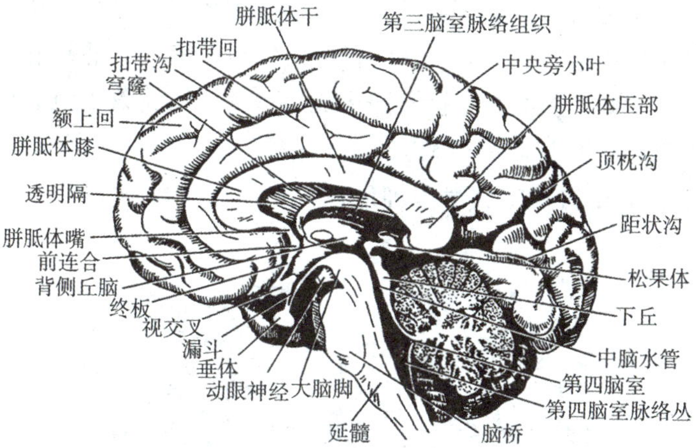

图 9 - 6　脑正中矢状切面

（一）脑干

脑干位于颅后窝的枕骨大孔上方，上接间脑，下续脊髓，背面与小脑相连。脑干自下而上依次由延髓、脑桥和中脑组成。脑神经共 12 对，除嗅神经连于端脑、视神经连于间脑外，第 3 ~ 12 对脑神经均与脑干相连。

1. 脑干的外形

（1）腹侧面　①延髓位于脑干的最下部，表面有与脊髓相延续的同名沟、裂。延髓上部前正中裂两侧有一对纵行的隆起，称锥体，有皮质脊髓束通过。在锥体下端，皮质脊髓束大部分纤维左右交叉，形成锥体交叉。在后外侧沟内，自上而下依次连有舌咽神经、迷走神经和副神经。舌下神经经前外侧沟穿出。②脑桥位于脑干的中部，下缘借延髓脑桥沟与延髓分界。沟内自内向外依次连有展神经、面神经和前庭蜗神经。其腹侧面特别突出，称基底部。基底部正中有纵行的浅沟，称基底沟，容纳基底动脉。基底部向后外移行，逐渐变窄为小脑中脚，上连三叉神经。③中脑位于脑干的上方。腹侧面有一对粗大的柱状结构，称大脑脚。两脚之间的凹陷为脚间窝，窝内有动眼神经相连（图 9 - 7）。

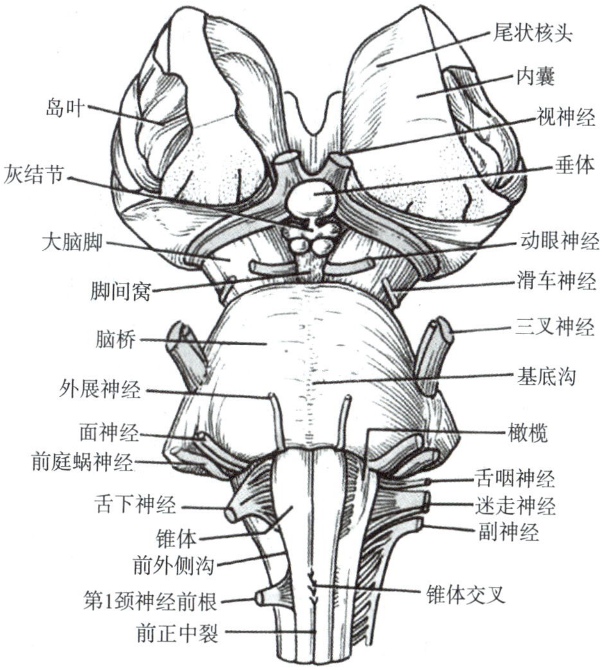

图 9 - 7　脑干腹侧面

（2）背侧面　①延髓背侧面下部后正中沟的外侧各有一对纵行隆起，内侧的为薄束结节，外侧的为楔束结节，其深面分别有薄束核和楔束核，是薄束、楔束上行到此换元的地方。延髓背侧面上部与脑桥共同形成菱形窝，构成第四脑室底。②中脑背侧面有两对圆形的隆起。上方的一对称为上丘，是视觉反射中枢；下方的一对称为下丘，是听觉反射中枢。下丘的下方有滑车神经根，它是唯一自脑干背侧面出脑的脑神经（图9-8）。

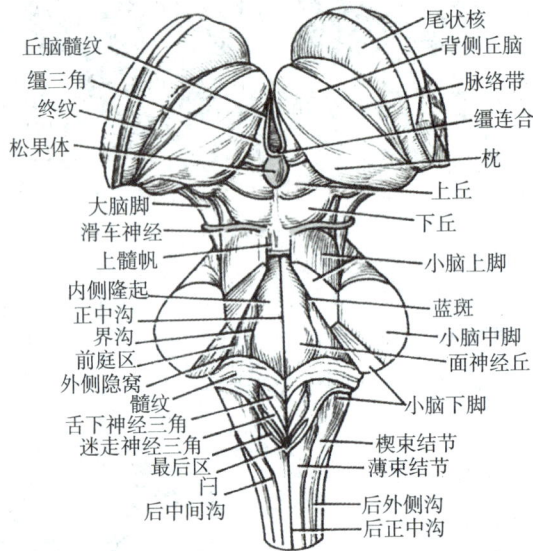

图9-8　脑干背侧面

2. 脑干的内部结构　脑干由灰质、白质和网状结构组成。

（1）灰质　脑干内的灰质分散成块状的神经核，分为脑神经核和非脑神经核。脑神经核的名称、位置大多与相连的脑神经相对应，即：中脑内含有与动眼神经、滑车神经相关的神经核团，脑桥内含有与展神经、面神经、前庭蜗神经和三叉神经相关的神经核团，延髓内含有与舌咽神经、迷走神经、副神经和舌下神经相关的神经核团。

非脑神经核不与脑神经相连，可成为反射通路上或上、下行传导通路的中继核，与各级脑或脊髓有广泛的联系，如：位于延髓的薄束核与楔束核，中脑内的红核和黑质。

（2）白质　脑干内的白质主要由上、下行纤维束组成。

①上行的纤维束包括如下。A. 内侧丘系：传导对侧躯干、四肢深感觉和精细触觉。B. 脊髓丘系：传导对侧躯干和四肢的浅感觉（痛温觉、粗触觉和压觉）。C. 三叉丘系：传导对侧头面部的浅感觉（痛温觉、触觉和压觉）。

②下行纤维主要有锥体束。它到脑干后，分为皮质脊髓束和皮质核束。A. 皮质脊髓束：管理躯干及对侧肢体骨骼肌的随意运动。B. 皮质核束：管理双侧头面部骨骼肌，但睑裂以下的表情肌和舌肌只接受对侧的皮质核束管理。

（3）网状结构　散布于各核团和神经纤维之间，与中枢神经各部有广泛的联系。

3. 脑干的功能

（1）传导功能　大脑皮质与脊髓、小脑相互联系的上、下行纤维束都要经过脑干。

（2）反射功能　脑干内有多个反射中枢，如：延髓内有心血管中枢和呼吸中枢，合称"生命中枢"；脑桥内有角膜反射中枢；中脑内有瞳孔对光反射中枢等。

（3）网状结构的功能　脑干的网状结构具有调节内脏活动以及维持大脑皮质觉醒状态、调节肌张力等功能。

（二）小脑

1. 小脑的位置与外形　小脑位于颅后窝，在延髓和脑桥的后上方。小脑上面平坦，下面中间部凹陷，容纳延髓。小脑中间部狭窄，形如蚯蚓，称小脑蚓；两侧膨大，称小脑半球。在小脑半球下面，靠近小脑蚓的两侧有1对隆起，称小脑扁桃体，其前方邻近延髓，下方靠近枕骨大孔。当颅脑病变（如颅内出血、肿瘤等）引起颅内压增高时，小脑扁桃体可嵌入枕骨大孔，压迫延髓内的生命中枢，危及生命，称小脑扁桃体疝（图9-9）。

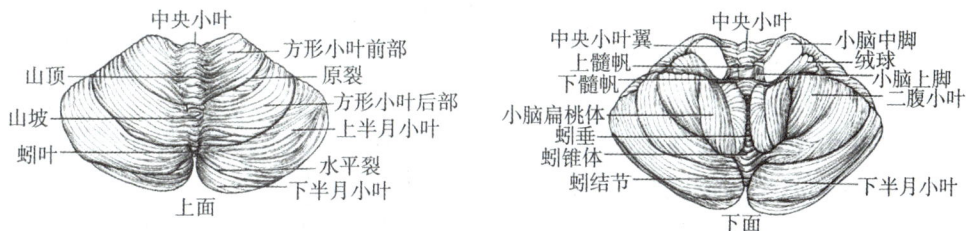

图 9 - 9　小脑外形

2. 小脑的内部结构　小脑的表面被覆一层灰质，称小脑皮质。皮质深面为大量纤维构成的白质，称小脑髓质。其深面有4对灰质团块，总称小脑核，其中最大的是齿状核（图9-10）。

3. 小脑的功能　小脑是重要的运动调节中枢，其主要功能是维持身体平衡、调节肌张力和协调各肌群的随意运动。小脑损伤时，平衡失调，站立不稳，步态蹒跚；影响到肌张力时，表现为肌张力降低、运动不协调、走路时抬腿过高、取物时手指过伸、指鼻试验阳性等，临床称"共济失调"。

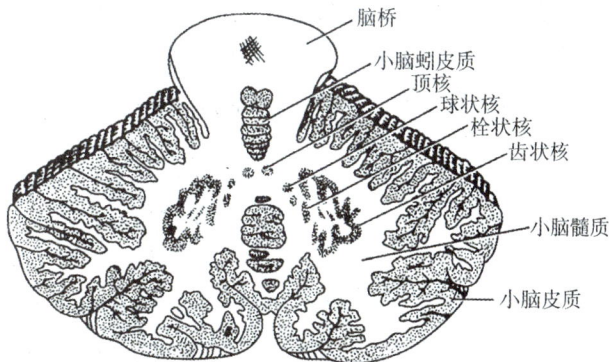

图 9 - 10　小脑内部结构

4. 第四脑室　位于延髓、脑桥与小脑之间的室腔。底为菱形窝，顶朝向小脑。其向下通脊髓中央管，向上经中脑水管与第三脑室相通，经 1 个正中孔和 2 个外侧孔与蛛网膜下隙相交通（图 9 - 11）。

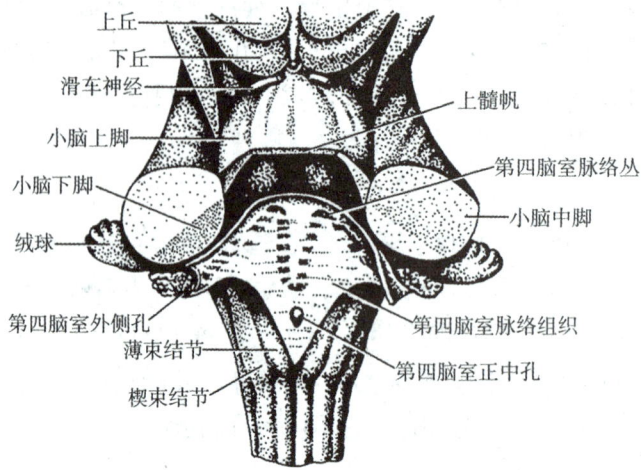

上丘
下丘
滑车神经
小脑上脚
小脑下脚
绒球
第四脑室外侧孔
薄束结节
楔束结节
上髓帆
第四脑室脉络丛
小脑中脚
第四脑室脉络组织
第四脑室正中孔

图 9 - 11 第四脑室

（三）间脑

间脑位于中脑与端脑之间，大部分被大脑半球掩盖，主要包括背侧丘脑和下丘脑。间脑内的室腔称第三脑室（图 9 - 6）。

1. 背侧丘脑 又称丘脑，是位于间脑背侧的一对卵圆形灰质团块。背侧丘脑被"Y"形的白质内髓板分为 3 个核群，即前核群、内侧核群和外侧核群。外侧核群的腹侧部是背侧丘脑最重要的核群，腹侧部的后部称为腹后核，是躯体感觉传导的中继核，躯体感觉传导都经腹后核传到大脑皮质的感觉中枢。

背侧丘脑后端的外下方有一对隆起。内侧的称为内侧膝状体，与听觉冲动传导有关；外侧的称为外侧膝状体，与视觉冲动的传导有关（图 9 - 12）。

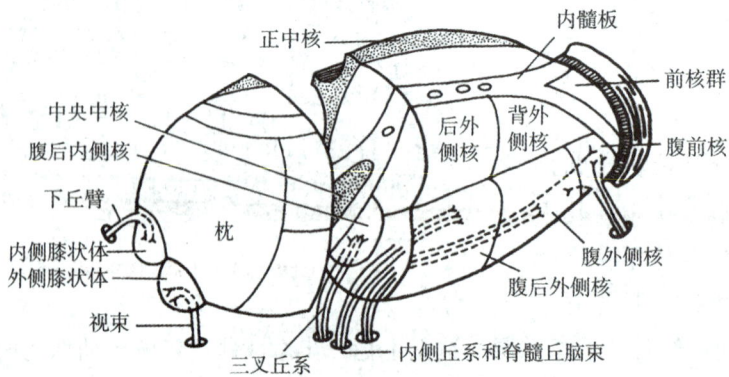

正中核
内髓板
中央中核
腹后内侧核
下丘臂
内侧膝状体
外侧膝状体
视束
三叉丘系
后外侧核
背外侧核
枕
前核群
腹前核
腹外侧核
腹后外侧核
内侧丘系和脊髓丘脑束

图 9 - 12 背侧丘脑

2. 下丘脑 位于背侧丘脑的前下方，主要由视交叉、灰结节和乳头体组成。灰结节向下移行为漏斗，其末端与垂体相连。

下丘脑含有多个核群，重要核团有视上核和室旁核，它们不传递神经冲动，但能分泌神经激素，是神经分泌核团。视上核和室旁核分别分泌加压素和催产素，经漏斗输送到垂体后叶贮存（图9-13）。

下丘脑是调节内脏活动的皮质下高级中枢，对内分泌、体温、摄食、性欲、水平衡和情绪反应等起重要的调节作用。

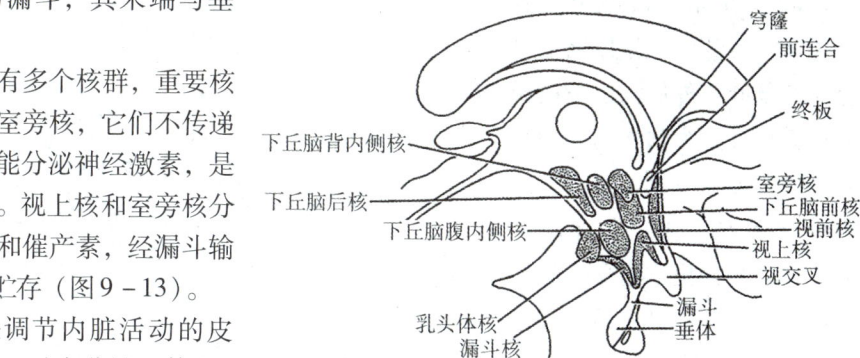

图9-13　下丘脑主要核团

3. 第三脑室　位于两侧背侧丘脑和下丘脑之间的矢状裂隙。第三脑室前借室间孔与左、右侧脑室相通，后借中脑水管与第四脑室相通。

（四）端脑

端脑又称大脑，是脑的最高级部位，由左、右大脑半球组成。两侧大脑半球之间的纵行深裂，为大脑纵裂。裂底部有连接两侧大脑半球的白质板，称胼胝体。大脑半球与小脑之间有大脑横裂。

1. 大脑半球的外形和分叶　大脑半球表面凹凸不平，凹陷处形成大脑沟，沟之间的隆起称大脑回。每侧大脑半球可分为上外侧面、内侧面和下面三个面，并借三条叶间沟分成五个叶。

（1）叶间沟　①外侧沟：起于半球下面，沿上外侧面行向后上方，至上外侧面。②中央沟：起于半球上缘中点稍后方，向前下方斜行于半球上外侧面。上端延伸至半球内侧面。③顶枕沟：位于半球内侧面后部，自下斜向后上（图9-14）。

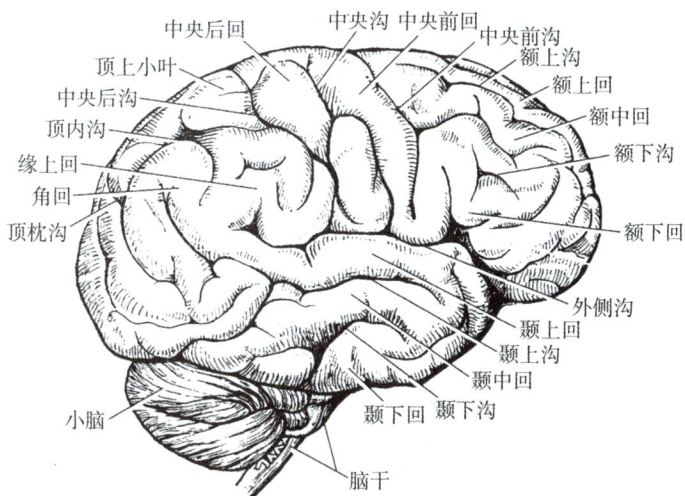

图9-14　大脑半球外侧面

（2）分叶　①额叶：在外侧沟上方和中央沟以前的部分。②颞叶：外侧沟以下的部分。③枕叶：为顶枕沟后面部分。④顶叶：为外侧沟上方、中央沟后方，枕叶以前的部分。⑤岛叶：呈三角形，位于外侧沟深面，被额、顶、颞叶掩盖（图9-15）。

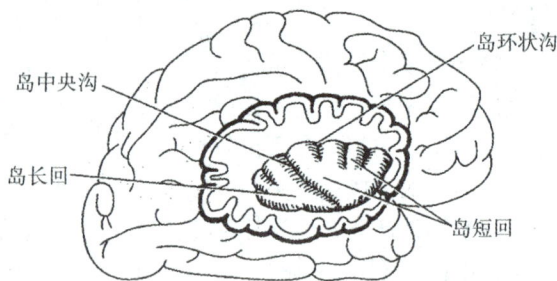

图9-15　大脑半球分叶

2. 大脑半球重要的沟和回

（1）上外侧面　①额叶：在中央沟前方有与之平行的中央前沟，二者之间为中央前回。自中央前沟水平向前分出两条沟，分别称为额上沟和额下沟。额上、下沟将中央前回以前的部分，分为额上回、额中回、额下回。②顶叶：在中央沟后方有与之平行的中央后沟，两沟之间为中央后回。围绕颞上沟末端的，为角回。围绕外侧沟末端的，为缘上回。③颞叶：在外侧沟下方，有与之平行的颞上沟和颞下沟。颞上沟与外侧沟之间为颞上回。颞上回后部外侧沟的下壁处数条较短横行的脑回，称颞横回。颞上沟和颞下沟之间，为颞中回。颞下沟以下，为颞下回（图9-14）。

（2）内侧面　在大脑内侧面中部，有前后方向走行的胼胝体。胼胝体背侧和头端的脑回为扣带回。扣带回中部上方有中央前、后回延伸到内侧面的部分，称中央旁小叶。胼胝体后下方呈弓形伸向枕叶的深沟，为距状沟。距状沟的前下方，自枕叶向前伸向颞叶的沟，为侧副沟。侧副沟的内侧为海马旁回，其前端弯曲，称钩。

海马旁回以及钩、扣带回等大脑回，因位置在大脑半球和间脑交界的边缘，故合称边缘叶。边缘叶、下丘脑、杏仁核等皮质下结构，在结构和功能上密切联系，共同构成边缘系统，与内脏调节、学习和记忆、情绪反应、性生活等相关（图9-16）。 微课1

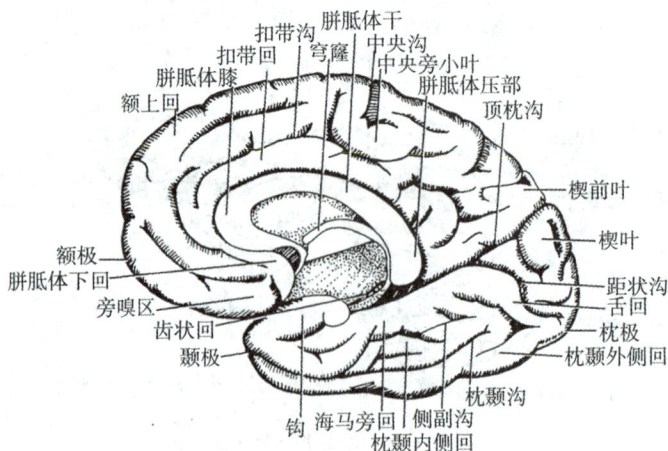

图9-16　大脑半球内侧面

（3）下面　额叶下方有纵行的嗅束，其前端膨大，称嗅球。嗅球和嗅束与嗅觉冲动的传导有关。

3. 大脑半球的内部结构　大脑半球的表面是灰质，称大脑皮质，深面是白质，称大脑髓质。在大脑半球的基底部，包埋于白质中的灰质团块，称为基底核。大脑半球的腔隙称侧脑室（图9-17）。

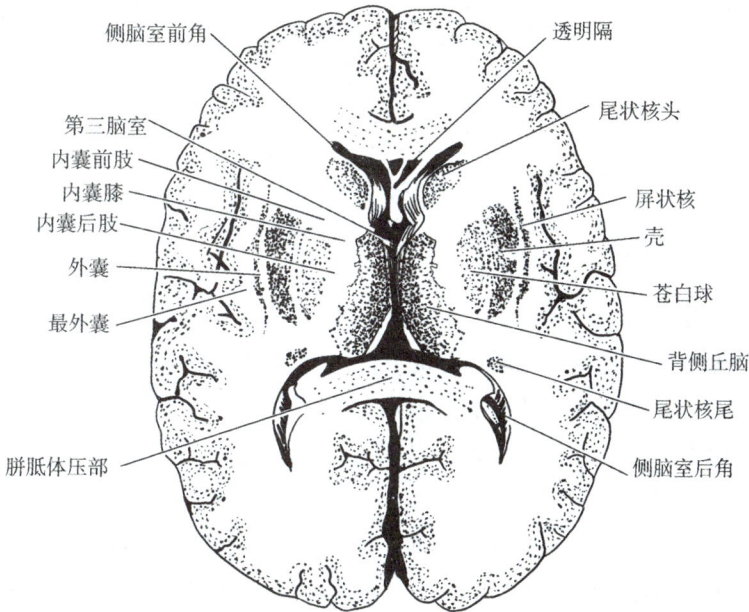

图9-17　大脑横切面

（1）大脑皮质　是神经系统的最高级中枢。人类在长期的进化过程中，大脑皮质的不同部位逐渐形成了接受某些刺激、完成某些反射活动的特定区域，称皮质的功能定位。这些有特定功能的脑区，称中枢。重要的中枢包括如下。

①躯体运动中枢：位于中央前回和中央旁小叶前部，管理对侧半身骨骼肌的随意运动。

②躯体感觉中枢：位于中央后回和中央旁小叶后部，接受对侧半身感觉冲动。

③视觉中枢：位于距状沟两侧的皮质。

④听觉中枢：位于颞横回，每侧听觉中枢接受双侧的听觉冲动。

⑤语言中枢：语言功能是人类所特有的。一般认为，左侧半球是"语言优势半球"，90%以上的失语症都是左侧大脑半球损伤的结果。语言中枢包括4个区。A. 听话中枢（听觉性语言中枢）：位于颞上回后部，若该区受损，患者能听到他人谈话的声音，但不能理解谈话的内容，故往往答非所问，称感觉性失语症。B. 说话中枢（运动性语言中枢）：位于额下回后部，若该区受损，患者虽能发音，但不能说出有意义的语言，称运动性失语症。C. 阅读中枢（视觉性语言中枢）：位于角回，此区受损，虽无视觉障碍，但不能理解文字符号的意义，称失读症。D. 书写中枢：位于额中回后部，如果

此区受损，患者的手虽运动正常，但不能写出正确的文字符号，称失写症（图9-18）。

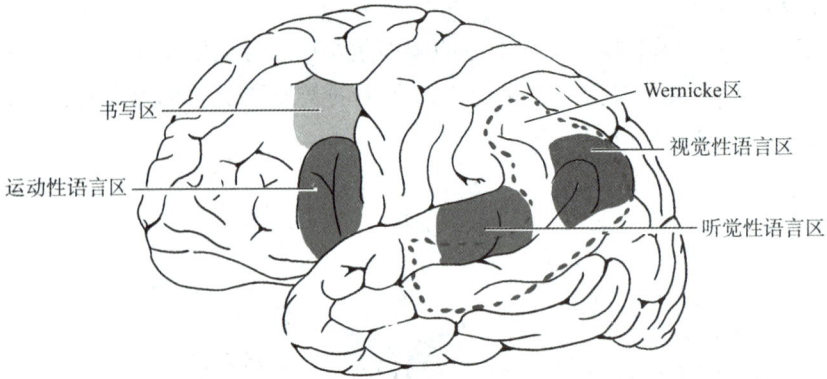

图9-18　左侧大脑半球的语言中枢

左侧大脑半球与语言、意识、数学分析等密切相关，右侧半球主要感知音乐、图形和时空概念等。左、右大脑半球各有优势，相互协调完成各种高级生命活动。

（2）基底核　是大脑髓质内的灰质团块，包括豆状核、尾状核和杏仁核等。豆状核和尾状核合称为纹状体。纹状体能维持骨骼肌的张力，协调骨骼肌的随意运动。豆状核尾端连有杏仁核。

（3）大脑髓质　位于大脑皮质的深面，由大量的神经纤维组成。

①投射纤维：由联系大脑皮质和皮质下中枢的上行和下行神经纤维构成，它们大部分经过内囊。内囊是位于背侧丘脑、尾状核和豆状核之间，由上、下行纤维束形成的白质纤维板。在大脑水平切面上，左右内囊呈"＞＜"形，分为三部分。豆状核与尾状核头部之间的部分，称内囊前肢；豆状核与背侧丘脑之间的部分，称内囊后肢，有皮质脊髓束、丘脑中央辐射、视辐射和听辐射通过；前、后肢的结合部为内囊膝，有皮质核束通过（图9-19）。

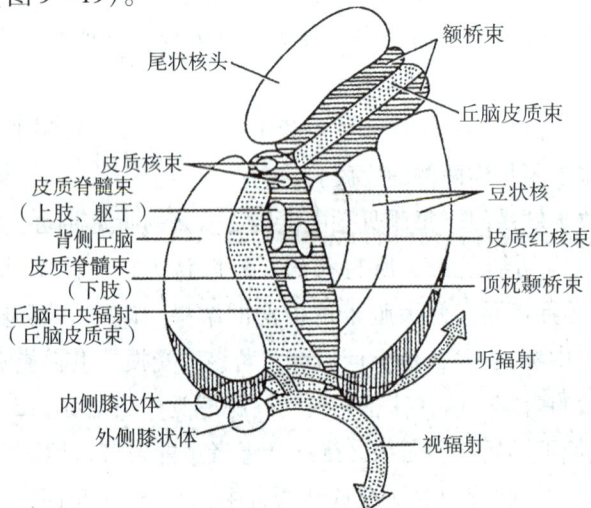

图9-19　内囊结构模式图

②连合纤维：是联系左、右大脑半球的纤维，最大的是胼胝体，位于大脑纵裂底。

③联络纤维：是联系同侧大脑半球各部之间的纤维，长短不一。

（4）侧脑室　是位于大脑半球内的腔隙，左、右各一，借室间孔与第三脑室相交通，室腔内有脉络丛，产生脑脊液（图9-20）。

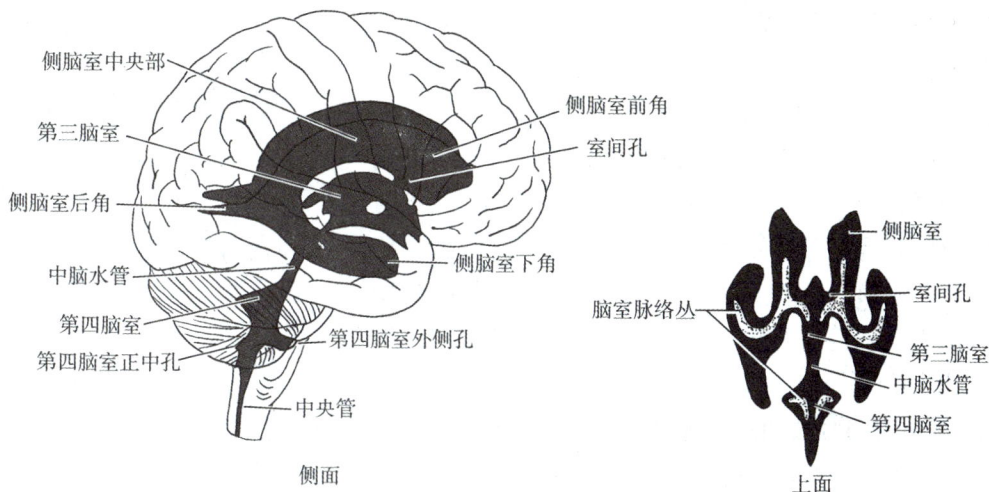

图 9-20　脑室

> **⇄ 知识链接**
>
> ### 脑的血供和氧供
>
> 脑是体内代谢最旺盛的部位，因而血流供应十分丰富。脑的平均重量仅占体重的2%，但脑的血流量占心排血量的17%，耗氧量占全身耗氧量的20%。因此，脑细胞对缺血、缺氧非常敏感，脑血流阻断5秒即可引起意识丧失，阻断5分钟后可导致脑细胞不可逆的损害。当供应脑的血管发生病变致脑血流量减少或中断时，可导致脑细胞的缺氧、水肿或坏死。

三、脑和脊髓的被膜

脑和脊髓的表面都包有3层被膜，自外向内依次为硬膜、蛛网膜和软膜，有支持、保护、营养脑和脊髓的作用（图9-21）。

（一）脊髓的被膜

1. 硬膜　由致密结缔组织构成，厚而坚韧。呈管状包裹脊髓和脊神经根外面的，称硬脊膜；包在脑表面的，称硬脑膜。

（1）硬脊膜　呈管状包绕脊髓。上端附于枕骨大孔边缘，与硬脑膜相延续；下端在第2骶椎水平逐渐变细，包裹马尾，末端附于尾骨。硬脊膜与椎管内面骨膜之间的狭窄腔隙，称硬膜外隙，略呈负压，内含疏松结缔组织、脂肪、淋巴管、静脉丛及脊神经根。

（2）**硬脑膜** 由两层构成：外层为颅骨内面的骨膜，内层为硬膜。两层之间有丰富的血管和神经。硬脑膜与颅盖骨结合疏松，当颅顶外伤骨折，血管破裂时，在颅骨与硬脑膜之间可形成硬膜外血肿。硬脑膜与颅底骨连接紧密，颅底骨折时，易将硬脑膜与蛛网膜同时撕裂，引起脑脊液外漏。颅前窝骨折时，脑脊液可流入鼻腔，形成鼻漏。

硬脑膜在枕骨大孔的周围与硬脊膜相延续。硬脑膜的内层折叠形成板状结构，突入脑的各部之间，对脑有分隔、承托和固定作用，主要包括如下。①大脑镰：呈镰刀形，伸入大脑纵裂。②小脑幕：位于大脑与小脑之间，呈新月形，伸入大脑横裂。其前内缘游离形成小脑幕切迹，切迹前有中脑通过。幕上有占位病变时，可压迫中脑的大脑脚和动眼神经，形成小脑幕切迹疝。

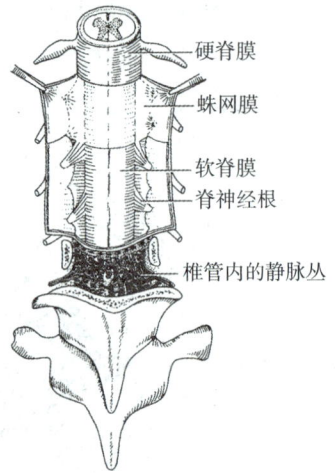

图 9 – 21　脊髓的被膜

硬脑膜在某些部位内、外两层分离，形成特殊的颅内静脉管道，内含静脉血，称硬脑膜窦，主要有：上矢状窦、下矢状窦、直窦、窦汇、横窦、乙状窦和海绵窦等。硬脑膜窦收集脑的静脉血，经乙状窦流入颈内静脉（图 9 – 22）。

⇄ 知识链接

硬膜外麻醉

硬膜外麻醉是将局麻药注入硬膜外隙，以阻滞脊神经根，暂时性使其支配区域产生麻痹。穿刺的部位可以分为高位、中位、低位以及骶管阻滞。穿刺术有直入法和旁入法两种。穿刺时，通常可以采取侧卧位或坐卧位。穿刺点要根据手术部位来选择。如果是上肢，穿刺点在胸 3 ~ 4 棘突间隙；上腹部手术在胸 8 ~ 10 棘突间隙；中腹部手术在胸 9 ~ 11 棘突间隙；下腹部手术在胸 12 ~ 腰 2 棘突间隙；下肢手术在腰 3 ~ 4 棘突间隙；会阴部手术在腰 4 ~ 5 棘突间隙。

2. 蛛网膜 为半透明的薄膜，无血管和神经。蛛网膜与软膜之间的腔隙，称蛛网膜下隙，内含脑脊液。此隙在某些部位扩大，称蛛网膜下池，主要有小脑延髓池和终池。蛛网膜在上矢状窦两侧形成蛛网膜粒，突入窦腔，脑脊液经蛛网膜粒渗入硬脑膜窦，回流入静脉。

3. 软膜 薄而透明，富含血管。软膜紧贴在脊髓和脑的表面，并延伸至脊髓和脑的沟裂内，称软脊膜和软脑膜。在脑室附近，软脑膜的血管反复分支形成毛细血管丛，并连同其表面的软脑膜和室管膜上皮一起突入脑室，形成脉络丛。脉络丛是产生脑脊液的主要结构。

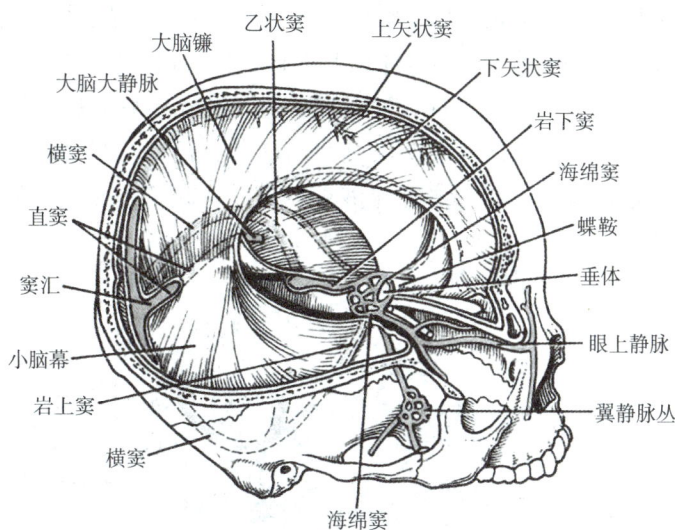

图 9 - 22　硬脑膜和硬脑膜窦

四、脑和脊髓的血管

（一）脑的血管

1. 脑的动脉　来源于颈内动脉和椎动脉。二者都发出皮质支和中央支。皮质支供应皮质和浅层髓质；中央支供应间脑、基底核和内囊等（图 9 - 23）。

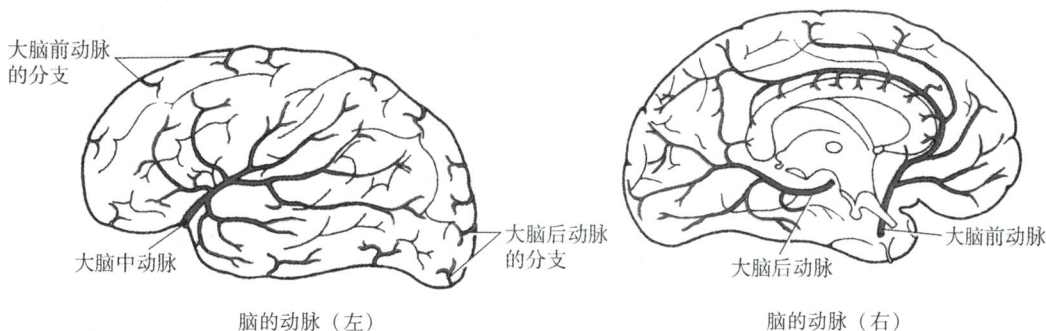

图 9 - 23　脑的动脉

（1）颈内动脉　起自颈总动脉，经颈动脉管入颅，分支供应脑和眼球等，主要分支有大脑前动脉和大脑中动脉。①大脑前动脉：沿大脑纵裂走行，左右大脑前动脉借前交通动脉相连，然后沿胼胝体沟后行。②大脑中动脉：是颈内动脉的直接延续，进入外侧沟后行。颈内动脉主要供应大脑半球的前 2/3 和间脑前部。其中，大脑中动脉在起始部发出数支细小的中央支（豆纹动脉），垂直进入脑实质，分布于尾状核、豆状核、内囊膝和后肢。该血管内血流压力大，脆性高，在高血压患者动脉硬化时，易破裂出血，从而引起内囊损伤。

（2）椎动脉　起自锁骨下动脉，向上穿第 6 至第 1 颈椎横突孔，经枕骨大孔进入颅腔，左、右椎动脉汇合成 1 条基底动脉，行于基底沟内，至脑桥上缘分为左右 2 条大脑后动脉。椎动脉供应大脑半球后 1/3 以及小脑、脑干和间脑后部。

（3）大脑动脉环　在大脑基底面，围绕视交叉、灰结节和乳头体，由前交通动脉、大脑前动脉、颈内动脉、后交通动脉和大脑后动脉吻合而成。当动脉环的某处发育不良或被阻断时，可通过大脑动脉环进行血液重新分配，起代偿作用，从而维持脑的血液供应（图 9 - 24）。

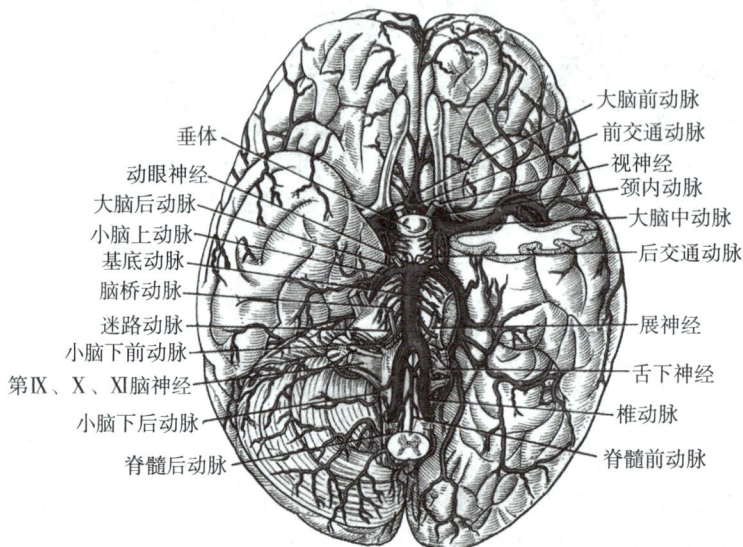

图 9 - 24　脑底的动脉

知识链接

三偏征

　　三偏征是指偏瘫、偏身感觉障碍、偏盲，又称三偏综合征。发病急骤，以突然晕倒、不省人事，伴口角歪斜、语言不利、半身不遂，或不经昏仆仅以口歪、半身不遂为临床主症的疾病。内囊膝是投射纤维高度集中的区域，这个部位损伤（如出血或栓塞）时，患者会出现对侧偏身感觉丧失（丘脑中央辐射受损）、对侧偏瘫（皮质脊髓束、皮质核束受损）和双眼对侧同向偏盲（视辐射受损）的"三偏"症状。内囊的血液供应来自大脑中动脉的一个分支。大脑中动脉血流量大，而供应内囊的小动脉垂直分出，管腔纤细，管腔压力较高，极易形成微动脉瘤，当血压突然升高时，就会破裂出血。因此，内囊是脑出血的一个好发部位。

2. 脑的静脉　不与动脉伴行，无瓣膜，分为浅、深两组，都注入硬脑膜窦，回流至颈内静脉。

（二）脊髓的血管

1. 脊髓的动脉 来自椎动脉和节段性动脉。椎动脉发出脊髓前、后动脉，沿脊髓表面下行，与肋间后动脉、腰动脉发出的节段性动脉分支吻合成网，再发出分支，营养脊髓（图9－25）。

2. 脊髓的静脉 较动脉多而粗。脊髓内的小静脉汇集成脊髓前、后静脉，注入硬膜外隙的椎静脉丛。

五、脑脊液及其循环

脑脊液是由脑室脉络丛产生的无色透明液体，成人总量约150ml。脑脊液不断产生，在脑室和蛛网膜下隙内循环流动，保持动态平衡，对脑和脊髓起缓冲、保护、营养、运输代谢产物及维持正常颅内压的作用（图9－26）。

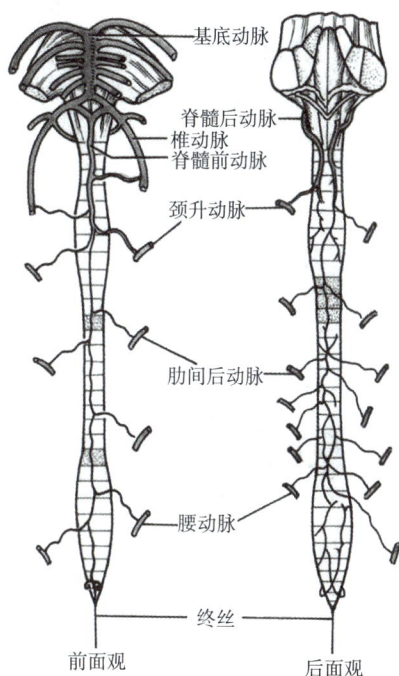

图9－25 脊髓的动脉

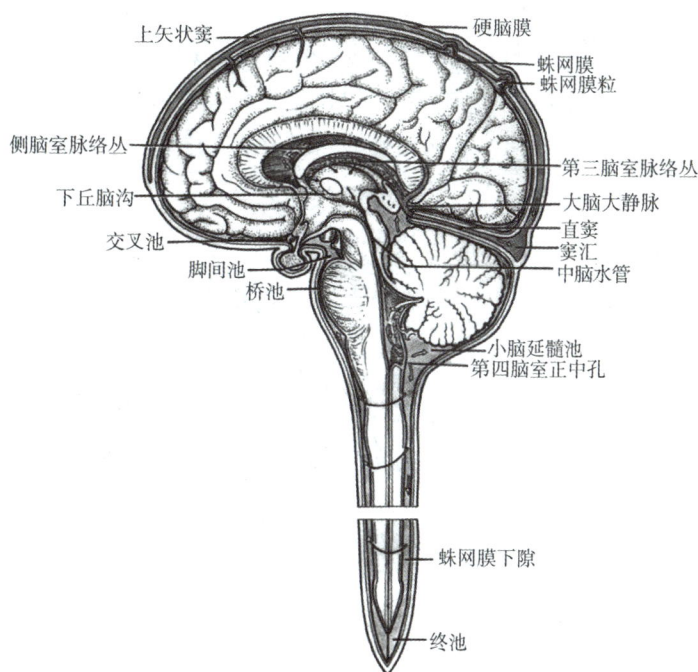

图9－26 脑脊液循环

脑脊液循环的途径如下：

左、右侧脑室脉络丛→室间孔→第三脑室→中脑水管→第四脑室→正中孔和左、右外侧孔→蛛网膜下隙→蛛网膜粒→上矢状窦→颈内静脉。

第三节 周围神经系统

周围神经系统包括脊神经、脑神经和内脏神经。脊神经与脊髓相连，主要分布于躯干、四肢；脑神经与脑相连，主要分布于头颈部；内脏神经主要分布于心脏、血管和腺体。

一、脊神经

脊神经共 31 对，包括：颈神经 8 对，胸神经 12 对，腰神经 5 对，骶神经 5 对和尾神经 1 对。每对脊神经在椎间孔处由脊髓发出的前根和后根组成。前根为运动性，后根为感觉性，故脊神经是混合性神经。在后根上有一椭圆形膨大，称脊神经节，由假单极神经元胞体聚集而成。

脊神经出椎间孔后，立即分为前支和后支。后支较细小，主要分布于项、背、腰和骶部的深层肌肉和皮肤；前支较粗大，主要分布于躯干前、外侧和四肢的肌及皮肤（图 9 – 27）。除第 2～11 对胸神经前支外，其余脊神经前支分别交织成 4 对神经丛：颈丛、臂丛、腰丛和骶丛，再由丛发出分支到相应的区域。

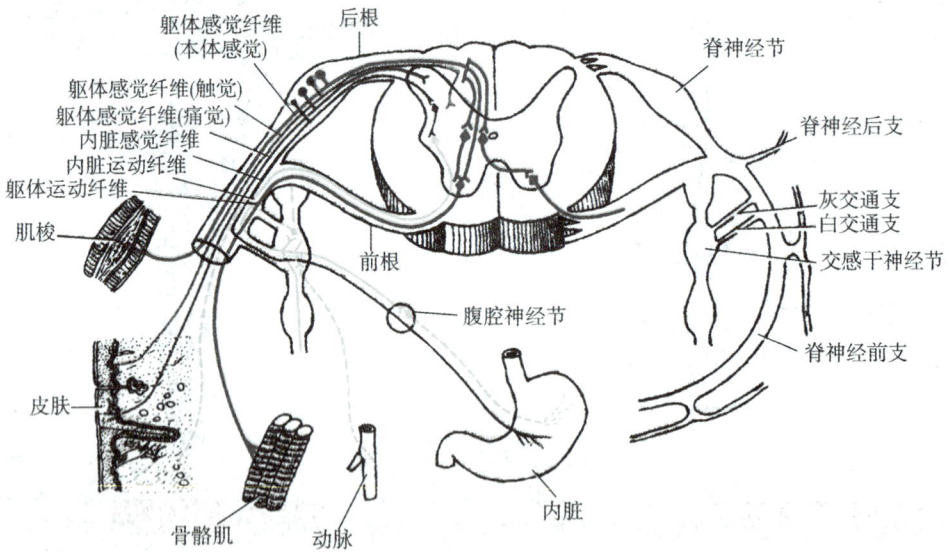

图 9 – 27 脊神经的组成

（一）颈丛

1. 组成及位置 颈丛由第 1～4 颈神经前支组成，位于胸锁乳突肌上部的深面。

2. 分支 包括皮支和肌支。

（1）皮支 较粗大，位置表浅，有枕小神经、耳大神经、颈横神经和锁骨上神经等。皮支均自胸锁乳突肌后缘中点的附近穿过深筋膜浅出，呈放射状分布颈侧部、枕部、耳廓、肩部及胸壁上部的皮肤。颈部行表浅手术时，常在胸锁乳突肌后缘中点附近做局部阻滞麻醉（图9-28）。

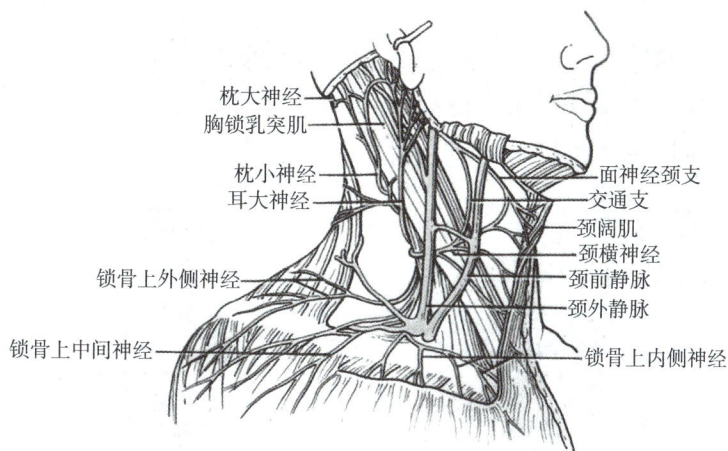

图9-28 颈丛的皮支

（2）肌支 主要有膈神经，为混合性神经。自颈丛发出后，经锁骨下动静脉之间入胸腔至膈。其运动纤维支配膈，感觉纤维分布于胸膜、心包和膈下面腹膜，右膈神经的感觉纤维还分布于肝、胆囊和肝外胆道等。膈神经受刺激，可引起膈肌痉挛性收缩，产生呃逆；膈神经损伤，可致同侧膈肌瘫痪，引起呼吸困难（图9-29）。

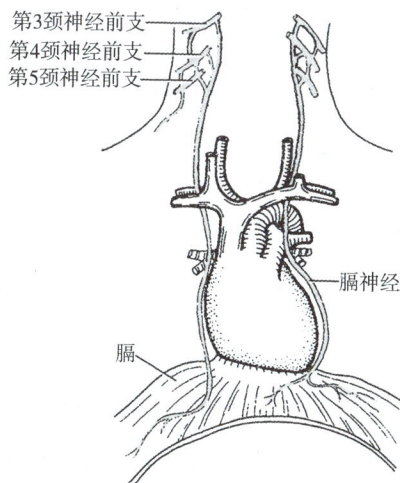

图9-29 膈神经

（二）臂丛

1. 组成及位置 臂丛由第5~8颈神经前支和第1胸神经前支的大部分组成，经锁骨中点后方进入腋窝，围绕腋动脉排列。在锁骨中点后上方，臂丛较集中，且位置较浅，临床上常在此处做臂丛阻滞麻醉。

2. 臂丛的主要分支 见图 9 – 30 和图 9 – 31。

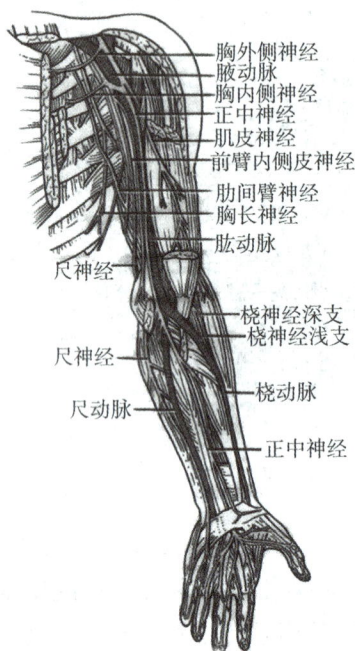

图 9 – 30 上肢前面神经（左侧）　　图 9 – 31 上肢后面神经（右侧）

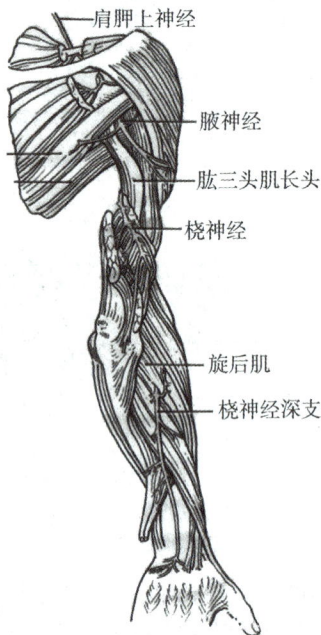

（1）肌皮神经　沿肱二头肌深面下行，沿途发出肌支，支配臂前群肌；至肘窝稍下方，穿出深筋膜，续为前臂外侧皮神经。皮支分布于前臂外侧的皮肤。

（2）正中神经　由臂丛发出后，沿肱二头肌内侧缘伴肱动脉下行至肘窝，在前臂正中下行于浅、深屈肌之间，达手掌；在前臂发出肌支，支配前臂前群肌的大部分；在手掌发出肌支，支配手肌外侧群的大部分及中间群的小部分。皮支分布于手掌桡侧2/3，桡侧3个半指掌面及中、远节背侧面的皮肤。正中神经损伤，皮支分布区的感觉丧失，运动障碍表现为"猿手"。

（3）尺神经　伴肱动脉内侧下行至臂中部，经尺神经沟进入前臂，伴尺动脉下行入手掌；在前臂发出肌支，支配前臂前群肌小部分；在手掌发出肌支，支配手肌内侧群、中间群的大部分。皮支在手掌布于尺侧1个半手指和相应的皮肤，在手背布于尺侧2个半手指和相应的皮肤。尺神经在尺神经沟处位置表浅，骨折时易受损伤，尺神经损伤后最主要的症状为"爪形手"。

（4）桡神经　是上肢最粗大的神经，沿肱骨桡神经沟行向外下，到肱骨外上髁前方分为皮支和肌支。肌支支配臂肌和前臂肌的后群。皮支分布于臂和前臂背面、手背桡侧半及桡侧2个半手指近节指背面的皮肤。桡神经在经过桡神经沟时，紧贴骨面。肱骨中段骨折时，易损伤此神经。桡神经损伤表现为"垂腕征"（图 9 – 32）。

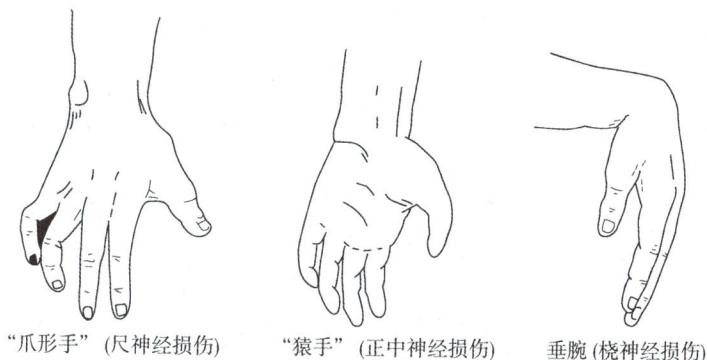

"爪形手"(尺神经损伤)　　　"猿手"(正中神经损伤)　　　垂腕(桡神经损伤)

图 9 - 32　正中神经、尺神经、桡神经损伤时的病理性手形

（5）腋神经　沿肱骨外科颈行向后外至三角肌深面。肌支支配三角肌等。皮支分布于肩部及臂部上 1/3 外侧皮肤。肱骨外科颈骨折时，易损伤此神经。腋神经损伤主要表现为肩关节不能外展，呈现"方形肩"。

（三）胸神经的前支

胸神经前支共 12 对，除第 1 对的大部分参与臂丛组成和第 12 对的小部分参与腰丛组成外，其余均不形成神经丛。第 1～11 对胸神经前支均各自行于相应的肋间隙中，称肋间神经；第 12 对胸神经前支的大部分行于第 12 肋下方，称肋下神经。

胸神经的肌支支配肋间肌和腹肌前外侧群，皮支分布于胸、腹部皮肤以及胸膜和腹膜壁层。胸神经皮支在胸、腹壁的分布有明显的节段性，其规律是：T_2 在胸骨角平面，T_4 在乳头平面，T_6 在剑突平面，T_8 在肋弓平面，T_{10} 在脐平面，T_{12} 在脐与耻骨联合上缘连线中点平面。临床上，常以节段性分布区来测定麻醉平面的高低以及推测脊髓损伤的平面位置（图 9 - 33）。

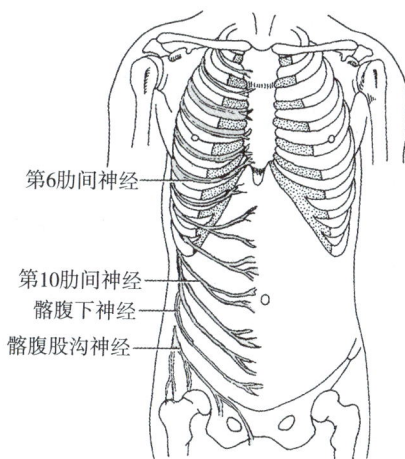

第6肋间神经

第10肋间神经
髂腹下神经
髂腹股沟神经

图 9 - 33　胸神经前支分布

（四）腰丛

腰丛位于腰大肌的深面，由第 12 胸神经前支的小部分、第 1～3 腰神经前支及第 4 腰神经前支的一部分组成。腰丛除发出肌支分布于髂腰肌和腰方肌外，还发出分支分布于腹股沟区、大腿前部和内侧部。

1. 髂腹下神经和髂腹股沟神经　主要分布于腹股沟管区的肌和皮肤，髂腹股沟神经还分布于阴囊或大阴唇的皮肤（图 9 - 34）。

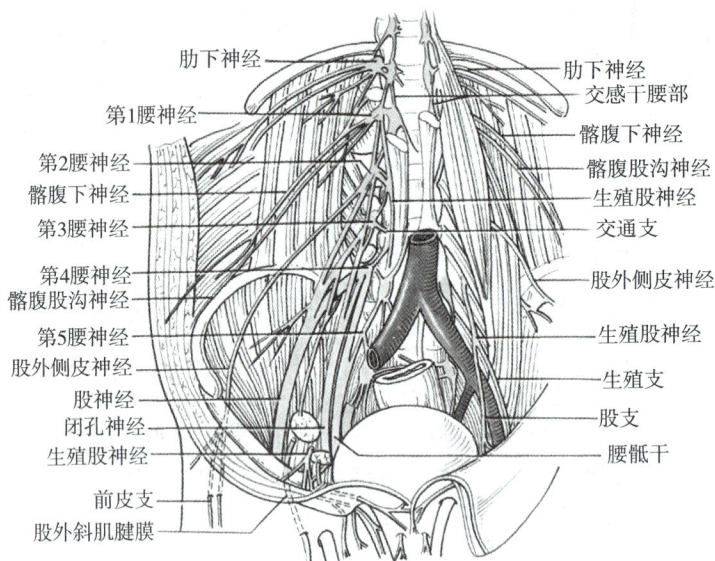

肋下神经
第1腰神经
第2腰神经
髂腹下神经
第3腰神经
第4腰神经
髂腹股沟神经
第5腰神经
股外侧皮神经
股神经
闭孔神经
生殖股神经
前皮支
股外斜肌腱膜

肋下神经
交感干腰部
髂腹下神经
髂腹股沟神经
生殖股神经
交通支
股外侧皮神经
生殖股神经
生殖支
股支
腰骶干

图 9 - 34　腰丛和骶丛神经分布

2. 股神经　为腰丛中最大的分支，在腰大肌与髂肌之间下行，经腹股沟韧带中点的深面、股动脉外侧进入股三角。肌支支配大腿前群肌；皮支除分布于大腿前面的皮肤外，还发出一长的皮支，为隐神经，伴大隐静脉下行，分布于小腿内侧面及足内侧缘皮肤。股神经损伤后，屈大腿无力，不能伸小腿，行走困难。

3. 闭孔神经　沿骨盆侧壁行向前下行，穿过闭孔至大腿内侧，分布于大腿内侧肌群和大腿内侧的皮肤（图 9 - 35）。

（五）骶丛

骶丛位于盆腔内，骶骨和梨状肌的前面，是全身最大的脊神经丛，由腰骶干（第4腰神经前支的一部分和第5腰神经前支组成）、全部骶神经及尾神经前支组成。其分支主要分布于盆壁、小腿和足（图 9 - 36）。重要分支包括如下。

1. 臀上神经　经梨状肌上孔出骨盆，支配臀中肌、臀小肌等。

2. 臀下神经　经梨状肌下孔出骨盆，支配臀大肌。

3. 阴部神经　经梨状肌下孔出骨盆，分布于肛门、会阴部和外生殖器的肌和皮肤。

4. 坐骨神经　为全身最粗、最长的神经，经梨状肌下孔出盆腔，在臀大肌深面下行，经坐骨结节与股骨大转子连线的中点下降至大腿后面，走行在股二头肌的深面；下行至腘窝上方处，分为胫神经和腓总神经。坐骨神经干在大腿后部发出肌支，支配大腿后群肌。

（1）胫神经　为坐骨神经的直接延续，在腘窝中线，沿小腿三头肌深面下行，经内踝后方进入足底，分为足底内侧神经和足底外侧神经。胫神经肌支支配小腿后群肌和足底肌，皮支分布于小腿后面和足底的皮肤。胫神经损伤表现为"仰趾足"或"钩状足"畸形。

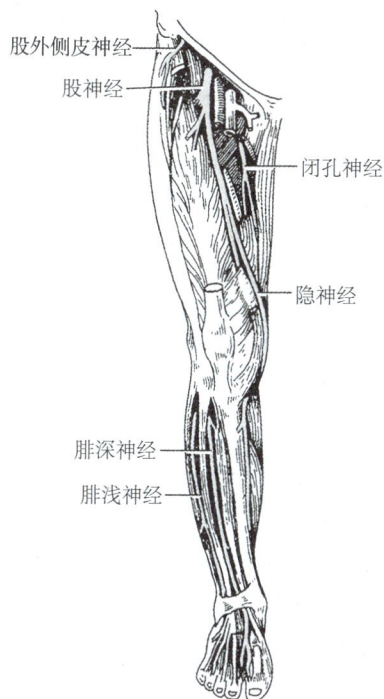

图 9 - 35　下肢前面神经

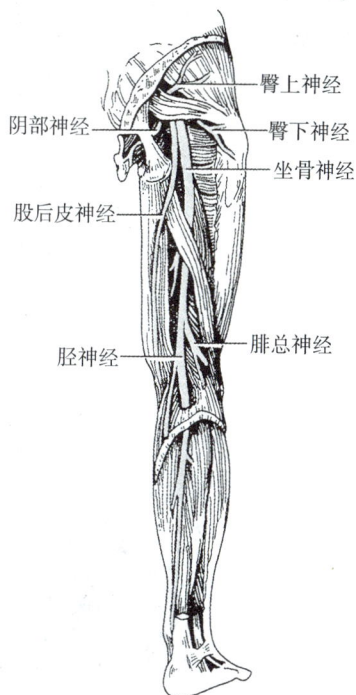

图 9 - 36　下肢后面神经

（2）腓总神经　沿腘窝外侧下行，绕腓骨颈外侧向前，在小腿前面分为腓浅神经和腓深神经。腓浅神经支配小腿外侧群肌，皮支分布于小腿前外侧面、足背及第 2～5 趾背的皮肤。腓深神经肌支支配小腿前群肌及足背肌，皮支分布于第 1～2 趾背的皮肤。腓总神经损伤表现为"马蹄内翻足"（图 9 - 37）。

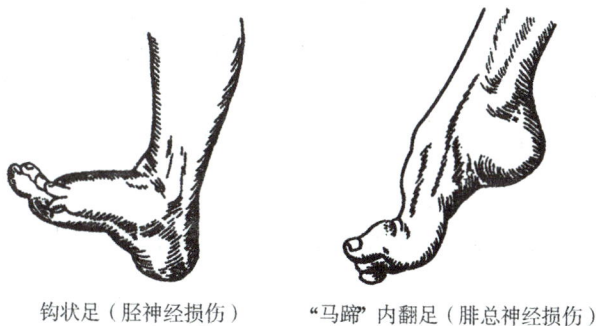

钩状足（胫神经损伤）　　"马蹄"内翻足（腓总神经损伤）

图 9 - 37　胫神经和腓总神经损伤后的病理性足形

二、脑神经

脑神经与脑相连，共 12 对。一般用罗马字表示其顺序：Ⅰ嗅神经、Ⅱ视神经、Ⅲ动眼神经、Ⅳ滑车神经、Ⅴ三叉神经、Ⅵ展神经、Ⅶ面神经、Ⅷ前庭蜗神经、Ⅸ舌咽神经、Ⅹ迷走神经、Ⅺ副神经、Ⅻ舌下神经（图 9 - 38）。

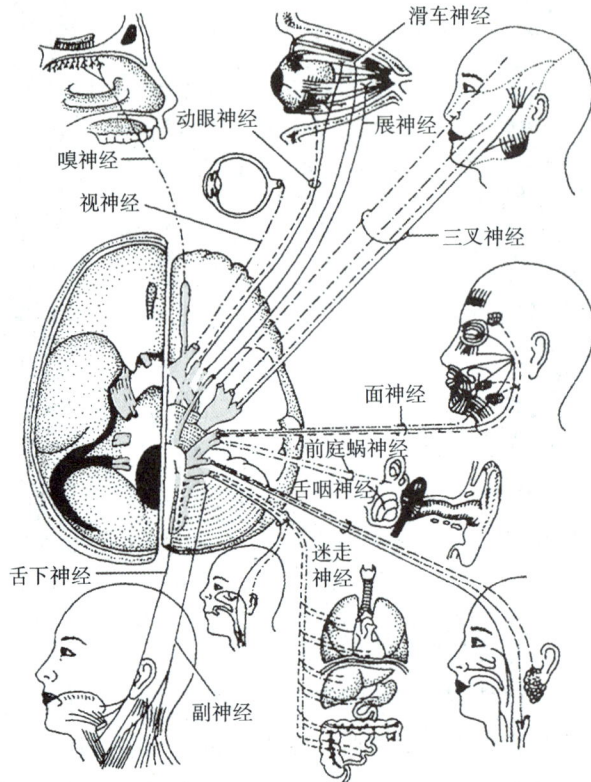

图 9 - 38　脑神经分布

脑神经纤维成分主要有四种：躯体感觉纤维、躯体运动纤维、内脏感觉纤维和内脏运动纤维。依据每对脑神经所含纤维种类的不同，将脑神经分为感觉性神经（Ⅰ、Ⅱ、Ⅷ）、运动性神经（Ⅲ、Ⅳ、Ⅵ、Ⅺ、Ⅻ）和混合性神经（Ⅴ、Ⅶ、Ⅸ、Ⅹ）三类。

（一）嗅神经

嗅神经为感觉性神经，起于鼻腔嗅区的嗅细胞，入颅腔终于嗅球，传导嗅觉冲动。

（二）视神经

视神经为感觉性神经，由视网膜的节细胞轴突组成。视神经离开眼球行于眶内，入颅后连于视交叉，传导视觉冲动。

（三）动眼神经

动眼神经发自中脑，为运动性神经，含有躯体运动纤维和内脏运动（副交感）纤维。动眼神经发出后，经眶上裂入眶。躯体运动纤维支配上直肌、下直肌、内直肌、下斜肌和上睑提肌5块眼球外肌；副交感纤维分布于瞳孔括约肌和睫状肌，完成瞳孔对光反射和调节反射。

（四）滑车神经

滑车神经为躯体运动神经，出脑后经眶上裂入眶，支配上斜肌（图9-39）。

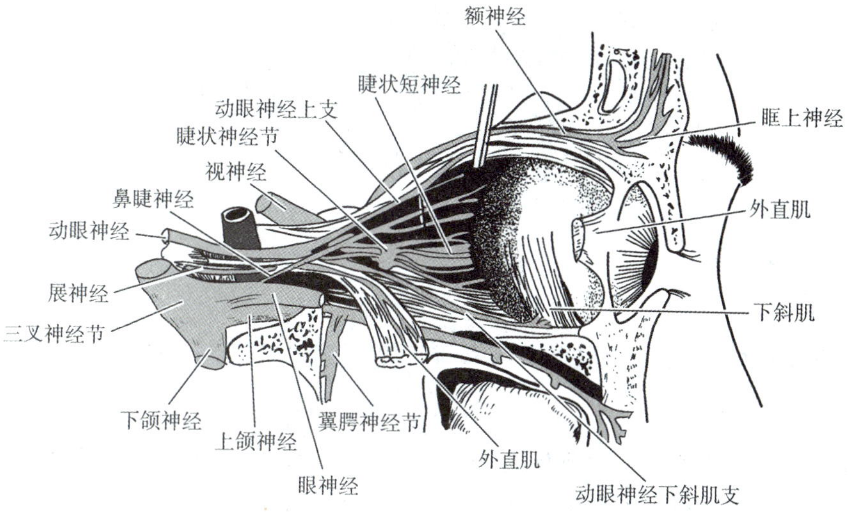

额神经
睫状短神经
动眼神经上支
睫状神经节
视神经
鼻睫神经
动眼神经
展神经
三叉神经节
眶上神经
外直肌
下斜肌
下颌神经
上颌神经
翼腭神经节
眼神经
外直肌
动眼神经下斜肌支

图9-39 框内神经侧面观

（五）三叉神经

三叉神经大部分为躯体感觉纤维，胞体位于颞骨岩部的三叉神经节内，其周围突分为三支，即眼神经、上颌神经和下颌神经。三叉神经中，小部分纤维为躯体运动纤维，加入下颌神经。因此，三叉神经是混合性神经。

1. 眼神经 为感觉性神经。其入眶后，分布于泪腺、眼球、结膜以及鼻背和睑裂以上的皮肤。

2. 上颌神经 为感觉性神经。其经眶下裂入眶，分布于睑裂与口裂之间的皮肤、上颌牙、口腔、鼻腔以及上颌窦。

3. 下颌神经 为混合性神经，是三叉神经三大分支中最粗大的一支。运动纤维支配咀嚼肌；感觉纤维分布于口腔底、舌前2/3、下颌牙和牙龈以及颞部、耳前、口裂以下的皮肤（图9-40）。

如果一侧三叉神经损伤时，表现为同侧面部的皮肤和口、鼻腔感觉消失，同时咀嚼肌瘫痪。

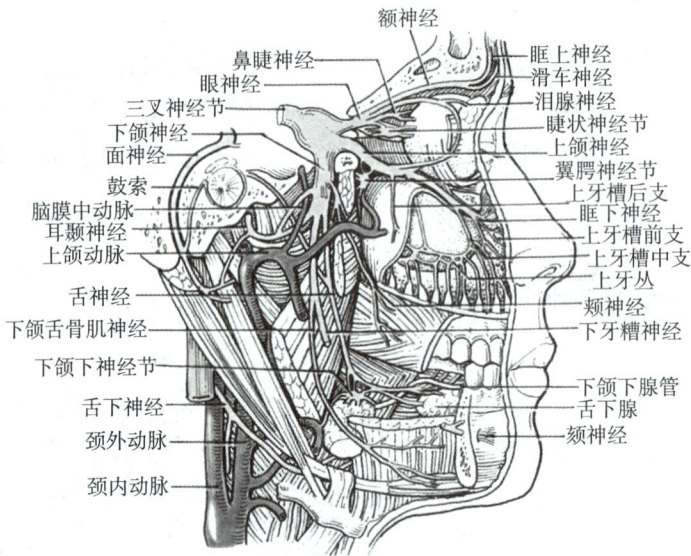

图9-40　三叉神经

（六）展神经

展神经为运动性神经，只含躯体运动纤维。其经眶上裂入眶，支配外直肌（图9-39）。

（七）面神经 微课2

面神经为混合性神经，含躯体运动纤维、内脏运动纤维和内脏感觉纤维。内脏运动纤维和内脏感觉纤维在面神经管内分出。内脏运动纤维支配泪腺、下颌下腺和舌下腺的分泌；内脏感觉纤维分布于舌前2/3的味蕾，传导味觉冲动。只有躯体运动纤维出颅后向前穿过腮腺，在腮腺前缘呈放射状发出颞支、颧支、颊支、下颌缘支和颈支，支配面部表情肌和颈阔肌。面神经管外损伤主要表现为：患侧表情肌瘫痪，额纹消失，鼻唇沟变浅，口角歪向健侧，不能闭眼等。面神经管内损伤除上述症状外，还出现患侧舌前2/3味觉障碍，泪腺、下颌下腺及舌下腺分泌障碍等（图9-41）。

（八）前庭蜗神经

前庭蜗神经为感觉神经，由前庭神经和蜗神经组成。前庭神经分布于内耳的壶腹嵴、椭圆囊斑和球囊斑，传导平衡觉。蜗神经分布于内耳的螺旋器，传导听觉冲动。

（九）舌咽神经

舌咽神经为混合性神经，含有躯体运动纤维、躯体感觉纤维、内脏运动纤维和内脏感觉纤维。舌咽神经出颅后，在颈内动、静脉之间下行，向前入舌。躯体运动纤维支配咽肌；内脏运动纤维管理腮腺的分泌；躯体感觉纤维和内脏感觉纤维分布于咽和舌后1/3的味蕾，传导一般感觉和味觉冲动。由内脏感觉纤维组成的颈动脉窦支分布于颈动脉窦和颈动脉小球，传导这两个结构发出的冲动，调节血压和呼吸。

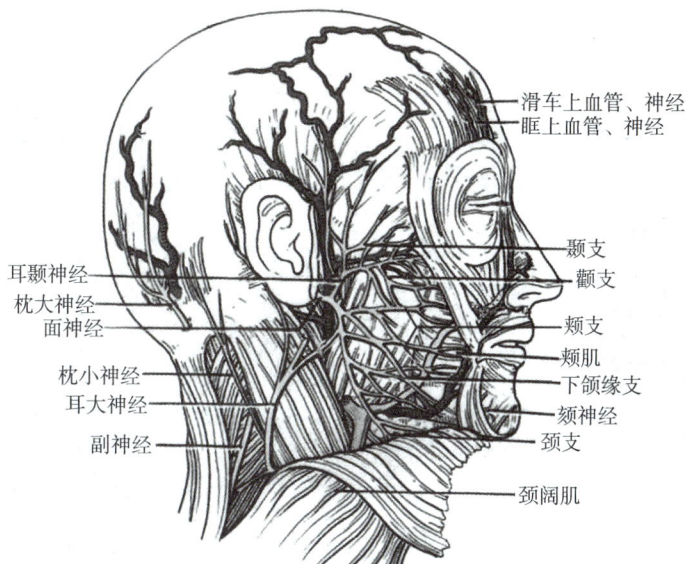

图 9 - 41　面神经

（十）迷走神经

迷走神经是行程最长、分布最广的脑神经。迷走神经为混合性神经，含有4种纤维：内脏运动（副交感）纤维主要分布于颈、胸和腹部多种脏器，控制平滑肌、心肌和腺体的活动；躯体运动纤维支配咽喉肌；内脏感觉纤维主要分布于颈、胸和腹部多种脏器，传导内脏感觉冲动；躯体感觉纤维主要分布于硬脑膜、耳廓和外耳道，传导一般感觉冲动。

迷走神经出脑后，于颈内静脉和颈总动脉之间的后方下行，经胸廓上口入胸腔，左、右迷走神经分支组成食管前、后丛伴食管下降，至食管下段分别汇成迷走神经前干和迷走神经后干，穿食管裂孔入腹腔，分布于肝、胰、脾、肾以及结肠左曲以上的肠管。其主要分支如下。

1. 喉上神经　是迷走神经在颈部最大的分支，分为内、外两支。内支分布于声门裂以上的喉等处；外支支配环甲肌。

2. 喉返神经　是迷走神经在胸部的分支，左喉返神经绕主动脉弓下方，右喉返神经绕右锁骨下动脉下方，返行向上，然后入喉。感觉纤维分布于声门裂以下的喉，运动纤维分布于除环甲肌以外的喉肌。

3. 支气管支、食管支、颈心支、胃后支和腹腔支　是迷走神经的若干小分支，与交感神经的分支共同构成肺丛、食管丛和心丛。

（十一）副神经

副神经为运动性神经，支配胸锁乳突肌和斜方肌（图9 - 42，图9 - 43）。

（十二）舌下神经

舌下神经为运动性神经，支配舌肌。一侧舌下神经损伤，患侧舌肌瘫痪，伸舌时，舌尖偏向患侧。

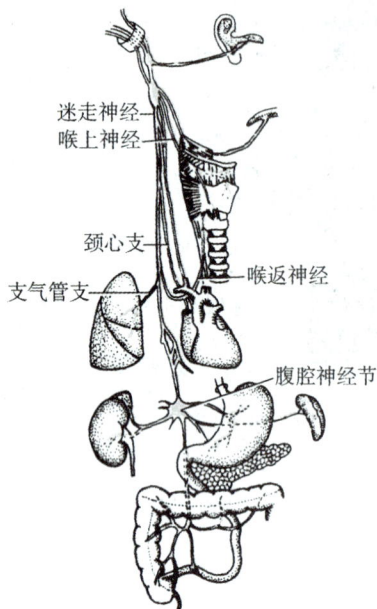

图 9-42 迷走神经的纤维成分及分布

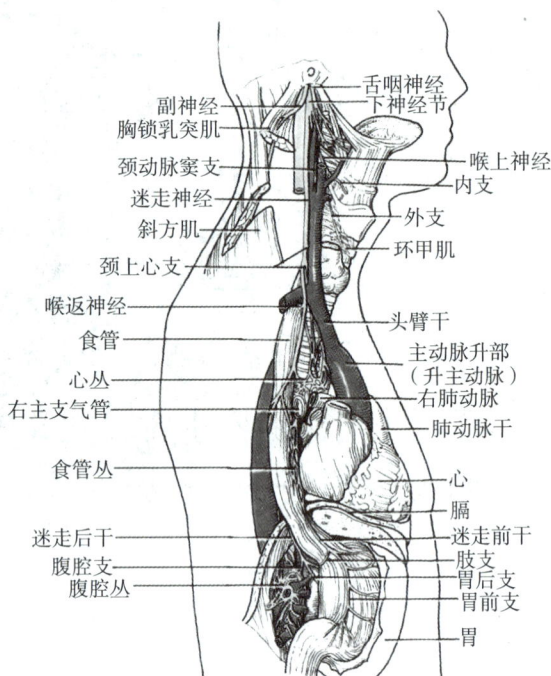

图 9-43 舌咽神经、迷走神经、副神经

12 对脑神经的分布范围及损害后主要表现见表 9-1。

表 9-1 脑神经分布范围及损害后主要表现

名称	分布范围	损害后主要表现
Ⅰ 嗅神经	鼻腔嗅黏膜	嗅觉障碍
Ⅱ 视神经	眼球视网膜	视觉障碍
Ⅲ 动眼神经	上、下、内直肌，下斜肌，上睑提肌，瞳孔括约肌，睫状肌	眼外下斜视，上睑下垂，对光及调节反射消失
Ⅳ 滑车神经	上斜肌	眼不能向外下斜视
Ⅴ 三叉神经	额、顶及颜面部皮肤，眼球及眶内结构，口、鼻腔黏膜，舌前 2/3 黏膜，牙及牙龈，咀嚼肌	头面部皮肤及口、鼻腔黏膜感觉障碍，角膜反射消失，咀嚼肌瘫痪
Ⅵ 展神经	外直肌	眼内斜视
Ⅶ 面神经	面肌、颈阔肌，泪腺、下颌下腺、舌下腺，鼻腔及腭腺体，舌前 2/3 味蕾	面肌瘫痪，额纹消失，眼睑不能闭合，口角歪向健侧，分泌障碍，角膜干燥，舌前 2/3 味觉障碍
Ⅷ 前庭蜗神经	半规管壶腹嵴，球囊斑及椭圆囊斑，螺旋器	眩晕、眼球震颤等；听力障碍
Ⅸ 舌咽神经	咽肌、腮腺、咽壁、鼓室黏膜、颈动脉窦、颈动脉小球、耳后皮肤、舌后 1/3 黏膜及味蕾	咽反射消失，腮腺分泌障碍，咽后、舌后 1/3 感觉障碍，耳后皮肤感觉障碍，舌后 1/3 味觉障碍
Ⅹ 迷走神经	咽、喉肌，胸腹腔脏器的平滑肌、腺体、心肌，胸腹脏器，咽喉黏膜，耳廓及外耳道皮肤	发音困难，声音嘶哑，吞咽困难，内脏运动障碍，腺体分泌障碍，心率加快，内脏感觉障碍，耳廓、外耳道皮肤感觉障碍
Ⅺ 副神经	胸锁乳突肌、斜方肌	面不能转向健侧，不能上提患侧肩胛骨
Ⅻ 舌下神经	舌内肌和舌外肌	舌肌瘫痪、萎缩，伸舌尖偏向患侧

案例分析

贾某因下颌角肥大、颧骨颧弓高突、内眦赘皮明显，要求改善。经两次手术后，双眼内眼角大小不一，右眼眼睑睁不开，双眼流泪不止，右侧颧骨塌陷，嘴巴无法张开，说话不清楚，右侧啮合部位吃东西刺痛无比，右侧脸颊无表情、无知觉，咬肌不全。

诊断

贾某右侧面神经损伤，致遗留眼睑闭合不全，口角歪斜，无表情、无知觉。

三、内脏神经

内脏神经主要分布于内脏、心血管和腺体，包括内脏运动神经和内脏感觉神经。内脏运动神经又称自主神经或植物神经，支配平滑肌、心肌的运动及腺体的分泌。内脏感觉神经分布于内脏、心血管壁等处的内感受器。

（一）内脏运动神经

1. 内脏运动神经与躯体运动神经比较

（1）躯体运动神经支配骨骼肌，受意识控制；内脏运动神经支配平滑肌、心肌和腺体，不受意识控制。

（2）躯体运动神经自低级中枢至效应器仅需1个神经元；内脏运动神经自低级中枢到所支配的器官需经过2个神经元。第1个神经元，称节前神经元，胞体位于脑干或脊髓，其纤维称节前纤维。第2个神经元，称节后神经元，胞体位于内脏神经节内，其发出的纤维称节后纤维。

（3）躯体运动神经只有一种纤维成分；内脏运动神经有交感和副交感两种纤维成分，且多数器官同时接受交感神经和副交感神经的双重支配。

2. 交感神经
交感神经低级中枢位于脊髓胸1～腰3节段灰质的侧角内，其周围部由交感神经节、交感干及其发出的节后纤维、交感神经丛组成。

（1）交感神经节 分为椎旁节和椎前节。①椎旁节：位于脊柱的两侧，共有22～24对，连成两条串珠状的交感干。②椎前节：位于椎体前方，包括腹腔神经节、主动脉肾神经节和肠系膜上、下神经节，分别位于同名动脉根部附近，呈不规则的节状团块。

（2）交感干 为由椎旁节借节间支连接而成的串珠状结构。交感干位于脊柱两侧，上起自颅底，下至尾骨前面，两干下端汇合，终于奇神经节。

（3）交感神经节前、节后纤维去向 如下。

交感神经节前纤维的去向：①终于相应的椎旁节；②在交感干内上升或下降，然后终止于该处的椎旁节；③穿过椎旁节，终止于椎前节。

交感神经纤维的去向：①经交通支返回脊神经，随脊神经分布于躯干、四肢的血管、汗腺和竖毛肌等；②攀附动脉形成同名神经丛，并随动脉分支到达所支配的器官；

③由交感神经节直接发出分支，分布于所支配的器官。

3. 副交感神经 副交感神经低级中枢位于脑干内的副交感神经核和脊髓第 2～4 骶节的骶副交感核。周围部包括副交感神经节和副交感神经纤维。

①副交感神经节：多位于所支配器官的附近或器官壁内，分别称为器官旁节或器官内节。

②副交感神经纤维：脑干内的副交感神经核（动眼神经副核，上、下泌涎核和迷走神经背核）所发出的节前纤维随第Ⅲ、Ⅶ、Ⅸ、Ⅹ 对脑神经分布，其节后纤维分布于瞳孔括约肌、睫状肌、唾液腺及胸腹腔器官和结肠左曲以上的消化管；由脊髓的骶副交感核发出的节前纤维随骶神经走行，组成盆内脏神经加入盆丛，在副交感神经节内发出的节后纤维分布于结肠左曲以下的消化管、盆腔器官及外生殖器（图 9-44）。

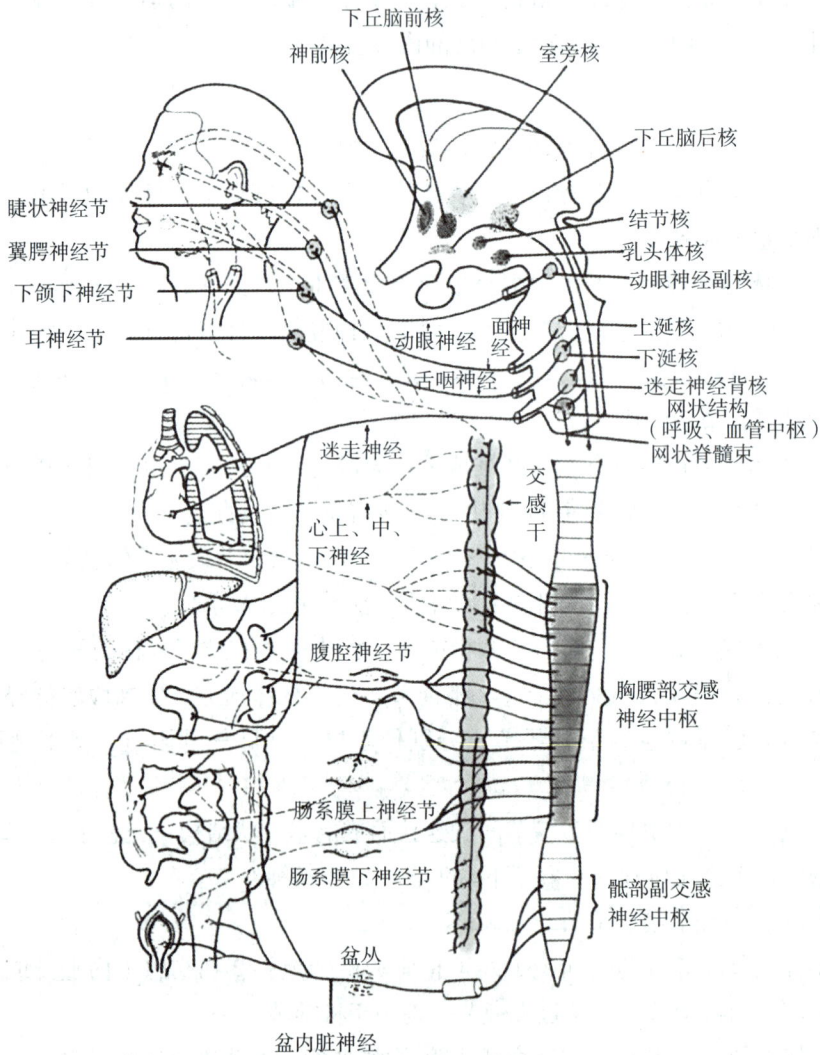

图 9-44 内脏运动神经概况

4. 交感神经与副交感神经的主要区别 交感神经与副交感神经都是内脏运动神经，共同支配一个器官，形成对器官的双重支配。但在形态结构和功能上，两者各有特点（表9-2）。

表9-2 交感神经和副交感神经的区别

项目	交感神经	副交感神经
低级中枢的部位	脊髓胸1~腰3节段灰质侧角	脑干内副交感神经核、脊髓骶2~4节段的骶副交感神经核
周围神经节位置	椎旁节和椎前节	器官旁节和器官内节
节前、节后纤维	节前纤维短，节后纤维长	节前纤维长，节后纤维短
分布范围	广泛，分布于全身血管和内脏平滑肌、心肌、腺体、竖毛肌、瞳孔开大肌等	不及交感神经广，大部分的血管、汗腺、竖毛肌和肾上腺髓质均无副交感神经支配

（二）内脏感觉神经

内脏感觉神经通过内脏感受器接受来自内脏的刺激产生的冲动，并传入中枢，产生感觉。

内脏感觉的特点：①内脏一般性活动不引起感觉，较强烈的内脏活动才能引起感觉（心绞痛、饥饿等）。②对切、割等刺激不敏感，而对牵拉、冷热、膨胀和痉挛等刺激较敏感。因此，临床手术中切、割内脏时，患者无明显感觉；但当牵拉内脏时，患者有较难忍的感觉。③内脏感觉传入途径分散，因而内脏痛是弥散的，定位模糊。

第四节 神经传导通路

案例分析

患者，男，60岁，看足球比赛时突然昏倒，意识丧失2天。意识恢复时，右侧上下肢瘫痪，6周后检查发现右上下肢痉挛性瘫痪，腱反射亢进，吐舌时偏向右侧，无萎缩，右侧眼裂以下面瘫，右半身感觉障碍，位置觉、振动觉丧失，瞳孔对光反射正常，但两眼视野右侧半缺损。诊断：内囊出血。

问题

请用解剖学知识解释临床表现。

神经传导通路是指大脑皮质与感受器、效应器之间神经冲动的传导链，包括感觉传导通路和运动传导通路。人体的感受器接受内、外环境的刺激所产生的神经冲动，由传入神经传递到大脑皮质的神经通路，称感觉（上行）传导通路；由大脑皮质发出的神经冲动到效应器的神经通路，称运动（下行）传导通路。

一、感觉传导通路

1. 躯干和四肢的本体感觉（深感觉）和精细触觉传导通路 本体感觉又称深

感觉，是肌、腱、关节等处的位置觉、运动觉和震动觉。该传导通路还传导皮肤的精细触觉（即辨别两点间的距离和感受物体的纹理粗细等），由三级神经元组成。

第一级神经元为脊神经节细胞，胞体位于脊神经节内。周围突随脊神经分布于躯干和四肢的肌、腱和关节等处的本体觉感受器及皮肤的精细触觉感受器；中枢突经脊神经后根进入脊髓后索上行，其中，来自第5胸节以下的纤维组成薄束，来自第4胸节以上的纤维组成楔束，两束上行至延髓，分别止于薄束核和楔束核。

第二级神经元胞体位于薄束核和楔束核，它们发出的纤维向前绕过中央灰质的腹侧左右交叉，称内侧丘系交叉。交叉后的纤维在延髓中线两侧上行，称内侧丘系，经脑桥和中脑止于背侧丘脑腹后外侧核。

第三级神经元胞体位于背侧丘脑腹后外侧核，其发出的纤维经内囊后肢投射到大脑皮质中央后回上2/3和中央旁小叶后部（图9-45）。

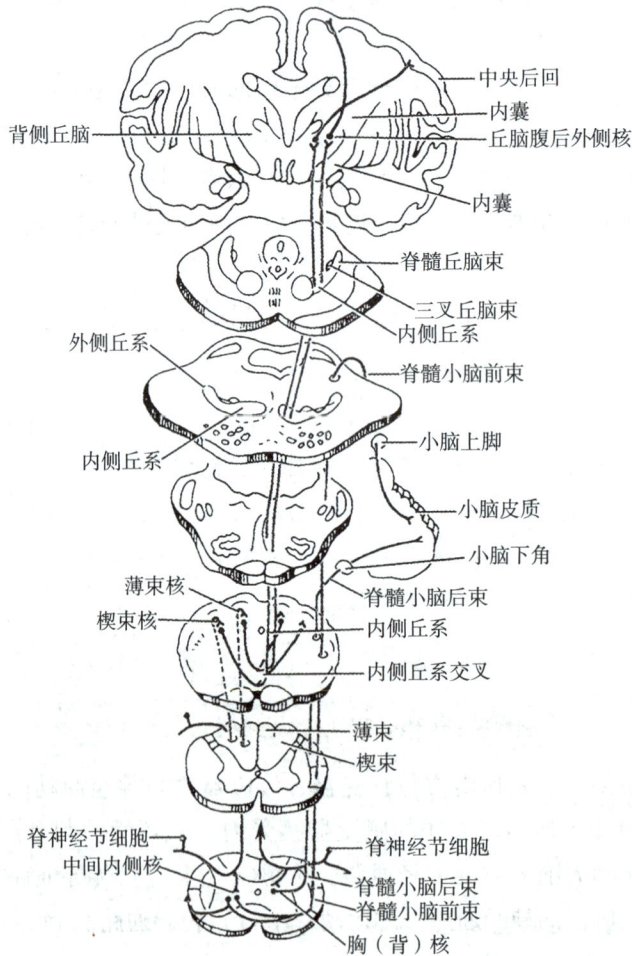

图9-45　躯干四肢本体感觉和精细触觉传导通路

此通路若受到损害，患者在闭眼时不能确定相应部位各关节的位置和运动方向以及两点间的距离。

2. 躯干和四肢的痛温觉、粗触觉（浅感觉）传导通路 又称浅感觉传导通路，传导躯干和四肢的痛觉、温度觉和粗触觉。此传导通路由三级神经元组成（图9-48）。

第一级神经元胞体位于脊神经节内。其周围突随脊神经分布于躯干、四肢皮肤内的痛觉、温度觉、粗触觉和压觉感受器；中枢突经脊神经后根进入脊髓，止于脊髓灰质后角。

第二级神经元胞体位于脊髓后角内，发出纤维上升1～2个脊髓节段后，经中央管前方交叉到对侧形成脊髓丘脑束（脊髓丘脑侧束和脊髓丘脑前束），沿外侧索和前索上行，经延髓、脑桥和中脑止于背侧丘脑的腹后外侧核。

第三级神经元胞体位于背侧丘脑腹后外侧核，其发出纤维经内囊后肢投射到大脑皮质中央后回上2/3和中央旁小叶后部（图9-46）。

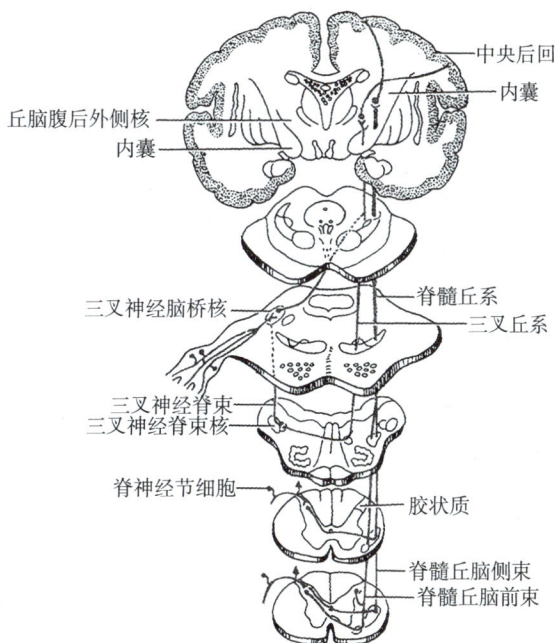

图9-46 躯干和四肢的痛温觉、粗触觉传导通路

此通路若在脊髓受损，则患者同侧躯体浅感觉消失；若在脑干损伤，则患者对侧躯体浅感觉消失。

3. 头面部痛温觉及粗触觉（浅感觉）传导通路 主要由三叉神经传入，传导头面部皮肤和黏膜的感觉冲动，由三级神经元组成。

第一级神经元位于三叉神经节内。其周围突构成三叉神经感觉支，分布于头面部的皮肤和感受器；中枢突经三叉神经根进入脑桥，止于三叉神经感觉核群。

第二级神经元为三叉神经感觉核群，由其轴突组成纤维交叉至对侧形成三叉丘系，上行至背侧丘脑腹后内侧核。

第三级神经元为背侧丘脑腹后内侧核，由此核发出投射纤维，经内囊后肢上行至中央后回下1/3的皮质（图9-47）。

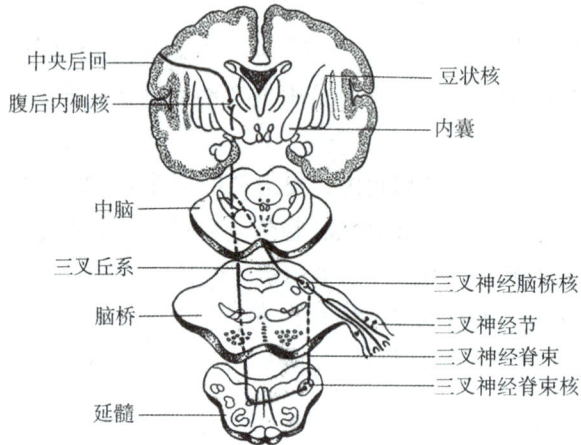

图9-47 头面部痛温觉及粗触觉（浅感觉）传导通路

在此通路中，若三叉丘脑束以上受损，则导致对侧头面部痛、温觉和触觉障碍；若三叉丘脑束以下受损，则导致同侧头面部痛、温觉和触觉障碍。

4. 视觉传导通路 由三级神经元组成。

第一级神经元为视网膜内的双极细胞。其周围突与视锥细胞和视杆细胞形成突触；中枢突与节细胞形成突触。

第二级神经元为视网膜内的节细胞。其轴突在视神经盘处集聚成视神经，穿视神经管入颅腔，经视交叉后组成视束，绕过大脑脚，终止于外侧膝状体。来自两眼视网膜鼻侧半的纤维相互交叉，而来自两眼颞侧半的纤维不交叉。因此，每侧视束内含有同侧眼视网膜的颞侧半纤维和对侧眼视网膜的鼻侧半纤维。

第三级神经元胞体位于外侧膝状体内，其发出的纤维组成视辐射，经内囊后肢投射到大脑皮质距状沟两侧的视觉中枢（图9-48）。

当眼球固定不动向前平视时，所能看到的空间范围称视野。视觉传导通路不同部位损伤，临床症状不同：①一侧视神经损伤，引起该眼全盲；②视交叉中间部（交叉纤维）损伤，如垂体瘤压迫，将造成双眼视野颞侧半偏盲；③一侧视交叉外侧部（未交叉纤维）损伤，可引起患侧视野鼻侧半偏盲；④一侧视束、外侧膝状体、视辐射或视觉中枢损伤，则引起双眼对侧半视野同向性偏盲（患侧眼视野鼻侧偏盲和健侧眼视野颞侧偏盲）。

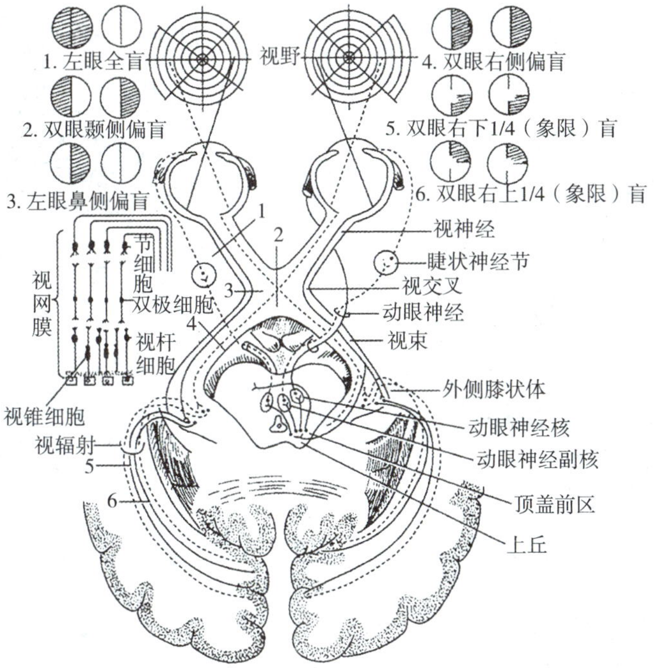

图 9－48　视觉传导通路

标注文字：
1. 左眼全盲
2. 双眼颞侧偏盲
3. 左眼鼻侧偏盲
视野
4. 双眼右侧偏盲
5. 双眼右下1/4（象限）盲
6. 双眼右上1/4（象限）盲

视网膜
节细胞
双极细胞
视杆细胞
视锥细胞
视辐射
5
6

视神经
睫状神经节
视交叉
动眼神经
视束
外侧膝状体
动眼神经核
动眼神经副核
顶盖前区
上丘

1
2
3

知识链接

瞳孔对光反射通路

　　光照一侧瞳孔，引起两眼瞳孔缩小的反应，称瞳孔对光反射。光照侧瞳孔缩小的反应，称直接对光反射；未照射侧瞳孔缩小的反应，称间接对光反射。瞳孔对光反射的通路为：光→一侧眼→视神经→视交叉→视束→上丘臂→顶盖前区→两侧动眼神经副核→动眼神经→睫状神经节→睫状短神经→双侧瞳孔括约肌收缩→两侧瞳孔。

二、运动传导通路

　　运动传导通路包括锥体系和锥体外系两部分，管理骨骼肌的运动。

　　1. 锥体系　主要管理骨骼肌的随意运动，由上、下两级神经元组成。上运动神经元是指位于大脑皮质的锥体细胞，胞体位于中央前回和中央旁小叶前部等处；下运动神经元是指脑神经运动核和脊髓前角运动神经元。锥体系分为皮质核束和皮质脊髓束（图 9－49）。

　　（1）皮质核束　主要由中央前回下1/3锥体细胞的轴突聚集而成。该束经内囊膝部下行至脑干，终止于脑神经运动核。大部分纤维终止于双侧脑神经运动核，支配眼球外肌、咀嚼肌、眼裂以上表情肌、咽喉肌、胸锁乳突肌和斜方肌等；小部分纤维完全交叉到对侧，终止于面神经核下部和舌下神经核，支配对侧面下部表情肌和舌肌。

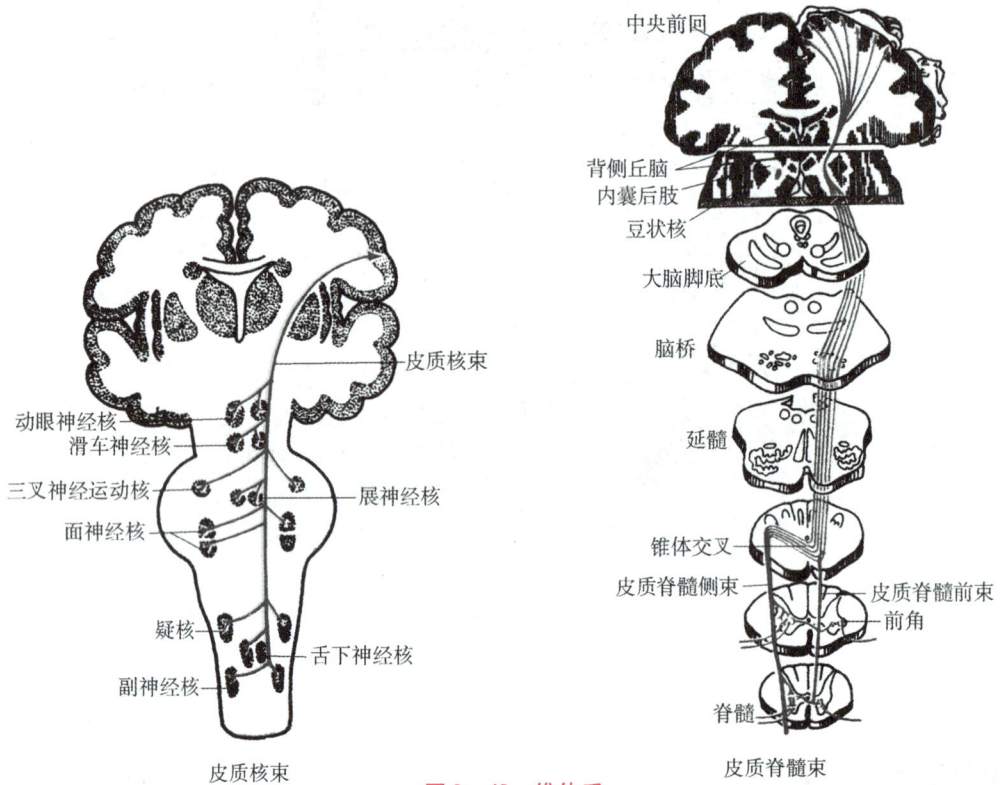

中央前回

背侧丘脑
内囊后肢
豆状核

大脑脚底

脑桥

延髓

皮质核束

动眼神经核
滑车神经核

三叉神经运动核
面神经核

展神经核

疑核

舌下神经核

副神经核

锥体交叉
皮质脊髓侧束

皮质脊髓前束
前角

脊髓

皮质核束

皮质脊髓束

图 9 – 49　锥体系

　　如果一侧皮质核束受损，对侧眼裂以下的面肌和对侧舌肌瘫痪，表现为病灶对侧鼻唇沟消失、口角低垂并向病灶侧偏斜、流涎、不能鼓腮露齿、伸舌时舌尖偏向病灶侧，称上运动神经元瘫（核上瘫）。一侧面神经核或面神经（下运动神经元）损伤，可致病灶侧所有面肌瘫痪，表现为额横纹消失、眼不能闭、口角下垂、鼻唇沟消失等。一侧舌下神经（下运动神经元）受损，可致病灶侧全部舌肌瘫痪，表现为伸舌时舌尖偏向病灶侧，称下运动神经元瘫（核下瘫）。具体表现见图 9 – 50。

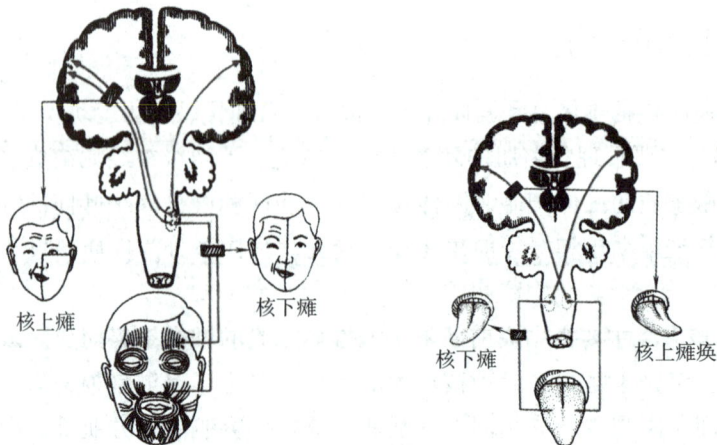

核上瘫

核下瘫

核下瘫

核上瘫痪

图 9 – 50　核上瘫和核下瘫

上、下运动神经元损伤的区别见表 9 – 3。

表 9 – 3　上、下运动神经元损伤的区别

项目	上运动神经元损伤	下运动神经元损伤
瘫痪特点	痉挛性瘫痪（硬瘫）	弛缓性瘫痪（软瘫）
肌张力	增高	降低
深反射	亢进	消失或减弱
病理反射	阳性（出现）	阴性（不出现）
肌萎缩	不明显	明显

（2）皮质脊髓束　由大脑皮质中央前回上 2/3 和中央旁小叶前部锥体细胞的轴突集聚而成，下行经内囊后肢、中脑、脑桥至延髓形成锥体。大部分（75% ～90%）纤维左、右交叉形成锥体交叉，交叉后的纤维形成皮质脊髓侧束，沿对侧脊髓外侧索下降，沿途陆续终止于同侧脊髓前角运动神经元，支配躯干肌和四肢骨骼肌；小部分未交叉纤维形成皮质脊髓前束，并在脊髓胸节经白质前连合逐节交叉到对侧，终止于该侧的前角运动神经元，支配躯干肌。所以，躯干肌是受双侧大脑皮质支配。一侧皮质脊髓束在锥体交叉以上受损，主要引起对侧肢体瘫痪，而躯干肌运动无明显影响。

2. 锥体外系　为锥体系以外控制骨骼肌运动的下行传导通路的统称，其结构十分复杂，主要功能是调节肌张力和肌群运动、维持调整体态姿势和习惯性动作等。

目标检测

一、选择题

（一）单项选择题

1. 在中枢神经内，功能相同的神经元胞体聚集形成的团块结构为（　　　）
    A. 灰质　　　　　　　B. 神经　　　　　　C. 神经核　　　　　D. 白质
2. 脊髓位于（　　　）
    A. 上端平枕骨大孔与中脑相连　　　　　B. 下端在成人平第 1 腰椎下缘
    C. 下端在成人平第 3 腰椎下缘　　　　　D. 下端在成人平第 2 骶椎下缘
3. 与脑桥相连的脑神经是（　　　）
    A. 动眼神经　　　　B. 滑车神经　　　　C. 面神经　　　　　D. 迷走神经
4. 从脑干背面发出的脑神经是（　　　）
    A. 动眼神经　　　　B. 滑车神经　　　　C. 展神经　　　　　D. 面神经
5. 下列不属于小脑功能的是（　　　）
    A. 维持躯体平衡　　B. 协调随意运动　　C. 调节内脏活动　　D. 调节肌紧张
6. 生命中枢位于（　　　）
    A. 中脑　　　　　　B. 脑桥　　　　　　C. 下丘脑　　　　　D. 延髓

7. 下列与间脑相连的脑神经是（　　　）
  A. 三叉神经   B. 面神经   C. 动眼神经   D. 视神经

8. 下列与端脑相连的脑神经是（　　　）
  A. 动眼神经   B. 嗅神经   C. 滑车神经   D. 视神经

9. 在大脑半球的上外侧面看不到（　　　）
  A. 额叶   B. 顶叶   C. 岛叶   D. 颞叶

10. 大脑皮质躯体运动区位于（　　　）
  A. 颞上回   B. 角回   C. 距状沟两侧 D. 中央前回

11. 颞横回是（　　　）
  A. 视觉中枢 B. 听觉中枢 C. 听觉语言中枢 D. 视觉语言中枢

12. 下列属于大脑基底核的是（　　　）
  A. 薄束核   B. 疑核   C. 豆状核   D. 视上核

13. 联系左、右大脑半球的纤维束是（　　　）
  A. 内囊   B. 胼胝体   C. 皮质核束 D. 皮质脊髓束

14. 脊神经的性质为（　　　）
  A. 运动性   B. 感觉性   C. 交感性   D. 混合性

15. 支配肱二头肌的神经是（　　　）
  A. 正中神经 B. 尺神经   C. 肌皮神经 D. 腋神经

16. 支配三角肌的神经是（　　　）
  A. 肌皮神经 B. 桡神经   C. 尺神经   D. 腋神经

17. 分布于男性乳头平面的胸神经前支是（　　　）
  A. 第 3 胸神经 B. 第 4 胸神经 C. 第 5 胸神经 D. 第 6 胸神经

18. 支配股四头肌的神经是（　　　）
  A. 生殖股神经 B. 股神经   C. 闭孔神经 D. 坐骨神经

19. 坐骨神经支配（　　　）
  A. 臀大肌   B. 股后群肌 C. 股四头肌 D. 臀中肌

20. 支配臀大肌的神经是（　　　）
  A. 臀上神经 B. 臀下神经 C. 坐骨神经 D. 阴部神经

21. 支配小腿后群肌的神经是（　　　）
  A. 胫神经   B. 腓浅神经 C. 腓深神经 D. 股神经

22. 病人的瞳孔向内斜视是损伤了（　　　）
  A. 动眼神经 B. 滑车神经 C. 展神经   D. 眼神经

23. 支配面部表情肌的神经是（　　　）
  A. 三叉神经 B. 面神经   C. 舌咽神经 D. 迷走神经

24. 管理面部感觉的是（　　　）
  A. 面神经   B. 眼神经   C. 三叉神经 D. 舌咽神经

25. 支配咀嚼肌的神经是（　　）

    A. 面神经　　　　　　B. 上颌神经　　　　　C. 舌咽神经　　　　　D. 下颌神经

26. 支配腮腺分泌活动的是（　　）

    A. 舌咽神经　　　　　B. 舌下神经　　　　　C. 面神经　　　　　　D. 三叉神经

27. 支配舌肌的脑神经是（　　）

    A. 舌咽神经　　　　　B. 下颌神经　　　　　C. 舌下神经　　　　　D. 迷走神经

28. 内脏对（　　）刺激不敏感

    A. 牵拉　　　　　　　B. 冷热　　　　　　　C. 切割　　　　　　　D. 膨胀

29. 躯干四肢本体觉传导通路的第二级神经元位于（　　）

    A. 背侧丘脑　　　　　　　　　　　　　B. 脊神经节

    C. 脊髓灰质后角　　　　　　　　　　　D. 薄束核、楔束核

30. 以下关于皮质脊髓束的描述中，正确的是（　　）

    A. 上运动神经元在中央前回下 1/3 部

    B. 经内囊膝部到脑干

    C. 管理躯干同侧的骨骼肌运动

    D. 下运动神经元大多数在对侧的脊髓前角

（二）多项选择题

1. 以下关于脊髓的描述中，正确的是（　　）

    A. 白质位于内层　　　　　　　　　　　B. 后外侧沟有脊神经后根附着

    C. 后角主要为运动神经元　　　　　　　D. 前角为运动神经元

    E. 侧角只存在于胸腰段

2. 三叉神经分布于（　　）

    A. 角膜和结膜　　　　　　　　　　　　B. 舌根和咽峡

    C. 咬肌和翼内、外肌　　　　　　　　　D. 舌前 2/3

    E. 面部表情肌

3. 面神经的分布范围包括（　　）

    A. 下颌下腺　　　　　B. 表情肌　　　　　　C. 舌

    D. 面部皮肤　　　　　E. 咀嚼肌

4. 支配眼外肌运动的神经是（　　）

    A. 眼神经　　　　　　B. 动眼神经　　　　　C. 滑车神经

    D. 上颌神经　　　　　E. 展神经

5. 组成大脑动脉环的血管有（　　）

    A. 前交通动脉　　　　B. 颈内动脉　　　　　C. 大脑中动脉起始段

    D. 后交通动脉　　　　E. 大脑后动脉

6. 位于脊髓外侧索内的传导束是（　　　）

    A. 薄束　　　　　　B. 脊髓丘脑侧束　　　C. 皮质脊髓侧束

    D. 楔束　　　　　　E. 皮质脊髓前束

7. 供应脑的动脉是（　　　）

    A. 脑膜中动脉　　　B. 椎动脉　　　　　　C. 颈内动脉

    D. 颈外动脉　　　　E. 面动脉

二、思考题

1. 试述脊髓灰质的分部及各部神经元的名称。

2. 成人宜在何处进行腰椎穿刺？由浅入深要经过哪些结构？

3. 试述脑脊液的产生和循环途径。

4. 肱骨外科颈、肱骨中段、肱骨内上髁骨折时，可能损伤什么神经？主要出现哪些症状？

5. 简述舌的神经分布及其功能。

6. 简述内囊的组成、位置、分部及各部通过的纤维束。一侧内囊出血时，病人会出现哪些功能障碍？

7. 自主神经与躯体运动神经在结构和功能上有何区别？

（房　霞）

书网融合……

微课1　　　　　微课2　　　　　本章小结　　　　自测题

PPT

第十章　内分泌系统

【学习目标】

　　1. **掌握**　甲状腺的位置、形态及功能；肾上腺的结构及功能。

　　2. **熟悉**　垂体的位置、分部及功能。

　　3. **了解**　甲状旁腺的结构。

案例分析

　　患者，女，56岁，因胸闷、心慌、怕冷、乏力入院。查体：反应迟钝，表情淡漠，面色苍白，眼浮肿，唇厚舌大，皮肤粗糙，毛发及眉毛稀少。实验室检查：血 TSH 升高，T_3、T_4 降低。询问得知，其于 6 年前行甲状腺瘤切除术后，一直未复查甲状腺功能，未服用药物进行治疗。

诊断

　　甲状腺功能减退症。

　　内分泌系统通过体液调节，与神经系统共同维持内环境的平衡和稳定，调节机体的新陈代谢、生长发育，并调控生殖、情绪、行为活动等。

　　内分泌系统由内分泌腺、内分泌组织、内分泌细胞组成。内分泌腺包括垂体、甲状腺、甲状旁腺、肾上腺、胸腺等。内分泌组织是器官中的内分泌细胞团，如胰岛、睾丸间质细胞、卵泡细胞和黄体等（图 10 - 1）。内分泌细胞的分泌物称激素，大多数经血液直接运输至靶细胞或靶器官。

知识链接

内分泌失调与调节

　　在临床上，内分泌失调是比较常见的内分泌系统疾病之一。内分泌失调的患者往往会出现痤疮、月经紊乱、情绪焦躁、便秘或者其他相关症状。调节内分泌失调的方法有：一，饮食调理。避免吃辛辣、寒凉、坚硬食物及碳酸饮料、过度油腻的食物等，以清淡为主。二，运动调理。做一些有益于身心健康的有氧运动。三，调整情绪。保持良好的心情，让自己放松，从而舒缓、愉悦情志。

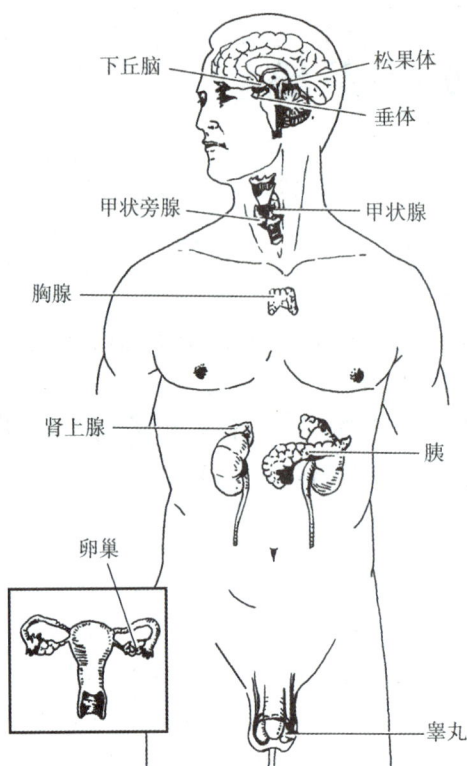

图 10-1 内分泌系统概况

第一节 垂 体 微课

一、垂体的位置和形态

垂体呈灰红色，椭圆形，质量不足 1g。其位于颅底垂体窝内，上借漏斗与下丘脑相连，前上方与视交叉相邻（图 10-2）。故垂体有肿瘤时，可压迫视交叉，致双眼颞侧视野偏盲。

二、垂体的分部

垂体分为前部的腺垂体和后部的神经垂体。垂体可分为远侧部、结节部、中间部、神经部和漏斗。腺垂体具有内分泌功能，包括远侧部、结节

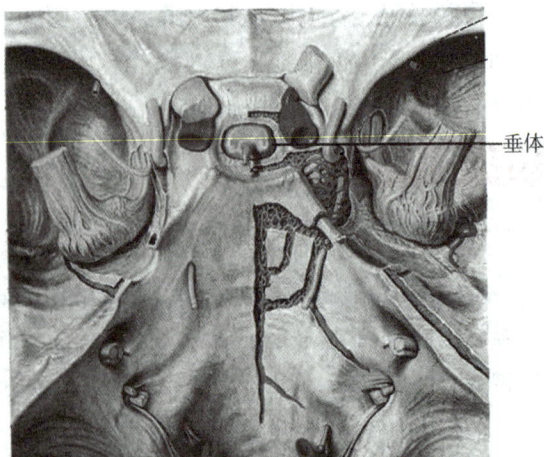

图 10-2 垂体的位置

部和中间部；神经垂体由神经纤维组成，包括神经部和漏斗。其中，远侧部和结节部称为前叶，中间部和神经部称为后叶（图 10 - 3，图 10 - 4）。

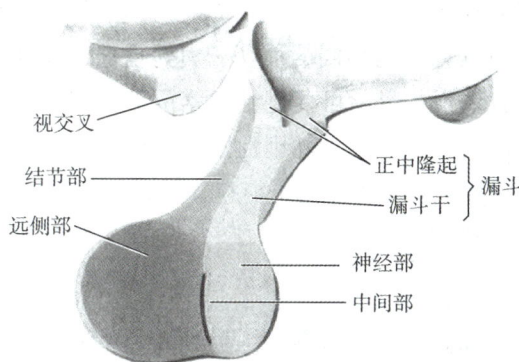

图 10 - 3　垂体的分部

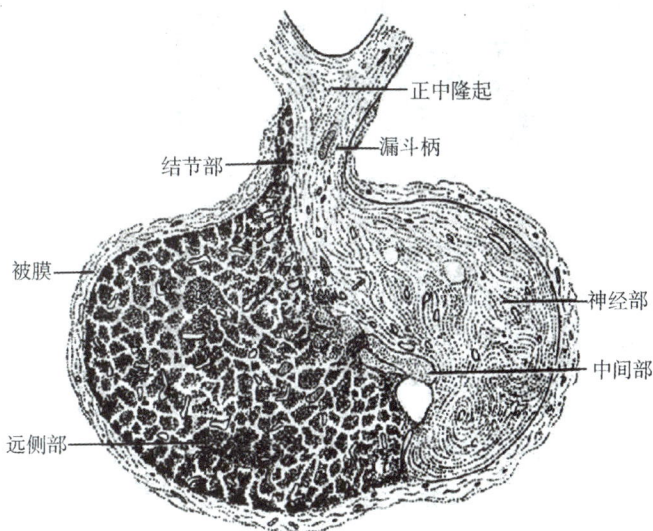

图 10 - 4　垂体矢状切面

三、垂体的微细结构和功能

（一）腺垂体的微细结构和功能

腺垂体的细胞大多排列成团索状，包括嗜酸性细胞、嗜碱性细胞和嫌色细胞三种。

1. 嗜酸性细胞　数量较多，圆形或椭圆形，胞质内充满嗜酸性颗粒，主要分泌两种激素。①生长激素：促进肌肉、内脏的生长及各种代谢，尤其是促进骺软骨生长，使骨变长和变粗。在未成年时期，生长激素分泌不足可导致身材矮小，智力正常，称垂体性侏儒症；如分泌过多，导致身材高大，称巨人症；成年后，若生长素分泌过多，会引起肢端肥大症。②催乳激素：促进乳腺发育和乳汁分泌。

2. 嗜碱性细胞 数量少，椭圆形或多边形，胞质内含嗜碱性颗粒，分泌三种不同的激素。①促甲状腺激素：能促进甲状腺激素的合成和释放。该激素缺乏，将引起甲状腺功能低下症状。②促肾上腺皮质激素：促进肾上腺皮质的束状带分泌糖皮质激素。该激素缺乏，将出现与阿锹森氏病相同的症状，但无皮肤色素沉着现象。③促性腺激素：包括卵泡刺激素和黄体生成素，可促进性激素的分泌以及卵泡和精子的成熟。卵泡刺激素在女性促进卵泡的发育，在男性则促进精子的发生。黄体生成素在女性促进排卵和黄体的生成，在男性则刺激睾丸间质细胞分泌雄激素。

3. 嫌色细胞 数量最多。目前认为，其为没有分化的嗜色细胞的初级阶段（图10-5）。

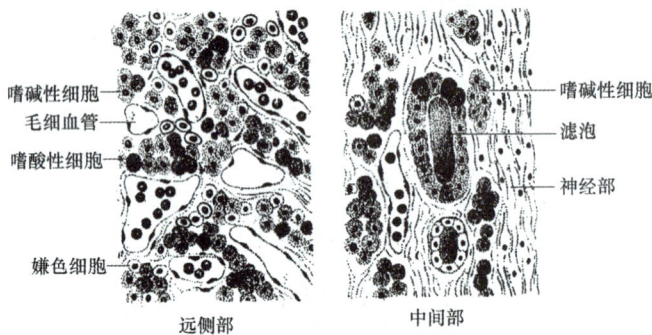

图10-5　垂体的微细结构（远侧部和中间部）

除上述激素外，腺垂体还分泌促甲状旁腺激素、促黑激素等。

（二）神经垂体

神经垂体无内分泌细胞，主要有下丘脑神经元轴突输送来的2种激素。

1. 抗利尿激素 主要由视上核分泌，能促进肾远曲小管和集合管重吸收水，使尿液浓缩，调节水的代谢。抗利尿激素若分泌减少，则引起尿崩症；若分泌超过生理剂量，能使小动脉的平滑肌收缩，血压升高，因而又称血管升压素。

2. 催产素 由视上核和室旁核分泌，能刺激子宫平滑肌收缩，利于胎儿娩出，并促进乳腺分泌乳汁。

由此可见，下丘脑的功能与神经垂体的结构和功能是一个整体，神经垂体无内分泌功能，只是贮存和释放下丘脑的视上核和室旁核分泌的激素。

第二节　甲状腺

一、甲状腺的位置和形态

甲状腺位于颈前部，呈"H"形，分左右2个侧叶，中间为峡部，峡部向上伸出锥状叶。甲状腺侧叶位于喉下部与气管上部的侧面，上达甲状软骨中部，下至第6气管软骨环；峡部横跨第2～4气管软骨环的前方。甲状腺侧叶与甲状软骨、环状软骨之间有韧带相连，故在吞咽时甲状腺随喉上下移动。甲状腺的前面仅有少数肌肉和筋膜覆盖，故稍大时可在体表摸到（图10-6）。

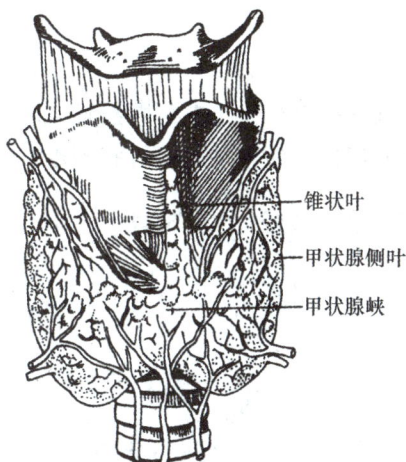

图10-6　甲状腺的位置和形态

二、甲状腺的微细结构和功能

甲状腺表面有结缔组织被膜，伸入腺实质，将甲状腺分成许多小叶。每个小叶内有许多甲状腺滤泡，大小不等，呈圆形或不规则形。滤泡壁由单层立方上皮组成。滤泡腔内充满胶状物。滤泡上皮主要有两种细胞。

1. 滤泡上皮细胞　甲状腺滤泡上皮分泌甲状腺激素，可促进机体的新陈代谢，提高神经的兴奋性，促进生长发育，尤其对婴幼儿的骨骼发育和中枢神经系统的发育影响显著。若缺乏合成甲状腺激素的原料——碘，则导致甲状腺激素分泌不足，在婴幼儿期引起身材矮小、智力低下，导致呆小症；在成人则引起新陈代谢率下降和中枢神经系统兴奋性降低，出现黏液性水肿。甲状腺激素有提高神经系统兴奋性的作用，特别是对交感神经系统的兴奋作用最为明显，甲状腺激素可直接作用于心肌，使心肌收缩力增强、心率加快。因此，甲亢患者常表现为容易激动、失眠、心动过速和多汗。

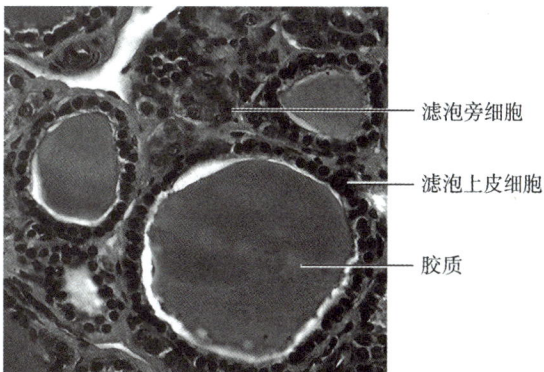

图10-7　甲状腺组织结构（高倍镜）

2. 滤泡旁细胞　位于甲状腺滤泡之间或滤泡上皮细胞之间。细胞体积较大，分泌降钙素，功能是促进骨细胞的活动，并抑制胃肠道和肾小管对钙的吸收，使血钙浓度降低（图10-7）。

第三节 甲状旁腺

一、甲状旁腺的位置和形态

甲状旁腺为棕黄色扁椭圆形小体，位于甲状腺左右叶的后缘内，上下各 1 对，（图 10 - 8）。其有时可埋入甲状腺组织，致使手术时寻找困难。

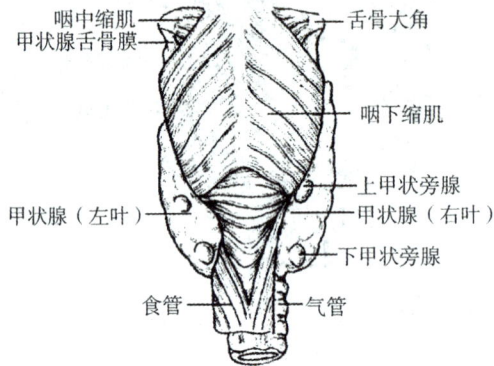

图 10 - 8　甲状旁腺的位置和形态

二、甲状旁腺的微细结构和功能

甲状旁腺的腺细胞排列成索状或团状，其间有丰富的毛细血管和少量的结缔组织。腺细胞有 2 种。

1. 主细胞　数量较多，细胞呈圆形或多边形。主细胞分泌甲状旁腺素，可增强破骨细胞的活动，促使骨质溶解，促进小肠和肾小管对钙的吸收，使血钙升高，与甲状腺分泌的降钙素共同调节血钙的浓度。甲状旁腺分泌不足时，引起血钙下降，出现手足搐搦症；功能亢进时，引起骨质过度吸收，容易骨折。

2. 嗜酸性细胞　数量少，体积大，主要分布于主细胞之间或单个分布，目前其功能尚不明确。

第四节 肾上腺

一、肾上腺的位置和形态

肾上腺是人体重要的内分泌腺，左右各一。左肾上腺近似半月形，右肾上腺呈三角形，它们分别位于左、右肾的内上方，与肾共同被包裹在肾筋膜内（图 10 - 9）。

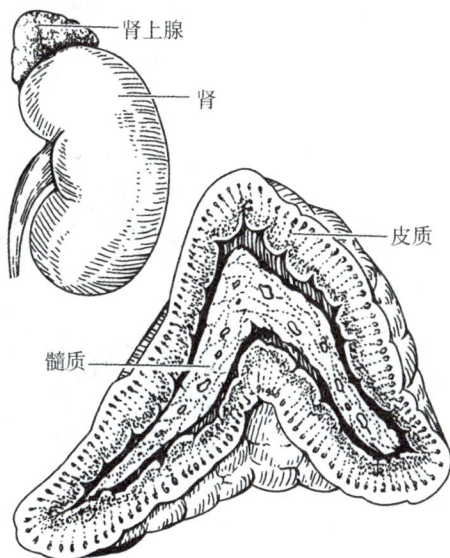

图 10 - 9　肾上腺的位置和形态

二、肾上腺的微细结构和功能

肾上腺表面包有结缔组织被膜，实质分为两部分，外周部分为皮质，中央为髓质。

（一）肾上腺皮质

肾上腺皮质约占肾上腺体积的 80% ~ 90%。依据细胞形态和排列方式，皮质由外向内依次分为球状带、束状带和网状带。

1. 球状带　较薄，位于皮质浅层，腺细胞聚集成许多球团，主要分泌盐皮质激素，如醛固酮，能促进肾远曲小管和集合管重吸收 Na^+ 和排出 K^+，调节水盐平衡。

2. 束状带　最厚，排列成细胞索，主要分泌糖皮质激素如皮质醇，调节糖和蛋白质代谢；对机体不同部位脂肪代谢的作用不同，促进四肢脂肪组织分解，而使腹、面、两肩及背部脂肪合成增加。因此，肾上腺皮质功能亢进或服用过量的糖皮质激素，可出现满月脸、水牛背等"向心性肥胖"体形特征。过量的糖皮质激素促使蛋白质分解，使蛋白质的分解更新不能平衡，分解多于合成，造成肌肉无力。当机体遇到创伤、感染、中毒等有害刺激时，糖皮质激素还具备增强机体的应激能力的作用。肾上腺糖皮质激素由于以上的种种作用和功能，已广泛用于抗炎、抗中毒、抗休克和抗过敏等治疗。

3. 网状带　位于皮质的最内层，腺细胞排列成条索状并交织成网状，主要分泌雄激素和少量的雌激素。雄性激素分泌过量时，可使女性男性化。

（二）肾上腺髓质

肾上腺髓质位于肾上腺中心，主要由排列成索状或团状的髓质细胞组成。若用铬盐处理标本，髓质细胞的细胞质内可见黄褐色的嗜铬颗粒，故称嗜铬细胞。根据细胞的形态，髓质细胞可分为两种。一种是肾上腺素细胞，分泌肾上腺素，肾上腺素能使心率加快、心脏和骨骼肌的血管舒张，临床上可用作"强心药"。另一种是去甲肾上腺素细胞，分泌去甲肾上腺素，去甲肾上腺素能使血管的平滑肌收缩，致血压升高，临床上用作"升压药"（图10-10）。

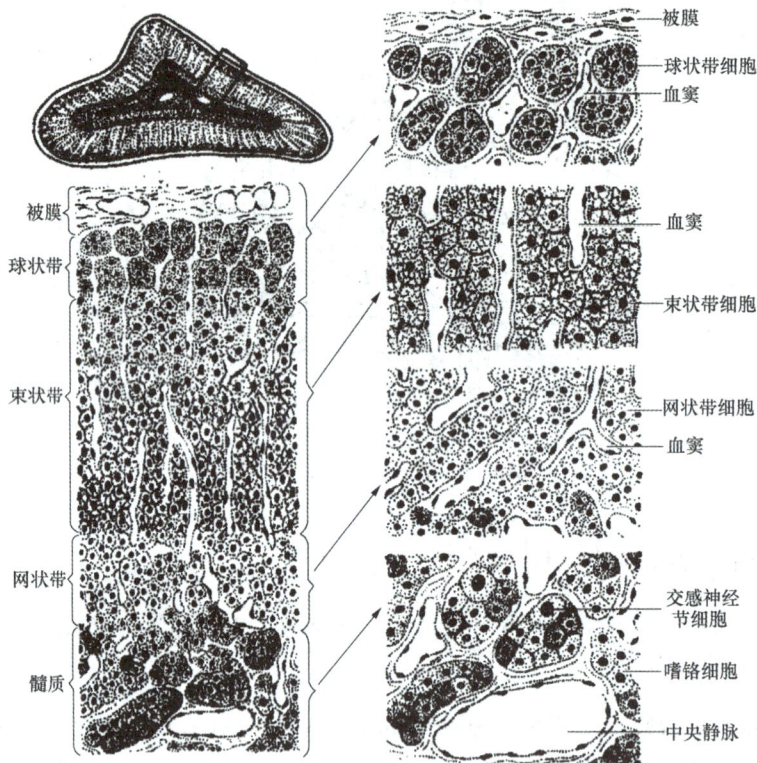

图 10-10　肾上腺的微细结构

目标检测

一、选择题

（一）单项选择题

1. 以下关于内分泌腺的说法中，正确的是（　　）

    A. 与神经系统无关

    B. 包括甲状腺、肾上腺、垂体、甲状旁腺等

    C. 有排泄管

    D. 其分泌物直接输送至靶器官

    E. 作用无特异性

2. 下列不属于内分泌腺的是（　　）

    A. 垂体　　　　　B. 甲状旁腺　　　　　C. 甲状腺

    D. 肾上腺　　　　E. 胰岛

3. 腺垂体分为（　　　）

    A. 前叶和后叶
    B. 前叶、中间部和后叶

    C. 远侧部、结节部和漏斗部
    D. 远侧部、结节部和中间部

    E. 远侧部和中间部

4. 甲状腺峡位于（　　　）

    A. 喉咽的前方
    B. 舌骨的前方

    C. 第 2~4 颈椎前方
    D. 第 2~4 气管软骨环前方

    E. 甲状软骨前方

5. （　　　）分泌的激素不足时，引起血钙下降

    A. 甲状旁腺
    B. 甲状腺
    C. 肾上腺

    D. 松果体
    E. 垂体

6. 缺碘可引起（　　　）肿大

    A. 甲状旁腺
    B. 甲状腺
    C. 肾上腺

    D. 松果体
    E. 垂体

（二）多项选择题

1. 内分泌腺的特点是（　　　）

    A. 腺细胞常排列成索状、团状或围成滤泡

    B. 腺细胞周围有丰富的毛细血管

    C. 腺细胞分泌激素

    D. 腺细胞分泌的激素经排泄管排出

    E. 腺细胞分泌的激素进入血液，作用于靶器官

2. 以下关于垂体的描述中，正确的是（　　　）

    A. 可分为神经垂体和腺垂体两部分
    B. 神经垂体有内分泌功能

    C. 位于垂体窝
    D. 借漏斗连于下丘脑

    E. 神经垂体无分泌细胞

二、思考题

试述肾上腺的形态、位置和功能。

（宋鹏龙）

书网融合……

e 微课

本章小结

自测题

实训指导

实训一　显微镜的构造和使用

【实训目的】

1. 掌握显微镜的使用方法。

2. 认识显微镜的构造。

3. 能在镜下辨认细胞结构。

【实训器材】

1. 普通光学显微镜。

2. 上皮组织切片（单层扁平上皮或复层扁平上皮，HE 染色）。

【实训学时】

2 学时。

【实训步骤】

（一）普通光学显微镜的构造

由机械部分和光学部分组成。

1. 机械部分

（1）镜座　为显微镜的底座，底面与实验台桌面接触，呈马蹄形、圆形或方形。

（2）镜臂　呈弧形，是显微镜的支柱，为手握持部分。镜臂与镜座连接处为倾斜关节，可调节镜臂的倾斜角度，有利于实验者使用显微镜。

（3）载物台　固定在镜臂的前方，为放置切片的平台，中间有一小圆形的通光孔。载物台上面装有切片夹和推进器，切片夹用于固定组织切片，推进器用于前后和左右方向移动切片。

（4）镜筒　是镜臂前上方的空心圆筒，上端装物镜，下端接目镜。

（5）焦距调节螺旋　一般位于镜筒与镜臂之间，通过旋转，可上下移动镜筒，调节其与载物台之间的距离，起到调节焦距的作用。常有两组调节螺旋，即粗调节螺旋和细调节螺旋。粗调节螺旋用于较大幅度的调节，细调节螺旋用于精细调节。通常，向前旋转螺旋，镜筒下降；向后旋转螺旋，镜筒上升。

（6）旋转盘　为安装在镜筒下端的圆盘，其上装有不同放大倍数的物镜，旋转时可将不同的物镜镜头对准镜筒。

2. 光学部分

（1）**目镜**　安装在镜筒上端，镜头上一般标有"5 ×""10 ×"等放大倍数。

（2）**物镜**　安装在镜筒下端，通常有三种。镜头上一般标有"10 ×"（低倍镜）、"40 ×"（高倍镜）、"100 ×"（油镜）等放大倍数。

（3）**聚光器**　位于载物台的下方，有聚集光线、增强视野亮度的作用。在聚光器后方的右侧，有聚光器升降螺旋，可升降聚光器，调节视野亮度。聚光器的底部装有光圈，通过光圈的开大或缩小，可调节光的进入量。

（4）**反光镜**　为装于聚光器下方的小圆镜，有平面镜和凹面镜两面，有反射和聚集光线、增强视野亮度的作用。通常，光线强时用平面镜，光线弱时用凹面镜（实训图1）。

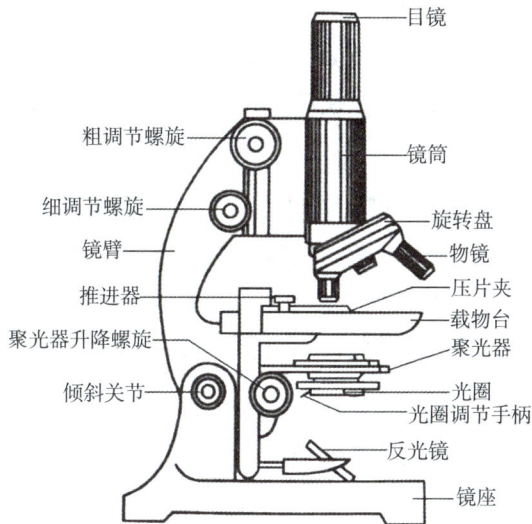

实训图 1　显微镜的结构

（二）显微镜的使用方法

1. 取镜　取镜时，要轻拿轻放，右手握住镜臂，左手托住镜座，放于实验台上并偏左，使镜臂朝向自己，镜座一般距实验台边缘 10cm 左右，便于观察。

2. 对光　①调解旋转盘，使低倍镜转至与镜筒、目镜在一条直线上，此时可听到"咔"的一声，然后通过升高或降低学生座椅，使镜臂倾斜，把显微镜调整到适于观察的角度。②左眼对准目镜并打开光圈，调节聚光器，转动反光镜，使视野的亮度均匀、适宜。③同时，右眼也要睁开，用于观察切片时观察资料或绘图。

3. 低倍镜的使用　①对光完成后，取所观察的组织切片，先用肉眼找到要观察的内容，将正面朝上，放在载物台上，用切片夹固定好切片，用推进器将标本移到小孔中央。②用粗调节螺旋将镜筒下移至距切片 3～5mm 处。③用左眼对准目镜，边观察边转动粗调节螺旋，使镜筒慢慢上升。当视野中有组织出现时，改用细调节螺旋进行调节，直到看清组织为止。

4. 高倍镜的使用 ①先在低倍镜下找到要放大观察的组织，用推进器将其移到视野中央。②移走低倍镜，改换高倍镜观察，同时调节细调节螺旋，直至看清组织。

5. 油镜的使用 ①用高倍镜看清楚结构后，若仍需放大观察，则用推进器将所观察内容移至视野中央。②转动旋转盘，把高倍镜镜头转向一侧，在与载物台圆孔中心相对的切片盖玻片上加一滴镜油（香柏油），改用油镜观察。③油镜观察时，左眼对准目镜观察，在高倍镜观察的基础上，调节细调节螺旋直至看清组织为止。④观察结束后，将镜筒升高，用擦镜纸将油镜镜头上的镜油擦净后，再换一张擦镜纸，蘸少许二甲苯擦拭，最后用干净的擦镜纸再擦一次。切片上残留的香柏油也需用二甲苯将其擦净。

6. 显微镜的存放 显微镜使用结束后，先提升镜筒，取下玻片，转动旋转盘，使物镜呈八字形，并将镜筒下移至最低点，同时将反光镜移至垂直位置。最后，用绸布或擦镜纸将显微镜擦干净，放回显微镜箱。

（三）观察细胞

1. 低倍镜观察 低倍镜下，可见单层或复层扁平上皮细胞，体积较小，排列紧密，细胞质染成浅红色，核圆形，呈蓝色，细胞间界限清楚。

2. 高倍镜观察 高倍镜下，复层扁平上皮细胞的细胞膜不太清楚，核内可见不均匀的染色质块，有的可见核仁，细胞器一般看不到。

【实训报告】

画出单层或复层扁平上皮细胞在低倍镜、高倍镜下的表面观。

实训二　基本组织

【实训目的】

1. 熟悉各类被覆上皮的结构特点及分布。
2. 熟悉疏松结缔组织的结构特征，学会辨认其中的各种细胞和纤维。
3. 熟悉平滑肌纵、横切面的形态结构，并学会正确辨认。
4. 熟悉神经元的一般结构和特点。

【实训器材】

1. 显微镜、显微镜用油、二甲苯、擦镜纸。
2. 小肠切片、食管横切片、疏松结缔组织铺片、血涂片、骨骼肌切片（舌肌切片）、平滑肌切片、心肌切片、神经细胞切片（脊髓横切片）、运动终板铺片。

【实训学时】

2 学时。

【实训步骤】

1. 单层柱状上皮（小肠切片，HE染色）

（1）肉眼　观察小肠黏膜腔面，可见高低不平、染成紫蓝色、有许多突起的是小肠绒毛，染成粉红色的为小肠其余部分。

（2）低倍镜　黏膜内表面有大量指状突起，选择一段完整的纵切面，观察排列整齐、密集的单层柱状上皮，其间夹杂有杯状细胞。

（3）高倍镜　细胞呈高柱形，排列整齐，细胞质呈粉红色，细胞核呈椭圆形，靠近基底部，呈深蓝色的为柱状细胞，柱状细胞游离面有厚薄均一、染成粉红色的纹状缘。在镜下还可见柱状细胞间形似高脚杯状的杯状细胞，核呈三角形或扁圆形位于底部，底部狭窄，上部膨大呈空泡状。

（4）绘图　在高倍镜下绘出单层柱状上皮的游离面、基底面及基膜、细胞质、细胞核、杯状细胞。

2. 复层扁平上皮（食管横切片，HE染色）

（1）肉眼　切片呈环形，靠近管腔面有深染成紫蓝色的部分，就是食管的上皮。

（2）低倍镜　上皮细胞层数很多，排列紧密，胞质粉红色，胞核深蓝色，上皮细胞的基底面有结缔组织呈乳头状突入，两者连接处凹凸不平。

（3）高倍镜　可见浅层细胞扁平形，胞核扁圆形、较小；中间层为多层多边形的细胞，体积大，胞核圆形，细胞界限清晰；基底部一层细胞立方形或低柱状，核椭圆形，染色深，整齐地沿基膜排列。

3. 疏松结缔组织（铺片，HE染色）

（1）肉眼　标本呈淡紫红色，纤维交织成网，选择切片较薄（染色淡的）部位进行观察。

（2）低倍镜　胶原纤维和弹性纤维交织成网，细胞分散其间，胶原纤维粗细不等，呈淡红色；弹性纤维较细直并交织成网状，呈暗红色。

（3）高倍镜　胶原纤维粗大，粉红色；弹性纤维细丝状，有分支。成纤维细胞数量最多，形状不一，有突起，胞质淡红色，胞核椭圆形，紫蓝色；巨噬细胞形状不规则，胞质中有蓝色颗粒，核小而圆，染成深蓝紫色；肥大细胞成群分布于小血管周围，胞质中充满粗大的异染颗粒。

4. 血细胞（血涂片，瑞氏染色）

（1）肉眼　涂片呈薄层粉红色。

（2）低倍镜　大量染成粉红色的，为无核的红细胞；还有紫蓝色核的白细胞。

（3）高倍镜　可进一步看清红细胞呈红色，圆形，偶见有核的白细胞。

（4）油镜　①红细胞染成淡红色，周围部色深，中央部色浅，无细胞核。②移动视野，寻找有核的白细胞。中性粒细胞，体积比红细胞大，胞质淡粉红色，可见紫红色的细小颗粒，胞核紫蓝色，分成2~5叶不等，核叶间有细丝相连；嗜碱性粒细胞，胞质内含有紫蓝色颗粒，颗粒大小不一且分布不均，核呈"S"形或不规则形，染色淡；嗜酸性粒细胞，胞质内含有橘红色颗粒，颗粒大小一致、分布均匀，核紫蓝色，多分成 2 叶；淋巴细胞，较小，胞质少，胞核圆形，往往一侧有凹陷，染成深蓝色；单核细胞，胞质较多，染成浅灰蓝色，细胞核呈肾形或马蹄形，染成蓝色。③血小板呈不规则的紫蓝色小体，成群分布。

（5）绘图　绘出红细胞、中性粒细胞、淋巴细胞、血小板。

5. 骨骼肌（舌肌切片，特殊染色）

（1）肉眼　标本呈蓝色椭圆形。

（2）低倍镜　骨骼肌纤维呈细长圆柱状，有明暗相间的横纹，且与纤维的长轴垂直。胞核扁椭圆形，深蓝色，位于肌膜深面，数量较多。肌纤维间有少量结缔组织。

（3）高倍镜　骨骼肌纤维内有许多纵行线条状结构，即肌原纤维。下降聚光镜，在暗视野下观察肌原纤维及其明带和暗带，以及肌细胞核的形态、位置。

6. 心肌（心壁纵切面，HE 染色）

（1）肉眼　绝大部分红色的部分，为心肌。

（2）低倍镜　心肌纤维呈红色。在纵切面上，可见心肌纤维呈不规则的短圆柱状，有分支并互联成网；在横切面上，可见心肌纤维呈圆形或不规则形，大小不等。在心肌纤维间，有少量的疏松结缔组织和大量的毛细血管。

（3）高倍镜　在横切面上，可见有的部分有核，有的部分无核，核的周边染色较淡，外周部较深；在纵切面上，可见心肌纤维分支互相连接，核卵圆形，1～2 个，位于核中央。心肌纤维也有横纹，相邻心肌纤维分支连接处有染成深红色的闰盘。

7. 平滑肌（小肠横切片，HE 染色）

（1）肉眼　染成紫红色的部分，即为平滑肌。

（2）低倍镜　平滑肌层较厚，肌纤维排成内、外两层。外层为许多大小不等的圆形结构，是其横断面；内层是许多呈梭形的结构，为其纵切面。

（3）高倍镜　平滑肌纤维纵切面呈长梭形，细胞核呈椭圆形，位于核中央；平滑肌纤维的横切面呈圆形，其中央部有圆形的细胞核，胞核的周围为红色的胞质。

8. 多极神经元（脊髓横切片，特殊染色）

（1）肉眼　标本呈椭圆形，中央深染的部分为灰质，周围浅淡的部分为白质。

（2）低倍镜　灰质较宽处为前角，内可见深黄色、多突起的细胞，即多极神经元；小而圆的，是神经胶质细胞的胞核。

（3）高倍镜　多极神经元的胞体不规则，可呈星形、锥体形，可见自胞体发出的突起的根部，细胞核位于中央，大而圆，染色淡。移动视野至淡染色区域，为白质，可见神经纤维束的横切面。

9. 运动终板（铺片，氯化金染色）

（1）肉眼　在铺片上找到要观察的内容，放在低倍镜下观察。

（2）低倍镜　骨骼肌纤维呈淡蓝紫色，横纹清晰，神经纤维呈黑色线状，成束分布，每条神经纤维分支的末端紧贴附于骨骼肌纤维的表面。

（3）高倍镜　神经纤维分支的末端附于骨骼肌表面，膨大成爪状或花朵状，即为运动终板。

【实训报告】

1. 画出血涂片中观察到的血细胞的形态结构图。
2. 描述平滑肌、心肌、骨骼肌的各自分布及区别。

（周洪波）

实训三　躯干骨、颅骨及其连结

【实训目的】

1. 掌握运动系统的组成、骨的构造。
2. 掌握躯干骨的组成和重要骨性标志，椎骨的一般形态及各部椎骨的特征；肋骨的一般形态，胸骨的分部及形态结构。
3. 掌握胸廓的组成。
4. 掌握脊柱的组成、连结和整体观。
5. 掌握脑颅骨和面颅骨的形态结构、位置。
6. 掌握颅底内面颅前窝、颅中窝、颅后窝的主要结构。
7. 结合标本，能在活体上触摸骨性标志。

【实训器材准备】

1. 人体骨架标本、脊柱标本、椎骨连结及椎间盘标本。
2. 椎骨、胸骨和肋骨标本。
3. 整颅及分离颅骨标本。
4. 颅的水平切面标本。
5. 颅的正中矢状切面标本。
6. 颞下颌关节标本。

【实训方法】

1. 多媒体示教。
2. 学生分组，在标本上辨认各器官的形态结构。
3. 教师巡回指导。
4. 抽查。
5. 教师小结。

【实训内容】

（一）骨学总论

1. 理解人体解剖的标准姿势，轴和切面以及各种方位术语。

2. 观察骨的形态（长、短、扁、不规则）和骨的构造（骨外膜、骨内膜、骨密质、骨松质、骨髓腔、骨髓、骺线）。

（二）躯干骨

1. 在骨架上观察躯干骨的组成、数目和位置，以及其参与胸廓、脊柱和骨盆的组成情况。

2. 以胸椎为例，观察椎骨的一般形态，椎体、椎弓、椎管、椎间孔、横突、上关节突、下关节突和棘突；选取寰椎、枢椎、隆椎、胸椎和腰椎标本，观察其主要特点。骶骨：骶骨的岬、骶前孔、骶后孔、骶管、骶管裂孔和耳状面。

3. 在骨架上辨认肋骨与肋软骨，真肋、假肋及浮肋。观察胸骨柄、胸骨体、剑突、胸骨角、颈静脉切迹。

4. 在骨架上观察脊柱的位置和组成。①椎骨的连结：观察椎间盘的位置、外形和纤维环、髓核；前纵韧带、后纵韧带的位置，棘上韧带、棘间韧带和黄韧带的附着部位；关节突关节。②脊柱整体观：从侧面观察四个生理性弯曲的部位和方向。

5. 在人体骨架标本上观察胸廓的组成。取肋的连结标本，查看肋后端与胸椎的连结部位，包括肋头关节和肋横突关节；肋前端与胸骨的连结形式以及肋弓的形成；胸骨下角的构成；胸廓上、下口的组成。

6. 观察脑颅和面颅诸骨位置，颅腔、眶、骨性鼻腔和口腔的构成。

7. 观察各分离颅骨的形态及主要结构：外耳门、乳突、蝶骨体、蝶窦、下颌体、下颌角、冠突、下颌头、髁突、下颌孔、颏孔、舌骨等。

8. 顶面观：观察冠状缝、矢状缝、人字缝。

9. 颅底内面观：观察颅前、中、后窝的主要结构。

10. 颅底外面观：观察牙槽弓、切牙孔、骨腭、鼻后孔、犁骨、下颌窝、关节结节、枕骨大孔、乳突、茎突、茎乳孔。

11. 颅侧面观：观察外耳门、颧弓、颞窝、翼点。

12. 颅前面观：观察眶、骨性鼻腔、骨性鼻中隔、上中下鼻甲、上中下鼻道、蝶筛隐窝、上颌窦、额窦、筛窦、蝶窦。

实训四　四肢骨及其连结

【实训目的】

1. 掌握上肢各骨的分部和排列的位置关系、形态结构；了解手骨的形态及排列关系。

2. 掌握下肢骨的分部及排列的位置关系、形态结构；了解足骨的形态及排列关系。

3. 掌握上下肢的重要骨性标志。

4. 掌握肩关节、肘关节、桡腕关节的组成和结构特点。

5. 掌握骨盆的组成、分部以及男性、女性骨盆的差异。

6. 掌握髋关节、膝关节和距小腿关节的组成和结构特点。

【实训材料】

1. 上、下肢骨骼标本、骨架。

2. 串好的手骨、足骨标本。

3. 肩关节及肩关节纵切标本；肘关节标本和肘关节矢状切面标本；前臂骨及手骨间连结标本。

4. 髋关节及髋关节环切标本；膝关节和膝关节腔断面标本；小腿骨连结及足骨间连结标本。

【实训方法】

1. 多媒体示教。

2. 学生分组，在标本上辨认各器官的形态结构。

3. 教师巡回指导。

4. 抽查。

5. 教师小结。

【实训内容】

（一）上肢骨及其连结

1. 在骨架上，观察上肢骨的分部、位置及排列关系。

2. 锁骨：辨别胸骨端、肩峰端。

3. 肩胛骨：观察肩胛下窝、肩胛冈、冈上窝、冈下窝、肩峰、喙突、肩胛骨的三个角、关节盂。

4. 肱骨：观察肱骨头、外科颈，大、小结节，桡神经沟，内、外上髁，鹰嘴窝、尺神经沟、肱骨滑车、肱骨小头。

5. 桡骨：观察桡骨头、环状关节面、桡骨粗隆、桡骨茎突。

6. 尺骨：观察鹰嘴、滑车切迹、冠突、桡切迹、尺骨茎突。

7. 辨认8块腕骨的形态、位置，掌骨、指骨的形态及其排列。

8. 肩关节的观察：结合肩关节标本，取肩胛骨和肱骨，将肩胛骨关节盂和肱骨的肱骨头相连结，了解该关节的组成，体会其运动形式。

9. 肘关节的观察：结合肘关节标本，取肱骨、尺骨和桡骨标本，将肱骨滑车和肱骨小头分别与尺骨的滑车切迹、桡骨头凹相连结，并将尺骨的桡切迹与桡骨头环状关节面相连结，了解构成肘关节的3个关节的组成。

（二）下肢骨及其连结

1. 观察下肢骨形态、位置及排列关系。

2. 髋骨：观察组成髋骨的髂、坐、耻三骨。观察髋骨的髂嵴、髂结节、髂前上棘、髂前下棘、髋臼、闭孔、髂窝、弓状线、坐骨结节、坐骨大切迹、坐骨小切迹、坐骨棘及耻骨梳、耻骨结节、耻骨联合面。

3. 股骨：观察股骨头、股骨头凹、股骨颈、股骨大转子、股骨小转子、股骨内侧髁、股骨外侧髁、股骨内上髁、股骨外上髁。

4. 胫骨：观察胫骨内、外侧髁，胫骨粗隆、胫骨前缘、内踝。

5. 腓骨：观察腓骨头、外踝。

6. 髌骨：观察底、尖、前面和后面。

7. 观察足骨的形态、位置及排列关系。

8. 观察下肢骨的连结。①观察骶髂关节的组成；辨认骶结节韧带和骶棘韧带；观察坐骨大、小孔的围成；查看耻骨联合的位置。②观察骨盆的组成，大、小骨盆的分界，界线的构成，骨盆下口的围成，耻骨弓的构成；用男性、女性骨盆标本比较其差异：小骨盆上、下口形状，骨盆腔的形状，耻骨下角的大小等。③观察髋关节的组成，关节面的形态，以及关节囊在股骨颈前、后面上的附着部位；髂股韧带的位置；股骨头韧带的附着部位。④观察膝关节的组成；髌韧带的位置和形成；前、后交叉韧带的位置和附着点；内、外侧半月板的位置和形态。⑤观察小腿骨连结的组成，并与前臂骨连结做比较；观察距小腿关节的组成和内、外侧韧带；观察足弓的形态。

实训五　骨骼肌

【实训目的】

1. 熟悉咬肌、颞肌、胸锁乳突肌、斜方肌、背阔肌、竖脊肌、胸大肌的位置。

2. 掌握膈的位置、形态特点、3 个裂孔名称及通过的结构。

3. 熟悉腹前外侧壁各肌的位置及形态；腹直肌鞘和白线的位置及构成；腹股沟管的位置及其内容物。

4. 掌握三角肌、肱二头肌、肱三头肌、臀大肌、缝匠肌、股四头肌的位置。

5. 了解肌的分类、构造及辅助结构；肌分群和诸肌的位置。

【实训材料】

1. 面肌标本和模型。

2. 咀嚼肌标本和模型。

3. 颈肌标本。

4. 躯干肌标本。

5. 膈标本和模型。

6. 腹壁横切面标本和模型。

7. 上肢肌标本。

8. 下肢肌标本。

【实训方法】

1. 多媒体示教。

2. 学生分组，在标本上辨认各器官的形态结构。

3. 教师巡回指导。

4. 抽查。

5. 教师小结。

【实训内容】

1. 观察长肌、短肌、扁肌和轮匝肌的形态，辨认肌腹、肌束、肌腱和腱膜。

2. 观察躯干肌：①斜方肌和背阔肌的起止点，注意背阔肌肌束的方向和止点，理解其作用。在活体上摸认背阔肌的下缘。②竖脊肌：观察它与棘突的位置关系，结合活体，观察竖脊肌形成的纵行隆起。③胸肌：确认胸大肌的起止点，观察肌束的方向，在活体上辨认其轮廓并触摸其下缘。④腹肌：A. 观察腹外斜肌肌束的方向；腱膜与腹直肌鞘的关系；腱膜与腹股沟韧带的关系，腹股沟管浅环的位置及其通过的结构。B. 观察腹内斜肌肌束的方向，腱膜与腹直肌鞘的关系。C. 观察腹横肌肌束的方向，腱膜与腹直肌鞘的关系。D. 观察腹直肌腱划的位置、形态及数目。

3. 观察腹股沟管内、外口的位置、形成和内容物。

4. 观察膈的位置及形态，确认主动脉裂孔、食管裂孔和腔静脉孔的位置及其通过的结构。

5. 在面肌标本上观察咬肌、颞肌的位置。当上、下颌牙紧咬时，在自己头部触摸咬肌和颞肌的轮廓。

6. 观察颈肌：观察胸锁乳突肌起止点并理解其作用，在活体上辨认其轮廓。

7. 观察上肢肌。①肩肌：观察三角肌的位置及起止点，在体表确认其轮廓。②臂肌：观察肱二头肌的形态、位置及起止点，在活体上确认肱二头肌腱、肱三头肌位置及起止点。③手肌：观察鱼际和小鱼际的位置。

8. 观察下肢肌。①髋肌：A. 观察髂腰肌的组成。B. 观察臀大肌的形态、起止点，臀中肌与臀小肌的位置以及与臀大肌的位置关系。C. 观察梨状肌的位置。②股肌：观察缝匠肌和股四头肌的起止点、股四头肌腱以及髌韧带的位置，并在活体上寻认髌韧带。③小腿肌：A. 观察胫骨前肌、趾长伸肌和拇长伸肌的位置。B. 观察腓骨长肌腱、腓骨短肌腱与外踝的位置关系。C. 辨认构成小腿三头肌的腓肠肌和比目鱼肌；查看跟腱的部位。

（孙宏亮）

实训六　消化系统

【实训目的】

1. 掌握消化系统的组成；胸部标志线和腹部分区；胆囊底的体表投影位置、麦氏点的位置；胆汁、胰液的产生及排出通道。

2. 熟悉消化管各段的位置、形态、结构和主要功能；肝脏、胆囊、胰腺的位置、形态、结构、毗邻和主要功能；腹膜的配布，腹膜腔的形成，腹膜与脏器间的关系，腹膜形成的主要结构。

【实训器材准备】

1. 消化系统概观标本、模型或人体构造三维数字仿真图像教学媒体。

2. 腹腔解剖标本和模型。

3. 人体半身标本和模型。

4. 头颈部正中矢状切面标本和模型。

5. 口腔模型，各类牙的标本和模型。

6. 消化管各段离体切开标本和模型。

7. 肝脏、胆囊、胰腺等离体切开标本和模型。

8. 男性、女性盆腔正中矢状切面标本和模型。

9. 腹膜及形成结构标本和模型。

【实训学时】

2 学时。

【实训步骤】

（一）实训内容

1. 观察消化系统的组成。

2. 辨认人体胸部标志线和腹部分区。

3. 观察口腔、咽、食管、胃、小肠（十二指肠、空肠、回肠）、大肠（盲肠、阑尾、结肠、直肠、肛管）的形态结构和连通关系。

4. 观察肝脏、胆囊、胰腺的形态、结构和毗邻。

5. 观察胆囊底的体表投影位置、麦氏点的位置，胆汁、胰液的产生及排泄通道。

6. 观察腹膜的配布以及大网膜、小网膜、肠系膜、韧带、腹膜凹陷。

（二）方法

1. 观察消化系统的组成　在消化系统概观标本和模型以及人体半身模型上，观察消化系统的组成，消化管各段的连通关系，以及上、下消化道的范围和分界。

2. 辨认人体胸部标志线和腹部分区　在消化系统概观标本和模型以及人体半身模

型上，观察人体胸部标志线和腹部分区。

3. 口腔 对照标本、模型和活体，采用互查或对镜自查等方法，观察口腔结构。

（1）口唇及面颊 辨认人中和鼻唇沟，在颊黏膜上寻找腮腺管的开口。

（2）腭 区分硬腭和软腭，辨认腭垂、腭舌弓、腭咽弓等结构，指出腭扁桃体的位置，观察咽峡的构成。

（3）舌 观察舌的形态和分部，指出舌乳头、舌系带、舌下阜和舌下襞。

（4）牙 在活体上观察牙的排列、牙冠及牙龈；对照牙模型或标本，辨认牙的形态、构造和牙周组织。

4. 咽 在头颈部正中矢状切面标本和模型上，辨认咽的位置、形态和分部，观察咽各部的结构，辨认咽与鼻腔、中耳、口腔、喉腔和食管的连通关系。

5. 食管 在离体食管标本和模型上，观察食管的形态、三个狭窄，测量食管的长度；在消化系统概观标本和模型上，观察食管的位置和分部、三个狭窄的位置。

6. 胃 确认胃的位置和毗邻，在胃的离体标本上，观察胃的形态、分部；在胃切开标本上，辨认胃的黏膜、皱襞以及胃小凹和幽门括约肌等结构。

7. 小肠 在腹腔解剖标本上，观察小肠的位置和分部。

（1）十二指肠 观察十二指肠的分部及各分部的位置，确认十二指肠与胰头的关系。在十二指肠切开的解剖标本上，辨认十二指肠大乳头和胆总管的开口。

（2）空肠、回肠 观察小肠系的分布，空、回肠的位置。在空肠和回肠切开的解剖标本上，区分二者的管壁黏膜面和管腔的形态。

8. 大肠 在解剖标本上，观察大肠的位置和分部。

（1）盲肠和阑尾 观察盲肠和阑尾的位置、形态和连通关系，结合标本、模型和活体确认阑尾根部在体表投影的位置。

（2）结肠 观察结肠的位置、形态和连通关系；观察结肠表面的特征性结构，即结肠带、结肠袋和肠脂垂。

（3）直肠和肛管 在盆腔正中矢状切面标本和模型上，观察直肠的位置和弯曲，注意直肠邻近器官的性别差异。在直肠、肛管切开标本和模型上，观察直肠横襞、肛柱、肛瓣、肛窦、齿状线的形态和肛门内、外括约肌的位置。

9. 肝 在消化系统概观标本、模型或腹腔解剖标本上，观察肝的位置。在肝的离体标本上，观察肝的形态、结构和分部，辨认出入肝门的结构；观察胆囊的位置、形态和分部以及输胆管道的组成。对照标本和模型，在活体上确认肝和胆囊底的体表投影。

10. 胰 在腹膜后隙器官标本上，观察胰的位置、形态和分部。在胰的离体标本和模型上，观察胰头与十二指肠的关系；辨认胰管与胆总管，并观察两者的关系。

11. 腹膜 在腹膜标本和模型上，观察壁腹膜、脏腹膜的配布以及腹膜腔的形成；辨认肝镰状韧带、冠状韧带的位置；观察大网膜、小网膜的位置、形态以及网膜孔、网膜囊的位置；辨认各肠系膜的形态和位置。在男性、女性盆腔正中矢状切面标本或模型上，确认直肠膀胱陷凹、膀胱子宫陷凹、直肠子宫陷凹的位置。

【实训报告】

1. 记录消化管各段的名称、形态、结构和主要功能。

2. 记录男性、女性腹膜腔结构的区别，腹膜陷凹。

3. 记录胆囊底的体表投影位置、麦氏点的位置，胆汁、胰液的产生及排出途径。

（王　宇）

实训七　呼吸系统

【实训目的】

1. 掌握气管与主支气管的位置、形态特征。

2. 掌握肺及胸膜下界的体表投影。

3. 熟悉呼吸系统的组成。

4. 熟悉胸膜的分布、胸膜腔的概念、肋膈隐窝的位置。

5. 了解纵隔的境界和内容。

6. 能辨认气管和肺的微细结构。

【实训器材准备】

1. 呼吸系统概观标本、模型。

2. 头颈部正中矢状切面标本、模型。

3. 鼻窦标本、模型。

4. 离体喉标本、模型。

5. 气管与主支气管标本、模型。

6. 左肺和右肺标本、模型。

7. 胸腔标本、模型。

8. 纵隔标本、模型。

9. 气管横切片。

10. 肺切片。

【实训学时】

2 学时。

【实训步骤】

在呼吸系统概观标本上，观察呼吸系统的组成，注意各器官之间的连通关系。

1. 鼻　在活体上观察外鼻的外形。在头颈部正中矢状切面标本上，观察鼻腔的位置、形态及结构，指出鼻腔、鼻甲、鼻道、鼻中隔。利用鼻旁窦标本，观察各鼻旁窦的位置和开口部位。

2. 喉　在活体上，观察喉的位置及吞咽时喉的运动。在离体标本上，观察各喉软骨的结构，从喉口至喉腔，观察前庭襞、声襞的位置和形态；比较前庭裂和声门裂的大小。在活体上，摸辨甲状软骨、喉结、环状软骨前部。

3. 气管与主支气管　在气管与主支气管标本上，观察气管后壁形态，比较左、右主支气管的差异。

4. 肺　取左、右肺标本，左右对比，观察肺的形态、裂隙及其分叶。在胸腔解剖标本上，观察肺尖、肺前缘的形态及毗邻关系。

5. 胸膜与纵隔　取胸腔解剖标本，观察胸膜的分部和各部的转折关系，指出肋膈隐窝。取纵隔标本，指出纵隔的境界和内容。辨认肺及胸膜下界的体表投影，在自己胸部指出各个部位的投影点。

6. 气管横切片（HE 染色）

（1）肉眼观察　标本呈环形，管壁内浅蓝色的部分为气管软骨。

（2）低倍镜观察　靠近管腔呈淡紫红色的区域为黏膜层，黏膜层与软骨之间淡红色的区域为黏膜下层，软骨及外周的结构为外膜。

（3）高倍镜观察　①黏膜层：上皮为假复层纤毛柱状上皮，染成淡紫红色，纤毛清晰，上皮内夹有杯状细胞；靠近上皮外周，染成粉红色的为固有层。②黏膜下层：为疏松结缔组织，内有许多腺体和血管的切面。次层与固有层无明显分界。③外膜：由透明软骨和结缔组织构成，软骨缺口处可见平滑肌束和结缔组织。

7. 肺切片（HE 染色）

（1）肉眼观察　结构疏松，呈蜂窝状，其中较大的腔隙为血管和支气管的断面。

（2）低倍镜观察　肺实质中可见许多染色较深、大小不等、形态不规则的泡状结构，为肺泡的断面。肺泡之间的结缔组织为肺泡隔。在肺泡间，可见一些细小的支气管断面。细支气管管腔小，管壁已无软骨；呼吸性细支气管管壁不完整，与肺泡和肺泡管相连。

（3）高倍镜观察　细支气管管壁无软骨，上皮为单层柱状上皮，上皮外周可见一薄层环行平滑肌。呼吸性细支气管管壁不完整，管腔与肺泡管相通，上皮为单层立方状，上皮外周有少量结缔组织和平滑肌。肺泡管连通由许多肺泡构成的肺泡囊；肺泡壁极薄，上皮细胞不明显；肺泡隔中，可见许多毛细血管断面以及少许形态不规则的巨噬细胞或尘细胞。

【实训报告】

1. 描绘消化系统中主要器官的形态、位置、结构。

2. 列表总结呼吸系统器官的结构特点。

3. 分别记录并简述呼吸系统中的各体表标志的位置及意义。

4. 课下手绘呼吸系统的全貌图，在呼吸系统的全貌图中填上呼吸系统的各组成名称。

（蒋小妹）

实训八　泌尿系统主要器官的位置形态和肾的微细结构

【实训目的】

1. 熟练掌握泌尿系统的组成及位置，肾的形态结构特点。
2. 学会在显微镜下辨认肾的微细结构。

【实训器材准备】

1. 男性、女性泌尿生殖系统概观标本和模型。
2. 离体肾、离体膀胱的剖面结构标本和模型。
3. 腹膜后间隙器官标本和模型。
4. 男性、女性骨盆腔正中矢状切面标本和模型，通过肾中部的腹后壁横切标本和模型。
5. 肾切片（HE 染色）。

【实训学时】

2 学时。

【实训步骤】

（一）实训内容

1. 肾的形态和位置。
2. 肾的剖面结构。
3. 肾的被膜。
4. 肾的微细结构。
5. 输尿管道：输尿管、膀胱、女性尿道。

（二）方法

1. 取男性、女性泌尿生殖系统概观标本和模型，观察泌尿系统的组成、位置及各器官的连续关系。

2. 在离体肾和腹膜后间隙器官的标本和模型上，观察肾的位置和形态以及肾门、肾区的位置。用肾的剖面标本和模型，分辨肾皮质和肾髓质的构造和特点。观察肾窦及内容物，注意肾盂与肾大盏和肾小盏的连属关系。

3. 输尿管：取泌尿生殖系统概观标本，结合腹膜后间隙的器官标本，寻认输尿管，并追踪、观察其走行，注意辨认三个狭窄部位。

4. 膀胱：取膀胱离体标本和模型，结合男性、女性盆腔正中矢状切面标本，观察膀胱的形态、位置和毗邻。取切开膀胱壁的标本，寻认输尿管的开口和尿道内口，观察各口的形态和膀胱三角的黏膜特点。

5. 女性尿道：取女性盆腔正中矢状切面标本和模型，观察女性尿道的走行、毗邻、形态特点和尿道外口的位置。

6. 肾切片：①肉眼观察：表层染色较深的部分是皮质，深层染色较浅的部分是髓质。②低倍镜观察：皮质内红色圆形结构是肾小体断面，其周围密集的管腔是近端小管曲部和远端小管曲部。深面无肾小体的部分是髓质，其内的各种管腔是近端小管直部、细段、远端小管直部和集合管的断面。③高倍镜观察：A. 肾小体：毛细血管球染成红色；肾小囊脏层与壁层间的透明腔为肾小囊腔。B. 近端小管曲部：上皮细胞为锥体形，相邻细胞间的界限不清晰，游离面有红色刷状缘。C. 远端小管曲部：上皮细胞为立方形，细胞界限清晰。D. 集合管：上皮细胞可呈立方形或低柱状，界限清楚。

7. 示教致密斑、球旁细胞。

【实训报告】

1. 记录泌尿系统的组成。

2. 记录肾的剖面结构和肾的微细结构。

3. 记录女性容易发生尿路感染的解剖学基础。

（王晓君）

实训九　生殖系统

【实训目的】

1. 熟练掌握男性、女性生殖系统的组成。

2. 熟练掌握睾丸的位置、结构和功能。

3. 熟练掌握男性尿道的分部、狭窄和弯曲部位。

4. 熟练掌握卵巢的形态、位置和结构。

5. 熟练掌握输卵管的位置、分部和形态特点。

6. 熟练掌握子宫的形态、分部、位置、结构及固定装置。

7. 了解前列腺、精囊和尿道球腺的位置和形态。

8. 了解输精管的走行，射精管的走行及开口部位。

9. 了解阴囊的位置和层次，阴茎的组成和分部。

10. 了解乳房的位置、形态和结构。

11. 了解会阴的概念及分区。

【实训器材准备】

1. 男性、女性生殖系统概况标本和模型。

2. 男性、女性生殖器离体和解剖标本和模型。

3. 男性、女性盆腔正中矢状切面标本和模型。

4. 睾丸、附睾标本及睾丸剖开标本。

5. 阴囊层次和阴茎结构（横切和整体）标本。

6. 显示子宫内腔及输卵管子宫部内腔的标本和模型。

7. 乳房解剖标本和模型。

8. 男性、女性会阴部解剖标本和模型。

9. 男性、女性盆腔正中矢状切面标本和模型。

10. 睾丸、卵巢和子宫壁组织切片（HE 染色）。

【实训内容和方法】

（一）男性生殖器

1. 睾丸和附睾　取男性生殖器标本，观察睾丸和附睾的位置、形态，辨认附睾的头、体、尾三部分，附睾尾移行为输精管。

2. 输精管、射精管和精索　观察输精管的走行和分部。取男性生殖器解剖和离体标本，辨认精索部的位置，由于此段位置表浅，容易触及，是输精管结扎的常用部位。输精管的末端与精囊的排泄管汇合形成射精管，并穿入前列腺，开口于尿道的前列腺部。注意观察精索的形态、位置和内容（输精管、睾丸动脉、蔓状静脉丛等）。

3. 前列腺、精囊和尿道球腺　取男性骨盆正中矢状切面和男性生殖器离体标本，观察前列腺的位置、形态和毗邻以及精囊、尿道球腺的位置和形态，注意观察输精管壶腹、精囊及前列腺与直肠前壁的位置关系。

4. 阴囊和阴茎

（1）阴囊　观察阴囊的位置、形态、结构层次，查看阴囊的内容物。

（2）阴茎　取阴茎横切和解剖标本，观察阴茎的形态、分部及构造。注意观察阴茎包皮的特点及包皮系带。

5. 男性尿道　取男性盆腔正中矢状切面标本，观察男性尿道的分部、狭窄和弯曲。根据尿道穿过的结构，辨认尿道的分部，并注意观察尿道内口、尿道膜部和尿道外口的三处狭窄。

（二）女性生殖器

1. 内生殖器　取女性盆腔解剖标本、女性盆腔正中矢状切面标本及内生殖器离体标本。

（1）观察卵巢在盆腔内的位置、形态。

（2）观察输卵管的位置、形态和分部（子宫部、峡、壶腹、漏斗），识别输卵管的标志（输卵管伞）。

（3）观察子宫的形态、内腔、位置及固定装置。①观察子宫底、体、颈三部分，并确认峡部的位置；观察子宫腔和子宫颈管的形态及其连通关系。②寻找子宫阔韧带、子宫圆韧带、子宫主韧带、骶子宫韧带。③正确理解子宫的前倾前屈位，注意子宫与膀胱、直肠的毗邻关系。

（4）阴道：重点观察阴道的形态、位置、开口及阴道穹，尤其注意后弯与直肠子宫陷凹的关系。

2. 外生殖器 观察阴阜、大阴唇、小阴唇、阴道前庭、阴蒂、前庭球和前庭大腺，注意尿道外口和阴道口的位置关系。

3. 乳房 取乳房标本和模型，观察女性乳房的位置、形态和构造，注意乳房悬韧带和输乳管的排列走向。

4. 会阴 取会阴部标本，观察广义和狭义会阴的范围。确认以两侧坐骨结节连线为界，将会阴分为前方的尿生殖区和后方的肛区，尿生殖区内男性有尿道通过，女性有尿道和阴道通过，肛区内男性、女性均有肛管通过。

（三）生殖系统的微细结构

睾丸切片

1. 肉眼观察 周边为白膜，中央为睾丸实质。

2. 低倍镜观察 可见睾丸实质内的精曲小管和其间的睾丸间质。

3. 高倍镜观察 精曲小管管壁厚、管腔小，在靠近基膜处有许多体积小、核圆且染色较深的精原细胞，在管腔侧可见被染成蓝色、蝌蚪形的精子。

卵巢切片

1. 低倍镜观察 外周为卵巢皮质，中央为卵巢髓质。

2. 高倍镜观察 卵巢皮质内可见许多不同发育阶段的卵泡，是主要观察的对象。

（1）原始卵泡 在卵巢皮质浅层。卵泡中间有一个大而圆的卵母细胞，胞核大而圆，呈空泡状，核仁明显，胞质嗜酸性，着色浅，其周围有一层扁平的卵泡细胞围绕。

（2）生长卵泡 不同发育阶段的生长卵泡，其大小、形态和结构也不完全相同。其特征有：卵母细胞体积较大，周围有嗜酸性透明带；卵泡细胞体积也较大，形态呈立方形，单层或多层，多层卵泡细胞之间有大小不等的卵泡腔，紧靠透明带的一层柱状卵泡细胞呈放射状排列，即放射冠。随着生长卵泡的增大，卵泡细胞周围的结缔组织逐渐形成一层膜，即卵泡膜。

（3）成熟卵泡 是卵泡发育的最后阶段，其形态与晚期的生长卵泡相似，体积更大，突向卵巢的表面。

子宫壁切片（增生期，HE 染色）

1. 肉眼观察 子宫壁很厚，染成紫蓝色的薄层部分为子宫内膜，染成红色的部分主要是肌层。

2. 低倍镜观察 内膜的浅层为单层柱状上皮，染成淡紫色。上皮深面为固有层，可见较多的子宫腺，被切成不同形状的纵断面或横断面。固有膜内还可找到小动脉，常聚集存在，为螺旋动脉。子宫的肌层很厚，为平滑肌，肌的层次不明显，血管较多。

（李广鹏）

实训十　心的位置、外形、传导系统和血管

【实训目的】

1. 掌握心的位置、外形，心脏各腔的形态结构及其相互关系。

2. 熟悉心的体表投影和冠状动脉的起始、走行及其分支分布。

3. 了解心壁的构造、心的传导系统和心包。

【实训器材准备】

1. 胸腔解剖标本（切开心包）。

2. 离体心脏标本（模型）。

3. 切开心房的离体心标本。

4. 切开心室的离体心标本。

5. 示纤维环的离体心标本。

6. 示心脏传导系统模型。

7. 显露心血管标本（模型）。

【实训学时】

2 学时。

【实训步骤】

（一）实训内容

1. 心的位置。

2. 心的外形。

3. 心腔内部结构。

4. 纤维环。

5. 心传导系统。

6. 心的血管。

（二）方法

1. 在切开心包的胸腔标本上，观察心和心包的位置，查看其与肺、胸骨、胸膜和肋的毗邻关系，辨认纤维心包和浆膜心包，观察心包腔的构成。在离体心脏标本上，观察心的外形、大小，心尖，心底，心左、右缘和胸肋面、膈面，冠状沟及前、后室间沟。

2. 在心脏各腔标本和模型上分别观察。①右心房：右心耳及其内面的梳状肌，辨认上腔静脉口、下腔静脉口、冠状窦口，在房间隔的下部确认卵圆窝。②右心室：在右房室口处，观察三尖瓣的形态以及三尖瓣与腱索和乳头肌之间的连接关系。寻找肺动脉口，观察肺动脉瓣的形态和开口方向。③左心房：肺静脉口、左房室口。④左心

室：左房室口、二尖瓣、乳头肌、主动脉口、主动脉瓣。

3. 在切开心房和心室的离体心标本和模型上，辨认心内膜、心肌膜和心外膜。比较心房壁与心室壁，以及左右心室壁的厚度。

4. 心脏传导系统示教：窦房结、房室结、房室束以及左、右束支等。

5. 心脏的血管示教：左、右冠状动脉的起始、走向、主要分支；冠状窦的形态、位置，接受属支，注入部位。

【实训报告】

1. 记录血液在心腔内流动的路径及各瓣膜的活动状况。

2. 记录心脏传导系统的组成及位置。

3. 记录各心腔结构，并在活体上确定心的体表投影及心尖位置。

实训十一　体循环血管和淋巴系统

【实训目的】

1. 掌握体循环主要动脉的起始、走行、分支和分布；肝门静脉的走行、主要属支及收集范围，肝门静脉系与上、下腔静脉系的吻合部位；胸导管、右淋巴导管的起始、走行、注入部位和收集范围；下颌下淋巴结、腋淋巴结、左锁骨上淋巴结、腹股沟浅淋巴结的位置和收集范围。

2. 熟悉全身主要的浅动脉搏动部位和止血点；颈内静脉、颈外静脉、奇静脉及上、下肢浅静脉的走行、注入部位；上、下腔静脉系的组成，上、下腔静脉的位置、走行、重要属支的名称及其收集范围。

3. 了解淋巴结的形态；脾、胸腺的形态和位置。

【实训器材准备】

1. 全身层次解剖标本，一侧示浅静脉、淋巴结，另一侧示深静脉及动脉。

2. 头颈、躯干、上肢、腹部、盆部、下肢的动脉、静脉标本。

3. 腹腔脏器的血管标本。

4. 肝、脾的离体标本。

5. 肝门静脉系与上、下腔静脉系的吻合（模型）。

6. 全身浅淋巴结、淋巴管标本和模型。

7. 胸导管、右淋巴导管解剖标本和小儿胸腺解剖标本。

【实训学时】

2 学时。

【实训步骤】

（一）实训内容

1. 体循环主要动脉走行和主要分支。

2. 面动脉、颞浅动脉、肱动脉、桡动脉、股动脉和足背动脉的搏动部位、压迫止血点，测量血压时肱动脉的听诊部位。

3. 上、下腔静脉主要属支；面静脉位置、走行，并指出危险三角的范围；上、下肢浅静脉名称、位置、走行和注入部位。

4. 肝门静脉的属支及其与上、下腔静脉的吻合。

5. 淋巴导管位置、走行和注入部位，全身浅淋巴结部位、收集范围。

6. 脾、胸腺的位置和形态。

（二）方法

1. 在活体上，找到面动脉、颞浅动脉、肱动脉、桡动脉、股动脉和足背动脉的搏动部位，确定它们的压迫止血点和测量血压时肱动脉的听诊部位。

2. 在头颈、躯干、上肢、腹部、盆部、下肢的动脉标本上，辨认主动脉、颈总动脉、锁骨下动脉、腹主动脉、髂总动脉的走行和主要分支。在腹腔脏器血管标本上，观察腹腔干及肠系膜上、下动脉的起始和主要分支，辨认肾动脉、肾上腺中动脉和睾丸动脉。

3. 利用全身浅层解剖标本，从头部逐步向下肢观察全身的浅静脉及淋巴结。观察面静脉，并指出危险三角的范围。观察颈外静脉。辨认上、下肢主要的浅静脉，并描述它们的名称、位置、走行和注入部位。

4. 利用腹腔解剖标本，观察肝、脾的位置。再利用肝、脾的离体标本，观察肝门、肝门静脉、肝固有动脉，脾的形态、脾门、脾切迹。

5. 利用肝门静脉与上、下腔静脉的吻合模型，观察食管静脉丛、直肠静脉丛、脐周静脉网的部位及与上、下腔静脉系的吻合。

6. 利用淋巴结标本及放大模型，观察淋巴结的形态，仔细辨认输入淋巴管和输出淋巴管。

7. 利用胸腹腔后壁的解剖标本观察：在第 1 腰椎前方辨认乳糜池（胸导管起始处）及汇入其中的左、右腰干和肠干；观察胸导管的走行和注入部位（左静脉角）；在胸导管注入静脉角处，辨认左颈干、左支气管纵隔干及左锁骨下干。

8. 在小儿胸腺标本上，观察胸腺的位置和形态。

【实训报告】

1. 设计图表表示：①大循环动脉的主要分支；②上、下腔静脉的主要属支。

2. 记录主要动脉的体表投影及压迫止血点的具体部位。

3. 记录在体表辨认的以下浅静脉：颈外静脉、头静脉、贵要静脉、肘正中静脉、大隐静脉及小隐静脉。

4. 描述肝门静脉的主要属支及其与上、下腔静脉系的吻合部位。

（刘　斌）

实训十二　感觉器

【实训目的】

1. 掌握眼球和眼副器的构成以及各构成部分的形态、位置和结构。

2. 熟悉耳的构成及各构成部分的形态、位置和结构。

【实训器材准备】

1. 标本　牛眼球标本，人眼球切面标本，内耳标本，眼球外肌标本，泪器标本，听小骨标本，切开的颞骨标本。

2. 模型　眼球模型，耳放大模型，骨迷路模型，膜迷路模型。

【实训学时】

2 学时。

【实训步骤】

（一）实训内容

1. 眼球的内部结构。

2. 眼副器的构成。

3. 耳的结构。

（二）方法

1. 眼球　观察角膜、虹膜、瞳孔、睫状体、晶状体、玻璃体、视网膜及其血管、视神经盘、黄斑、视神经、虹膜角膜角等。

2. 眼副器　观察上睑、下睑、上直肌、下直肌、上斜肌、下斜肌、内直肌、外直肌、泪腺、泪道（泪点、泪小管、泪囊、鼻泪管）等。

3. 耳

（1）外耳　观察耳廓、外耳道、鼓膜。

（2）中耳　观察鼓室、咽鼓管、乳突窦、乳突小房、听小骨（锤骨、镫骨、砧骨）。

（3）内耳　观察骨迷路（骨半规管、骨壶腹、前庭、前庭窗、蜗窗、耳蜗）和膜迷路（膜半规管、椭圆囊、球囊、蜗管）。

【实训报告】

1. 记录视器的结构及组成。

2. 记录前庭蜗器的结构及组成。

（叶大庆）

实训十三　中枢神经系统

【实训目的】

1. 掌握脊髓的位置和外形；脑的组成；脑干的组成、外形，与脑神经的连接关系；脑脊液的循环。

2. 熟悉间脑的位置和分部；小脑的位置和分部；大脑半球的外形、内部结构。

3. 了解脑和脊髓被膜的配布及其血液的供应。

【实训器材准备】

1. 离体脊髓标本。

2. 切除椎管后壁的脊髓标本。

3. 脊髓横切面标本和模型。

4. 整脑和脑正中矢状切面标本。

5. 脑干和间脑标本和模型。

6. 小脑和大脑半球标本。

7. 基底核模型。

8. 脑室标本和模型。

9. 硬脑膜标本。

10. 脑和脊髓的血管色素灌注标本。

【实训学时】

2 学时。

【实训步骤】

（一）实训内容

1. 脊髓的位置与外形，脊神经根与脊神经，白质中各主要传导束的位置。

2. 脑的分部，脑干的组成、外形，与脑神经的连接关系；内侧丘系交叉、内侧丘系的组成，锥体束的走行和锥体交叉的组成。

3. 小脑的位置、外形和内部结构；第四脑室的位置及连通关系。

4. 背侧丘脑的位置、形态，内、外侧膝状体的位置；下丘脑的组成和位置；第三脑室的位置和连通关系。

5. 大脑的分叶、主要沟回，基底神经核、内囊的位置。

6. 硬膜外隙的位置及内容，各硬脑膜的位置及连通关系；蛛网膜的位置和特点；蛛网膜下隙的位置和内容；蛛网膜粒的位置；软膜的位置、分布和结构特点。

7. 脊前、后动脉的走行和分布；大脑前、中、后动脉的走行及分布范围，大脑中动脉中央支的走行和分布；基底动脉的分支和分布；大脑动脉环的位置和组成。

（二）方法

1. 脊髓：取离体脊髓标本和切除椎管后壁的脊髓标本，观察脊髓的位置与外形，用镊子向两侧拉开脊髓表面的被膜，观察：脊髓的上下界，脊神经根的走向，马尾；颈膨大和腰骶膨大。辨认脊髓表面纵行排列的纵沟。

2. 脑：观察如下。

（1）取整脑和脑正中矢状切面标本，观察脑干、间脑、小脑和端脑之间的关系。

（2）取脑干标本和模型进行观察。

①脑干腹侧面：自下而上依次观察。A. 前正中裂、前外侧沟、舌下神经；锥体和锥体交叉。B. 辨认延髓脑桥沟和基底沟；在延髓脑桥沟内，由内向外辨认展神经、面神经、前庭窝神经；辨认脑桥变细处的三叉神经根。C. 大脑脚和脚间窝，动眼神经。

②脑干背侧面：A. 后正中沟和后外侧沟；舌咽神经、迷走神经和副神经根；在后正中沟两侧，观察薄束结节和楔束结节。B. 在延髓和脑桥背面，观察菱形窝。C. 分辨上丘和下丘，下丘的下方有滑车神经出脑。

3. 在离体小脑标本上，观察小脑蚓、小脑半球及小脑扁桃体。辨认小脑皮质、髓体以及齿状核的形态和位置。

4. 在脑正中矢状切面标本上，观察第四脑室位置、形态及其连通关系。

5. 取间脑、脑干标本和模型，观察背侧丘脑、第三脑室及连通关系；内、外侧膝状体。观察视交叉、漏斗、垂体。

6. ①在整脑标本上，观察大脑纵裂及胼胝体，大脑和小脑间的大脑横裂。分辨上外侧面、内侧面和下面，依次观察叶间沟、五叶、重要的沟回。②在大脑水平切面标本上，自浅入深观察大脑的内部结构。比较大脑皮质的厚度差别。③在基底核或透明脑干模型上，观察尾状核、豆状核、杏仁核。④在脑的正中矢状切面标本上，观察胼胝体位置和形态。⑤在脑水平切面标本上，辨认内囊形态和分部。

7. 取脑室标本和模型，观察脑室及脉络丛的形态。

8. 取切除椎管后壁的脊髓标本，逐层观察脊髓的被膜以及硬膜外隙和蛛网膜下隙的位置。利用脑膜标本及头部正中矢状切面标本，观察脑的被膜：①大脑镰；②小脑幕及小脑幕切迹；③硬脑膜窦；④蛛网膜：蛛网膜下隙，切开上矢状窦观察蛛网膜粒。

9. 取脊髓的血管色素灌注标本，辨认脊髓前、后动脉。利用脑血管色素灌注标本进行观察：大脑前、中、后动脉，大脑中动脉的中央支动脉；椎动脉；大脑动脉环。

10. 利用脑室标本和模型及脑正中矢状切面标本，观察各脑室的大小，理解脑脊液循环的途径。

【实训报告】

1. 绘图：脊髓（水平切）。

2. 绘图：脑干（腹面观）。

3. 讨论：腰椎穿刺时，进针依次经过哪些结构？

实训十四　周围神经系统

【实训目的】

1. 熟悉脊神经的数目、组成和分布。

2. 熟悉颈丛、臂丛、腰丛和骶丛的组成、位置及分支的分布。

3. 了解胸神经前支的走行和分布。

4. 熟悉各对脑神经走行及其重要分支的走行和分布。

5. 熟悉交感神经、副交感神经中枢的位置；内脏神经节的位置；了解交感神经、副交感神经节后纤维的分布概况。

【实训器材准备】

1. 切除椎管后壁的脊髓标本和模型。

2. 颈丛皮支及膈神经的标本和模型。

3. 上肢血管、神经标本和模型。

4. 胸神经标本和模型。

5. 腹后壁及下肢的血管和神经标本。

6. 脑标本。

7. 眶内结构标本。

8. 三叉神经标本和模型。

9. 面神经的标本和模型。

10. 颈部深层血管、神经标本。

11. 迷走神经标本和模型。

12. 保留脊神经和内脏大、小神经的部分胸腹腔标本。

【实训学时】

2 学时。

【实训步骤】

（一）实训内容

1. 脊神经的数目、组成和分布概况。

2. 颈丛、臂丛、腰丛、骶丛的位置、主要分支及分布。

3. 胸神经前支在胸壁、腹壁的走行和分布。

4. 脑神经的名称和连脑的部位。

5. 动眼神经、三叉神经、面神经、舌咽神经、迷走神经的主要分支及分布；视神经、滑车神经、展神经、副神经、舌下神经的分布。

6. 嗅神经、前庭蜗神经的连脑部位、走行和功能。

7. 交感神经、副交感神经中枢的位置；内脏神经节的位置；交感神经、副交感神经节后纤维的分布概况。

（二）方法

1. 在切除椎管后壁的脊髓标本和模型上，观察脊神经的组成、脊神经根出入椎管的部位、分支及神经丛的组成。

2. 在头颈部的标本上，在胸锁乳突肌后缘中点寻找颈丛皮支，观察膈神经的走行和分布。

3. 在头颈及上肢标本和模型上，观察臂丛的组成、位置及主要分支；确认肌皮神经、尺神经、正中神经、桡神经和腋神经的分布范围，分析不同神经损伤的临床表现。

4. 结合胸神经标本和模型，观察肋间神经和肋下神经的走行和分布范围。

5. 取腹后壁及下肢的血管和神经标本和模型，观察腰丛、骶丛的组成、位置和主要分支。腰丛的主要分支有髂腹下神经、髂腹股沟神经、闭孔神经和股神经；骶丛的主要分支有臀上神经、臀下神经、阴部神经和坐骨神经；确认股神经、坐骨神经的走行、分支和分布，分析其损伤后的临床表现。

6. 结合脑标本和去除脑、保留脑神经根的颅底标本，观察脑神经的连脑部位和出入颅的部位。

7. 在眶内结构标本和模型上，辨认动眼神经、滑车神经、展神经、视神经、上颌神经的走行和分布。

8. 观察三叉神经标本和模型，辨认三叉神经节的位置以及三叉神经的分支、走行和分布。

9. 取面神经标本和模型，观察面神经的走行、分支及分布。

10. 在颈部深层的血管、神经标本以及迷走神经标本和模型上，观察舌咽神经、副神经、迷走神经、舌下神经的走行、分支及分布。

11. 在内脏神经标本和模型上，观察交感神经、副交感神经低级中枢的位置；内脏神经节的位置；交感干的位置及组成；交感神经、副交感神经节后纤维的分布概况。

【实训报告】

绘图：1. 正中神经、尺神经、桡神经的走行及损伤后的手形特征。

2. 坐骨神经本干及分支的走行，胫神经和腓总神经损伤后的足形特征。

实训十五　神经系统的传导通路

【实训目的】

1. 了解躯干、四肢深感觉传导通路的三级神经元、纤维束、中枢部位。

2. 了解躯干、四肢浅感觉传导通路的三级神经元、纤维束、中枢部位。

3. 了解头面部浅感觉传导通路的三级神经元、纤维束、中枢部位。

4. 了解视觉传导通路的三级神经元、纤维束、中枢部位。

5. 了解锥体系的组成。

【实训器材准备】

1. 脑干神经核模型。

2. 电动传导通路模型或用铁丝传导通路模型。

【实训步骤】

(一) 实训内容

1. 躯干、四肢的深感觉传导通路。

2. 躯干、四肢的浅感觉传导通路。

3. 头面部的浅感觉传导通路。

4. 视觉传导通路。

5. 锥体系的组成。

(二) 方法

1. 利用铁丝传导通路模型,观察躯体与四肢深、浅感觉传导通路的三级神经元的部位、交叉的部位和通过内囊的部位以及传导途径。

2. 利用铁丝传导通路模型,观察头面浅感觉传导通路的三级神经元的部位及其纤维走行和通过内囊的部位。

3. 利用铁丝传导通路模型,观察视觉传导通路的神经元的部位以及鼻侧纤维交叉的部位。

4. 利用铁丝传导通路模型,观察皮质脊髓束、皮质核束传导通路的二级神经元所在部位以及锥体交叉的部位和通过内囊的部位;再利用脑干神经核模型,观察皮质核束通过内囊的膝部及纤维交叉与终止脑神经运动核的情况。

【实训报告】

绘图:躯干与四肢深、浅感觉传导通路。

(房　霞)

实训十六　内分泌系统

【实训目的】

1. 熟悉垂体、甲状腺、肾上腺的位置和形态。

2. 了解甲状旁腺的位置和形态。

3. 熟悉腺垂体、甲状腺、肾上腺的组织结构特点。

【实训器材准备】

1. 头部正中矢状切面标本。

2. 颈部解剖标本。

3. 喉模型（带甲状腺和甲状旁腺）。

4. 腹膜后间隙器官标本。

5. 光学显微镜，甲状腺切片、肾上腺切片、垂体切片。

【实训学时】

2 学时。

【实训步骤】

（一）实训内容

1. 垂体的位置、形态和组织结构特点。

2. 甲状腺的位置、形态和组织结构特点。

3. 甲状旁腺的位置、形态和组织结构特点。

4. 肾上腺的位置、形态和组织结构特点。

（二）方法

1. 在头部正中矢状切面标本上，观察垂体的位置形态以及垂体与漏斗的关系。

2. 在颈部解剖标本和喉模型上，观察甲状腺的外形、左右叶、峡部。

3. 在喉模型上，在甲状腺侧叶后面寻认 4 个椭圆形小体，即甲状旁腺。

4. 在腹膜后间隙器官标本上，观察左、右肾上腺的位置和形态差别。

5. 在显微镜下，先低倍、后高倍观察甲状腺、肾上腺、垂体的组织结构。

【实训报告】

绘图：1. 甲状腺结构图（高倍镜）。

　　　2. 肾上腺结构图（低倍镜）。

（宋鹏龙）

目标检测参考答案

绪论

一、选择题

（一）单项选择题

1. D 2. A

（二）多项选择题

ABDE

二、思考题

组成人体的系统有运动系统、消化系统、呼吸系统、泌尿系统、生殖系统、脉管系统、神经系统、内分泌系统和感觉器。

第一章

一、选择题：

（一）单项选择题

1. A 2. D 3. B 4. B 5. B 6. A 7. D 8. C 9. B 10. C 11. D 12. C 13. C 14. B 15. A 16. C 17. B 18. D 19. D 20. C 21. C 22. D 23. A 24. D

（二）多项选择题：

1. ABC 2. AD 3. CDE 4. ABC 5. AD 6. AE 7. ACD 8. BCDE

二、思考题

1. 被覆上皮一般分为两类，即单层上皮和复层上皮。单层上皮分为：①单层扁平上皮。A. 内皮：分布在心、血管和淋巴管的腔面。B. 间皮：分布在胸膜、心包膜和腹膜等的表面。C. 其他：分布在肺泡和肾小囊壁层等的腔面。②单层立方上皮：分布在肾小管上皮、甲状腺滤泡上皮等。③单层柱状上皮：分布在胃、肠、子宫等的腔面。④假复层柱状上皮：分布在呼吸管道等的腔面。复层上皮分为：①复层扁平上皮：分布在皮肤、口腔、食管、阴道等的腔面。②变移上皮：分布在肾盏、肾盂、输尿管和膀胱等的腔面。

2. ①细胞。A. 成纤维细胞：能合成基质和纤维，具有较强的再生能力，在人体发育及创伤修复期间，增殖分裂尤为活跃。B. 巨噬细胞：有吞噬清除体内衰老死亡的细胞、肿瘤细胞、异物和参与免疫应答等功能。C. 浆细胞：能合成和分泌免疫球蛋白即抗体，参与体液免疫。D. 肥大细胞：引起过敏反应。E. 脂肪细胞：能合成和贮存脂肪，参与脂类代谢。②细胞间质。A. 纤维。a. 胶原纤维：是结缔组织具有支持作用的物质基础。b. 弹性纤维。c. 网状纤维。B. 基质：可限制病菌的蔓延和毒素的扩散。其中的组织液是组织细胞和血液之间进行物质交换的媒介。

3. 各种血细胞的形态结构和功能如下。

（1）红细胞：成熟的红细胞呈双面微凹的圆盘状，无细胞核及细胞器。细胞质内含有大量淡红色的血红蛋白，有运输氧气及二氧化碳的功能。

（2）白细胞：在血液中呈球形。细胞质内有特殊颗粒的，称有粒白细胞；无特殊颗粒的，称无粒白细胞。①有粒白细胞：根据其所含特殊颗粒的嗜色性，又可分为中性粒细胞、嗜酸性粒细胞和嗜碱性粒细胞。A. 中性粒细胞：细胞核多数分为 2 ~ 5 叶，核叶之间有细丝相连；也有少数细胞的细胞核呈腊肠形，称为杆状核。细胞核分叶少或不分叶的是比较幼稚的细胞；分叶较多的是比较衰老的细胞。细胞质内有染成淡紫红色的颗粒，颗粒较小，分布均匀。颗粒至少可分为两类：一类是特殊颗粒，数量较多，有杀菌的作用；另一类是嗜天青颗粒，数量较少，能消化细胞所吞噬的异物。中性粒细胞具有变形运动和吞噬异物的能力，在体内起重要的防御作用。B. 嗜酸性粒细胞：细胞核多数分为 2 叶。细胞质内含有嗜酸性颗粒，颗粒较大，大小均匀，染成橘红色。嗜酸性粒细胞能吞噬抗原抗体复合物。C. 嗜碱性颗粒：细胞核呈 S 形或不规则形，染色较淡。细胞质内含有嗜碱性颗粒，颗粒的大小不一，分布不均，染成紫蓝色。颗粒含有肝素、组胺和慢反应物质等。②无粒白细胞：包括淋巴细胞与单核细胞。A. 淋巴细胞：呈圆形或椭圆形，大小颇不一致，细胞核呈圆形或椭圆形。细胞核相对较大，染成深蓝色。细胞质很少，染成天蓝色。根据细胞膜的表面结构和免疫功能等方面的差别，在光镜下形态基本一致的淋巴细胞还可分为 T 淋巴细胞和 B 淋巴细胞等数种。T 淋巴细胞能识别、攻击和杀灭异体细胞、肿瘤细胞、感染病毒的细胞等。B 淋巴细胞能转化为浆细胞，产生抗体。B. 单核细胞：是血液中最大的细胞，单核细胞呈圆形或椭圆形。细胞核呈肾形，蹄铁形或不规则形，染色浅淡。细胞质较多，染成淡灰蓝色。单核细胞具有活跃的变形运动和一定的吞噬能力。单核细胞在血液中存在较短时间后，即进入结缔组织，转化成巨噬细胞。

（3）血小板：呈双面微凸的圆盘状，在血液涂片标本中，血小板多成群分布在血细胞之间，其外形不规则，中央部染成紫红色，周围部染成浅蓝色。血小板在凝血过程中有重要作用。

4. 根据肌细胞的形态与分布的不同，可将肌肉组织分为三类，即骨骼肌、心肌与平滑肌。骨骼肌一般通过腱附于骨骼上，但也有例外，如食管上部的肌层及面部表情肌并不附于骨骼上。心肌分布于心脏。平滑肌分布于内脏和血管壁。骨骼肌与心肌的肌纤维均有横纹，又称横纹肌。平滑肌的肌纤维无横纹。骨骼肌的收缩受意志支配，属随意肌；心肌与平滑肌受自主性神经支配，属不随意肌。

5. 化学性突触由突触前部、突触后部和突触间隙构成。

第二章

一、选择题

（一）单项选择题

1. C　2. C　3. D　4. B　5. C　6. B　7. B　8. C　9. B　10. B　11. C　12. C　13. B
14. C　15. C　16. C　17. A　18. B　19. D　20. B　21. D　22. C　23. B　24. D　25. D
26. C　27. A　28. A　29. C　30. A　31. B　32. C　33. D　34. D　35. D　36. A
37. C　38. B　39. B　40. D　41. C　42. C　43. C　44. C　45. B　46. C　47. D
48. D

（二）多项选择题

1. ABCD　2. AC

二、思考题

1. 关节面、关节囊、关节腔三部分。

2. 脊柱有颈曲、胸曲、腰曲、骶曲四个生理性弯曲。颈曲和腰曲凸向前，胸曲和骶曲凸向后。

3. 有交叉韧带和半月板。前、后交叉韧带可限制胫骨前、后移位；半月板可加深关节窝，增加关节的稳固性和运动的灵活性。

4. 成对的：上颌骨、鼻骨、泪骨、颧骨、腭骨、下鼻甲；不成对的：下颌骨、舌骨、犁骨。

5. 膈上有主动脉裂孔、食管裂孔和腔静脉孔。主动脉裂孔有主动脉和胸导管通过；食管裂孔有食管及迷走神经通过；腔静脉孔有下腔静脉通过。

6. 各椎骨之间借椎间盘、韧带和关节相连结，可分为椎体间连结和椎弓间连结。①椎体间的连结：包括椎间盘和韧带（前纵韧带、后纵韧带）。②椎弓间的连结：包括关节突关节、黄韧带、棘间韧带和棘上韧带。

7. ①胸骨角平对第2肋，肩胛下角平对第7肋。它们可作为计数肋骨序数的标志。②骶角可在体表摸到，临床上常以骶角作为确定骶管裂孔位置的标志，进行骶管麻醉。③第7颈椎的棘突长，体表易触及；两侧髂嵴最高点的连线约平对第4腰椎棘突。它们可作为计数椎骨序数及针灸取穴的重要标志。

第三章

一、选择题

（一）单项选择题

1. C　2. C　3. B　4. D　5. A　6. C　7. C　8. C　9. B　10. A　11. D　12. D　13. C
14. D　15. D　16. A　17. B　18. C　19. C　20. A　21. A　22. B

（二）多项选择题

1. ABE　2. CD　3. BDE　4. ABDE　5. ABCDE　6. ABCDE

二、思考题

1. 食管全长三个狭窄自上而下依次所在的具体位置为：食管起始处、食管与左主支气管交叉处、食管穿膈的裂孔处。三者与中切牙的距离分别约为：15cm、25cm、40cm。

2. 胆汁由肝细胞产生，由肝内各级胆管逐级分别汇入肝左管、肝右管，出肝后汇合成肝总管，肝总管与胆囊管汇合成胆总管（部分胆汁经胆囊管进入胆囊，暂时储存并浓缩，亦可通过胆囊管重新释放入胆总管），胆总管（含胆汁）与胰管（含胰液）合并形成肝胰壶腹，斜穿十二指肠降部后内侧壁，开口于十二指肠大乳头，胆汁及胰液排入十二指肠。

3. 阑尾开口于盲肠的后内侧壁，末端游离，多位于右髂窝内，其末端位置变化较大，但阑尾根部的位置比较固定，其体表投影在脐与右髂前上棘连线的中、外1/3交点处，此点常称麦氏点，患急性阑尾炎时此处多有较明显的固定性压痛。

4. 人体日常摄入的食物，依次经过的消化系统器官结构为：口腔→咽→食管→胃→十二指肠→空肠→回肠→回盲口→盲肠（盲端附阑尾）→升结肠→横结肠→降结肠→乙状结肠→直肠→肛管→肛门。食物中的营养物质主要在小肠被消化吸收后进入血液和淋巴液，食物残渣在大肠中形成粪便，最终排出体外。

第四章

一、选择题

（一）单项选择题

1. C　2. D　3. D　4. D　5. B　6. A　7. B　8. D　9. A　10. C　11. D　12. B　13. C　14. C

（二）多项选择题

1. ABD　2. BCE　3. BDE　4. ABCDE　5. BCDE　6. ABCD　7. ABC　8. ABDE

二、思考题

1. 气管坠入的异物易进入右主支气管。因为左主支气管细而长，走行较水平；右主支气管粗而短，走行较陡直。

2. 导气部只能输送气体，不能进行气体交换，包括肺叶支气管、肺段支气管、小支气管、细支气管和终末细支气管等。肺叶支气管入肺后分为肺段支气管，肺段支气管的分支称为小支气管，又逐级分支，管径越来越细，管径小于1mm者，为细支气管。导气部各级支气管壁的结构，随着管腔的变细、管壁变薄，其结构也发生规律性改变，到终末细支气管，上皮由假复层纤毛柱状上皮变成单层纤毛柱状上皮或单层柱状上皮，杯状细胞、腺体与软骨均消失，平滑肌形成完整的环行肌。

3. 经过：鼻前庭，固有鼻腔，鼻甲，鼻道，鼻咽，口咽，喉咽，喉腔，气管，左、右主支气管，各级支气管，肺泡。

第五章

一、选择题

（一）单项选择题

1. D　2. A　3. A　4. D　5. C　6. B　7. A　8. B　9. C　10. D

（二）多项选择题

1. ABC　2. CDE　3. BD　4. ABCDE　5. ABCDE

二、思考题

1. 血液流经血管球，滤出形成原尿，再经肾小管和集合管重吸收和分泌，形成终尿经肾乳头流入肾小盏，再依次汇入肾大盏、肾盂，经输尿管输送至膀胱暂时贮存，达一定量后，经尿道排出。

2. 女性尿道长 3 ~ 5cm，直径约 0.6cm，以尿道外口开口于阴道前庭。其解剖学结构较男性尿道宽、短、直，故临床上逆行性尿路感染多见于女性。

第六章

一、选择题

（一）单项选择题

1. D　2. C　3. C　4. D　5. D　6. C　7. C　8. D　9. D　10. B　11. C　12. B　13. C　14. B　15. D　16. A　17. B　18. A　19. D　20. C　21. B　22. C　23. B　24. D　25. B　26. C

（二）多项选择题

1. ABCD　2. ABCD

二、思考题

1. 输卵管分为输卵管子宫部、输卵管峡（结扎部位）、输卵管壶腹（受精部位）和输卵管漏斗。

2. 子宫分为子宫底、子宫体和子宫颈三部分，其中，子宫颈为肿瘤的好发部位。

3. 子宫位于盆腔的中央，介于膀胱与直肠之间，呈前倾前屈位。固定装置有：①子宫阔韧带；②子宫圆韧带；③子宫主韧带；④骶子宫韧带。

4. 依次经过的狭窄是尿道外口、尿道膜部和尿道内口。依次经过的弯曲分别是耻骨前弯和耻骨下弯。

5. 男女肾盂结石均经过输尿管的三处狭窄，分别在输尿管起始处、输尿管小骨盆上口处和输尿管穿膀胱壁处。对于男性患者，肾盂结石还要经过尿道的三处狭窄，分别位于尿道内口、尿道膜部和尿道外口。

第七章

一、选择题

（一）单项选择题

1. A　2. C　3. C　4. D　5. C　6. D　7. A　8. D　9. B　10. B　11. D　12. B　13. C　14. C　15. D　16. C　17. A　18. D　19. C　20. D　21. C　22. D　23. A　24. D　25. A　26. B　27. C　28. B　29. A　30. C

（二）多项选择题

1. AD　2. ACE　3. ABCD　4. ABC　5. ABCDE　6. CDE　7. ABCDE

二、思考题

1. 体循环又称大循环，血液由左心室射出，经主动脉及其分支到达全身毛细血管，在此与组织、细胞进行物质和气体交换，动脉血变成静脉血，再经各级静脉回流，最后经上、下腔静脉及心的静脉返回右心房。特点及作用：流程长，流经范围广，以动脉血滋养全身各部，并将全身各部的代谢产物如二氧化碳等运回心，血液由动脉血变成静脉血。

2. 心位于胸腔的中纵隔内，约2/3位于正中线的左侧，1/3位于正中线的右侧。心的上方连有出入心的大血管，下方是膈；两侧借纵隔胸膜与肺相邻；前方大部分被肺和胸膜覆盖；后方平对第5～8胸椎，邻近左主支气管、食管、左迷走神经和胸主动脉。心尖的体表投影在左侧第5肋间隙锁骨中线内侧1～2cm处，此处可摸到心尖的搏动。

3. 颈外动脉的主要分支有：①甲状腺上动脉；②面动脉；③颞浅动脉；④上颌动脉。

4. 上肢的主要浅静脉有：①头静脉；②贵要静脉；③肘正中静脉。下肢的主要浅静脉有：①大隐静脉；②小隐静脉。

5. 胸导管由左、右腰干和肠干在第1腰椎体前方汇合而成，汇合处膨大，称乳糜池。胸导管向上穿膈的主动脉裂孔进入胸腔，沿脊柱前方上行出胸廓上口至左颈根部，接收左颈干、左锁骨下干和左支气管纵隔干后，注入左静脉角。胸导管收集两下肢、盆部、腹部、左胸部、左上肢和左头颈部近人体3/4的淋巴回流。

6. 肝门静脉的属支有：脾静脉、肠系膜上静脉、肠系膜下静脉、胃左静脉、附脐静脉、胃右静脉和胆囊静脉。

肝门静脉与上、下腔静脉形成的吻合有：①经食管静脉丛与上腔静脉系吻合；②经直肠静脉丛与下腔静脉系吻合；③经脐周静脉网与上、下腔静脉系吻合。

第八章

一、选择题

（一）单项选择题

1. A   2. C   3. B   4. C   5. C

（二）多项选择题

1. ABD   2. BCDE   3. ADE

二、思考题

1. 房水由睫状体产生。循环途径为：睫状体产生→后房→瞳孔→前房→虹膜角膜角→巩膜静脉窦→眼静脉。

2. 角膜→眼球前房水→瞳孔→眼球后房水→晶状体→玻璃体→视网膜。

第九章

一、选择题

（一）单项选择题

1. C   2. B   3. C   4. B   5. C   6. D   7. D   8. B   9. C   10. D   11. B   12. C   13. B

14. D   15. C   16. D   17. B   18. B   19. B   20. B   21. A   22. C   23. B   24. C   25. D

26. A   27. C   28. C   29. D   30. D

（二）多项选择题

1. BDE   2. ACD   3. ABC   4. BCE   5. ABDE   6. BC   7. BC

二、思考题

1. 前角：运动神经元；侧角：交感神经元；后角：中间神经元；骶副交感核：副交感神经元。

2. 成人腰穿宜在第3～4或4～5腰椎棘突之间进针。由浅至深依经过：皮肤、皮下组织、棘上韧带、棘间韧带、黄韧带、硬膜外隙、硬脊膜及蛛网膜。

3. 脑脊液由各脑室的脉络丛产生。循环途径：左、右侧脑室脉络丛→室间孔→第三脑室→中脑水管→第四脑室→第四脑室正中孔及左、右外侧孔→蛛网膜下隙→蛛网膜粒→上矢状窦→颈内静脉。

4. 肱骨外科颈骨折，易损伤腋神经，表现：臂不能外展，肩部失去圆隆外形，呈"方形肩"，肩、臂上1/3皮肤感觉障碍。肱骨中段骨折，损伤桡神经，表现：不能伸腕、伸指，抬起前臂时出现"垂腕"，手背"虎口区"的皮肤感觉障碍最为明显。肱骨内上髁骨折，易损伤尺神经，表现：屈腕能力减弱，第4、5掌指关节过伸，指间关节屈曲，拇指不能内收，呈现"爪形手"，手内侧缘皮肤感觉障碍最明显。

5. 舌前2/3的黏膜有三叉神经的下颌神经分出的舌神经和面神经的分支分布，前者传导一般感觉，后者传导味觉；舌后1/3的黏膜由舌咽神经分布，传导一般感觉和味觉；舌肌的运动受舌下神经支配。

6. 内囊主要由上、下行投射纤维组成，位于背侧丘脑、尾状核和豆状核之间，分为内囊前肢、内囊膝和内囊后肢三部分；通过的纤维束主要如下：内囊前肢有丘脑前辐射；内囊膝有皮质核束；内囊后肢有皮质脊髓束、丘脑中央辐射、视辐射、听辐射等。一侧内囊出血，病人会出现对侧半身感觉障碍、对侧半身运动障碍、双眼对侧半视野偏盲，即三偏综合征。

7. ①躯体运动神经支配骨骼肌，受意识控制；自主神经支配平滑肌、心肌和腺体，不受意识控制。②躯体运动神经自低级中枢至效应器仅需 1 个神经元；自主神经自低级中枢到所支配的器官需经过 2 个神经元。节前神经元，胞体位于脑干或脊髓，其纤维称节前纤维；节后神经元，胞体位于内脏神经节内，其纤维称节后纤维。③躯体运动神经只有一种纤维成分，自主神经则有交感和副交感两种纤维成分。多数器官同时接受交感神经和副交感神经的双重支配。

第十章

一、选择题

（一）单项选择题

1. B　2. E　3. D　4. D　5. A　6. B

（二）多项选择题

1. ABCE　2. ACDE

二、思考题

左肾上腺近似半月形，右肾上腺呈三角形，均位于肾的上内方，与肾共同被包裹在肾筋膜内。肾上腺实质分为浅部的皮质和深部的髓质。肾上腺皮质分泌盐皮质激素（醛固酮等），调节体内水盐代谢；分泌糖皮质激素（皮质醇），调节糖、蛋白质的代谢；分泌性激素（雌激素和雄激素），影响性行为和副性特征。肾上腺髓质分泌肾上腺素和去甲肾上腺素，可使心率加快、血管收缩。

参考文献

［1］丁文龙，刘学政．系统解剖学［M］.9版．北京：人民卫生出版社，2018.

［2］袁耀华，冷子花．解剖学基础［M］.北京：人民卫生出版社，2018.

［3］曲永松，刘斌．正常人体结构学［M］.北京：中国医药科技出版社，2013.

［4］吴宣忠，迟玉芹．解剖学与组织胚胎学基础［M］.北京：人民卫生出版社，2018.

［5］任晖，袁耀华．解剖学基础［M］.3版．北京：人民卫生出版社，2014.

［6］邢贵春．解剖学及组织胚胎学［M］.3版．北京：人民卫生出版社，2003.